工程施工
安全技能与安全教育

阳鸿钧 等 编著

化学工业出版社

·北京·

内 容 简 介

工程施工安全，事关生命，关乎幸福。工程施工，要严把安全关，筑牢安全线。施工安全，不仅是某一方面人员的事，而是全员的事。为此，加强工程施工全员安全学习、掌握工程施工安全技能与安全教育是一项非常必要的课题与工作。

本书详细介绍了安全基础与实务，安全标志与安全标语，用电安全、机械电气设备安全与作业安全，工程现场安全与消防安全，钢筋工的安全技能与安全教育，模板工、架子工的安全技能与安全教育，其他工种的安全技能与安全教育，建筑工程安全技能与安全教育，建筑施工安全检查，道路工程与市政工程安全技能与安全教育等内容。另外，还提供支持性工具、拓展附赠，供读者学习和参考。

本书可以作为工程相关管理人员、技术人员、施工人员、协助人员、一线作业人员、劳务人员等的职业培训用书，也可作为大专院校相关专业的辅导用书，以及灵活就业、想要快速掌握技能手艺、创业、务工等人员的自学参考用书。

图书在版编目（CIP）数据

工程施工安全技能与安全教育 / 阳鸿钧等编著.

北京：化学工业出版社，2025.2. -- ISBN 978-7-122
-46669-3

Ⅰ．TU714

中国国家版本馆 CIP 数据核字第 20249TW320 号

责任编辑：彭明兰　　　　　　　　文字编辑：李旺鹏
责任校对：刘曦阳　　　　　　　　装帧设计：刘丽华

出版发行：化学工业出版社
　　　　　（北京市东城区青年湖南街 13 号　邮政编码 100011）
印　　装：中煤（北京）印务有限公司
787mm×1092mm　1/16　印张 14　字数 342 千字
2025 年 3 月北京第 1 版第 1 次印刷

购书咨询：010-64518888　　　　　售后服务：010-64518899
网　　址：http://www.cip.com.cn
凡购买本书，如有缺损质量问题，本社销售中心负责调换。

定　　价：68.00 元
版权所有　违者必究

前言

以人为本、安全第一，这是工程施工安全技能与安全教育的基本要求。

工程施工行业属于高危行业，并且从业人员多、流动性大，尤其是一线作业人员整体素质有待提高，安全意识薄弱，基本操作技能较差。加上工程行业本身条件复杂，易受周围环境影响，又要考虑工期等，这些都成为加重工程施工安全问题的因素。

为了保证工程施工人员的安全、健康，确保工程的顺利施工，企业需要进行工程施工全员的安全技能、安全知识的教育与培训。为了杜绝安全意外，工程施工中需要采取有效的安全措施，正确执行工作程序，遵守有关规定，以及重视预防，加强培训，消除隐患。

为此，特策划了本书，以飨读者。

本着学以致用的理念，本书以图文表的精讲形式，以求达到学业就业轻松无缝直通的效果。

本书共 10 章，分别详细介绍了安全基础与实务，安全标志与安全标语，用电安全、机械电气设备安全与作业安全，工程现场安全与消防安全，钢筋工的安全技能与安全教育，模板工、架子工的安全技能与安全教育，其他工种的安全技能与安全教育，建筑工程安全技能与安全教育，建筑施工安全检查，道路工程与市政工程安全技能与安全教育等内容。另外，还提供支持性工具、拓展附赠，供读者学习和参考。

本书的特点如下：

（1）内容全面。

（2）图表并茂。

（3）附赠安全学题考题和安全相关模板。

总之，本书脉络清晰、重点突出、实用性强。

本书在编写过程中，参考了一些珍贵的资料、文献、网站，在此向这些资料、文献、网站的作者深表谢意！由于部分参考文献标注不详细或者不规范，暂时没有或者没法在参考文献中列举鸣谢，在此特意说明，同时也深表感谢。

另外，本书编写中还参考了目前最新现行有关标准、规范、要求、政策、方法等资料，从而保证本书内容新，符合现行需要。但由于标准、规范不断更新，为此，读者在阅读时应注意根据新标准、新规范的颁布对相应内容自行进行更新与修正。

本书可以作为工程相关管理人员、技术人员、施工人员、协助人员、一线作业人员、劳务人员等的职业培训用书，也可作为大专院校相关专业的辅导用书，以及灵活就业、想要快速掌握技能手艺、创业、务工等人员的自学参考用书。

本书由阳鸿钧、阳育杰、阳梅开、许小菊、阳许倩、阳苟妹、许满菊、阳红珍、欧小宝、许四一、许秋菊等人员参加编写或支持编写，或者参与了相关辅助协助工作。另外，本书的编写还得到了一些同行、朋友及有关单位的帮助与支持，在此，向他们表示衷心的感谢！

由于时间有限，书中难免存在不足之处，敬请批评、指正。

目录

第 8 章　建筑工程安全技能与安全教育 / 151

第1章　安全基础与实务

1.1　事故与安全

1.1.1　损害与安全

人类与生存环境资源和谐相处，互相不伤害，一般情况下是不存在危险、不存在危害隐患的，这种免除了不可接受的损害风险的状态，即为安全状态。

高危行业是指危险系数较其他行业高，事故发生率较高，事故发生后财产损失较大，短时间难以恢复或无法恢复的行业。

我国的高危行业包括煤矿行业、非煤矿山行业、建筑施工行业、危险化学品行业、烟花爆竹行业、民用爆破行业等。

高危行业中，安全管理工作是一切工作的重中之重，一刻也不能松懈。安全管理应形成"制度覆盖广，安全人人抓，隐患有人查，整改有人督，事情有人办"的安全工作机制。非高危行业也存在发生事故的可能，也需要安全管理、重视安全。

事故就是人们在一个有目的的行动过程中，突然发生的、违反人的意志的、导致该行动暂时或永久中止的意外事件。事故是造成死亡、疾病、伤害、损坏或其他损失的意外情况。事故对个人的影响包括肉体伤痛、个人价值实现的阻滞等，如图 1-1 所示。事故对企业的影响包括经济损失、失去客户、法律制裁等，如图 1-2 所示。

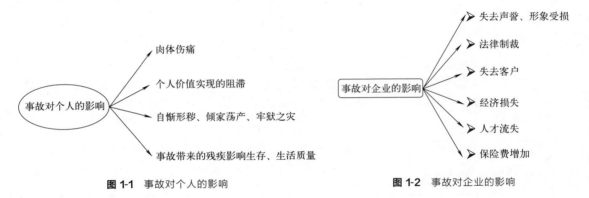

图 1-1　事故对个人的影响　　　　　图 1-2　事故对企业的影响

安全是指在人类生产过程中，将系统的运行状态对人类的生命、财产和环境可能产生的损害控制在人类能接受水平以下的状态，如图 1-3 所示。安全，不但包括人身安全，还包括财产安全。

安全的认识阶段包括局部安全的认识阶段、系统安全的认识阶段等，如图 1-4 所示。

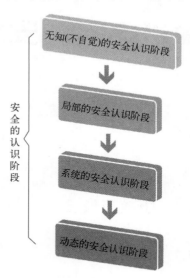

图 1-4　安全的认识阶段

图 1-3　安全的定义

 一点通

与安全有关的术语与定义见表 1-1。

表 1-1　与安全有关的术语与定义

术语	定义
职业健康安全持续改进	是为改进职业健康安全总体绩效，根据职业健康安全方针，组织强化职业健康安全管理体系的过程
危险源	是可能导致伤害或疾病、财产损失、工作环境破坏或这些情况组合的根源或状态。 危险源主要包括：物理性危险源、化学性危险源、生物性危险源、生理性危险源、行为性危险源、其他危险源等
危险源辨识	是识别危险源的存在并且确定其特性的过程
事件	是导致或可能导致事故的情况
职业健康安全相关方	是与组织的职业健康安全绩效有关的或受其职业健康安全绩效影响的个人或团体
职业健康安全	是影响工作场所内员工、临时工作人员、合同方人员、访问者、其他人员健康与安全的条件、因素
职业健康安全管理体系	是总的管理体系的一个部分，便于组织对与其业务相关的职业健康安全风险的管理。其包括为制定、实施、实现、评审、保持职业健康安全方针所需的组织结构、策划活动、职责、惯例、程序、过程、资源
风险	是某一特定危险情况发生的可能性与后果的组合
风险评价	是评估风险大小，以及确定风险是否在可容忍范围内的全过程
可容许风险	是根据组织的法律义务与职业健康安全方针，已降到组织可接受的程度的风险

1.1.2 造成安全事故的原因

造成安全事故的主要原因：人的因素、物的因素、人与物的综合因素，如图 1-5 所示。

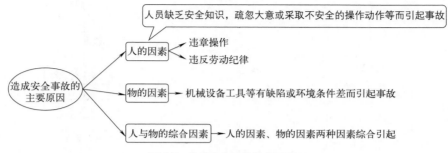

图 1-5 造成安全事故的主要原因

事故原因，也可以分为直接原因、间接原因，如图 1-6 所示。

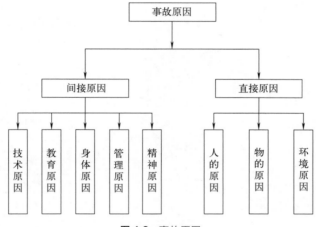

图 1-6 事故原因

 一点通

常见的事故如下：
（1）脚手架安装不当时容易倾倒，往往出现砸伤、坠落等事故。
（2）临时电使用不当时，往往出现触电（电击、电伤）等事故。
（3）洞口临边保护不当时，往往出现跌落、跌伤等事故。
（4）不戴安全帽时，往往出现物体打击等事故。
（5）动火、易燃品存放不当时，往往出现火灾等事故。
其中洞口临边与脚手架发生事故最多，并且往往属于高空坠落的事故，应加强重视。

1.1.3 事故应急管理

1.1.3.1 事故报告

事故报告的内容，包括事故发生的时间、地点、现场情况，事故发生的简要经过等，如图 1-7 所示。

事故报告的上报流程：事故现场报告人到项目经理，到公司安全管理部，到企业负责人，到政府相关部门，如图 1-8 所示。

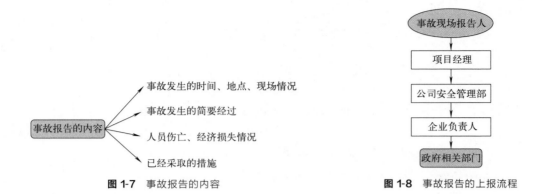

图 1-7　事故报告的内容

图 1-8　事故报告的上报流程

1.1.3.2　应急响应流程图

应急响应流程图，如图 1-9 所示。

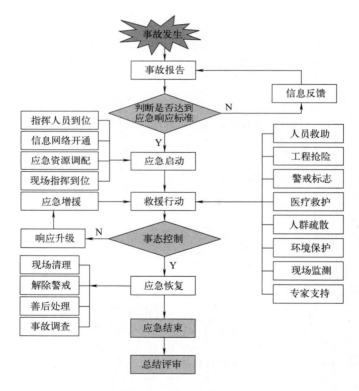

图 1-9　应急响应流程图

1.1.3.3　事故处理的"四不放过"原则

事故处理坚持"四不放过"的原则，即：

（1）事故原因未查清不放过。

（2）事故责任人未受到处理不放过。

（3）事故责任人和广大群众没有受到教育不放过。

（4）事故没有制定切实可行的整改措施不放过。

1.1.4 工程安全培训的作用与内容

1.1.4.1 工程安全培训的作用

工程安全培训可以起到提高员工安全意识、减少工程事故的发生、保障员工生命安全等作用，如图 1-10 所示。

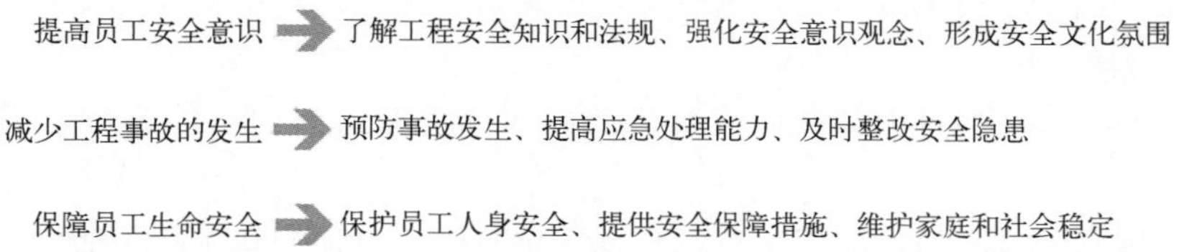

提高员工安全意识 ➡ 了解工程安全知识和法规、强化安全意识观念、形成安全文化氛围

减少工程事故的发生 ➡ 预防事故发生、提高应急处理能力、及时整改安全隐患

保障员工生命安全 ➡ 保护员工人身安全、提供安全保障措施、维护家庭和社会稳定

图 1-10 工程安全培训的作用

1.1.4.2 安全培训的基本内容

（1）安全规章制度——了解并且遵守工程现场的安全规章制度，具体包括安全标志、安全防护设施的使用规定等。熟悉工程现场的安全管理规定，例如物品安全检查、出入登记等要求。掌握安全教育培训制度，了解安全培训的目的、要求。

（2）安全操作规程——掌握工程作业的安全操作规程，具体包括高处作业、临时用电、动火作业等特殊作业的安全操作要求。熟悉常用机械设备的安全操作规程，例如焊接设备、起重机械等。了解作业环境的安全要求，例如照明、通风、温度等。

（3）紧急救援措施——熟悉工程现场的紧急救援预案，具体包括中毒、火灾、坍塌等常见事故的应急处理措施。掌握急救知识和技能，例如止血包扎、心肺复苏等。熟悉紧急疏散与撤离的程序、路线，确保在紧急情况下能够迅速疏散。

（4）安全防护用品的使用和维护——正确使用个人防护用品，例如防护眼镜、安全帽、手套等。了解安全防护用品的保养、维护要求，确保其有效性。掌握劳动防护用品的正确使用方法、注意事项，提高自我保护意识。

1.1.4.3 安全培训的实践技能

（1）安全检查与隐患排查。

安全检查：定期对施工现场进行安全检查，确保各项安全措施得到有效执行。

隐患排查：通过细致观察、经验判断，及时发现潜在的安全隐患，并且采取措施进行整改。

（2）安全风险评估与控制。

安全风险评估：对工程项目进行全面的安全风险评估，识别出可能存在的危险源、风险点。

安全风险控制：根据评估结果，制定有针对性的安全措施，降低或消除安全风险。

（3）应急预案制定与应急演练。

应急预案制定：根据工程项目的特点、可能发生的突发事件，制定相应的应急预案。

应急演练：定期组织应急演练，提高员工应对突发事件的能力与自救互救技能。

（4）安全事故的调查与处理。

安全事故调查：对发生的安全事故进行详细调查，并且查明事故原因，明确责任。

安全事故处理：根据调查结果，采取相应的处理措施，并且防止类似事故再次发生。

1.1.5　安全培训的考核评估与改进

1.1.5.1　考核方式与标准

（1）理论考试——通过书面或在线等形式，测试学员对安全知识、安全理论的掌握程度。

（2）实操考核——评估学员在实际操作中的安全技能、应对突发状况等能力。

（3）模拟演练——模拟真实工作场景，观察学员在模拟事故中的应急反应、处置能力。

1.1.5.2　培训效果评估

（1）反馈调查——通过面谈、问卷等方式收集学员对培训的反馈意见，了解培训的优缺点。

（2）跟踪调查——对培训后的学员进行跟踪调查，了解他们在工作中的安全意识和安全技能的运用情况。

（3）安全绩效评估——根据学员在实际工作中的安全绩效表现，评估培训效果。

1.1.5.3　持续改进措施

安全培训持续改进措施如下：

（1）针对考核结果进行反馈和指导——向学员提供详细的考核结果反馈，并且指导他们改进不足的地方。

（2）调整培训内容和方式——根据学员的反馈、实际需求，调整培训内容与培训方法，以增强培训效果。

（3）定期更新培训资料——根据行业发展、安全标准的更新，定期更新培训资料，保持培训的时效性、准确性。

1.1.5.4　安全培训的未来发展

（1）智能化安全培训——通过人工智能技术，智能化安全培训能够根据学员的学习情况、学习反馈进行智能调整，以便提供定制化的学习内容。通过虚拟现实技术，模拟真实的工作环境，让学员在模拟实践中学习与掌握安全技能。通过大数据分析技术，实时监测学员的学习进度、学习效果，以便提供反馈与优化建议。

（2）在线安全培训——在线安全培训可以通过视频、动画、交互式教程等形式呈现，学员可以根据自己的时间安排、学习需求进行自主学习等。在线培训支持实时互动、在线测试，方便学员与教师、学员之间的交流。在线培训可以通过数据分析对学员的学习情况进行跟踪、评估，以增强培训效果。

（3）安全培训与企业文化建设——安全培训作为企业文化建设的重要组成部分，需要与企业的核心价值观、发展战略相一致。通过安全培训，企业可以向员工传递安全意识、安全责任、行为准则，培养员工的安全文化素养。安全培训还可以促进员工间的交流、合作，增强团队凝聚力、执行力。通过持续的安全培训，企业可以建立健康、安全、环保的工作环境，为持续发展奠定基础。

1.1.6　全员教育培训计划的要点和内容

全员教育培训计划的要点如下：

（1）企业主要负责人负责组织制定。

（2）企业全体员工分层次、分类别、分岗位分别制定。

（3）应明确培训时间、培训目的、参加人员、授课人、学时、培训内容。

（4）计划有针对性、实效性、可操作性。

（5）严格组织实施。

全员教育培训计划包含的内容如下：

（1）教育培训组织机构及成员。

（2）教育培训目标。

（3）教育培训内容。

（4）教育培训要求。

（5）教育培训地点。

（6）教育培训时间安排。

（7）培训人员签到表。

（8）考核及评价。

1.1.7　三类人员安全教育培训

三类人员即企业主要负责人、项目负责人、专职安全生产管理人员应当接受安全教育培训，并且具备与从事生产经营活动相适应的安全生产知识与管理能力。

三类人员安全教育培训包括的内容如下：

（1）安全生产方针政策、法律法规、规范标准。

（2）安全生产管理基本知识、安全生产技术、安全生产专业知识。

（3）企业安全生产规章制度、操作规程。

（4）重大危险源管理、事故防范、应急管理、救援组织、事故报告、调查处理等规定。

（5）职业危害及其预防措施。

（6）环境保护、消防安全、卫生防疫、救护知识。

（7）应急救援、应急预案与演练。

（8）国内外先进的安全生产管理经验。

（9）典型生产安全事故案例分析。

（10）其他需要培训的内容。

1.1.8　三级安全教育培训

三级安全教育培训，就是公司级安全教育培训、项目部级安全教育培训、班组级安全教育培训等，如图 1-11 所示。

图 1-11　三级安全教育培训

三级安全教育培训内容，见表 1-2。

表 1-2　三级安全教育培训内容

项目	内容
公司级安全教育培训	(1)公司级安全教育培训应由分管安全生产负责人或安全总监组织实施。 (2)公司级安全教育培训的主要内容如下： ①安全生产方针政策、法律法规、规范标准。 ②作业人员安全生产权利与义务。 ③本单位安全生产情况。 ④安全生产基本知识。 ⑤本单位安全生产责任制度、本单位安全生产规章制度、操作规程和劳动纪律。 ⑥事故应急救援知识、应急预案与演练。 ⑦典型事故案例
项目部级安全教育培训	(1)项目部级安全教育培训应由工程项目部主要负责人负责组织实施。 (2)建设工程实行施工总承包的，分包单位在进行项目部级安全教育培训时，应提前书面通知总承包单位。总承包单位应派相关人员参加，共同开展项目部级安全教育培训。 (3)项目部级安全教育培训的主要内容如下： ①工作环境、危险因素。 ②所从事工种可能遭受的职业伤害、伤亡事故。 ③所从事工种的安全职责、操作技能、强制性标准。 ④自救互救、急救方法、疏散和紧急情况的处理。 ⑤安全设备设施、个人防护用品的使用和维护。 ⑥安全生产规章制度、劳动纪律。 ⑦预防事故和职业危害的措施及应注意的安全事项。 ⑧事故应急救援知识、应急预案与演练。 ⑨典型事故案例。 ⑩其他需要培训的内容
班组级安全教育培训	(1)班组级安全教育培训应由班组长及相关负责人组织实施，工程项目部主要负责人应对其进行指导和监督。 (2)班组级安全教育培训完成后，应由项目部组织三级安全教育培训考核，并且保存相关考核记录。 (3)班组级安全教育培训的主要内容如下： ①本班组生产工作概况。 ②岗位安全操作规程、劳动纪律。 ③劳动防护用品种类与使用(佩戴)要求。 ④容易发生事故类型、部位和防范措施、处置措施。 ⑤典型事故案例。 ⑥岗位自检、互检、交接检查的重点、方法、程序。 ⑦岗位间工作衔接配合的安全与职业卫生事项。 ⑧其他需要培训的内容

1.1.9　安全教育的三个阶段

安全教育的三个阶段，即知、会、心，如图 1-12 所示。

图 1-12　安全教育的三个阶段

1.1.10　安全生产理念

安全生产理念如图 1-13 所示。

安全生产理念
以人为本，坚持安全发展
1 必须以人的生命为本，发展决不能以牺牲人的生命为代价，这是一条不可逾越的红线
2 经济社会持续健康发展必须以安全为基础、前提和保障
3 构建社会主义和谐社会必须解决安全生产问题

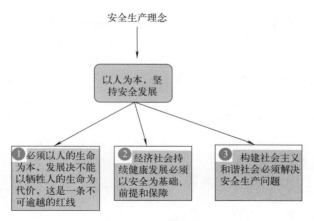

图 1-13 安全生产理念

建筑施工安全方针、安全理念，如图 1-14 所示。

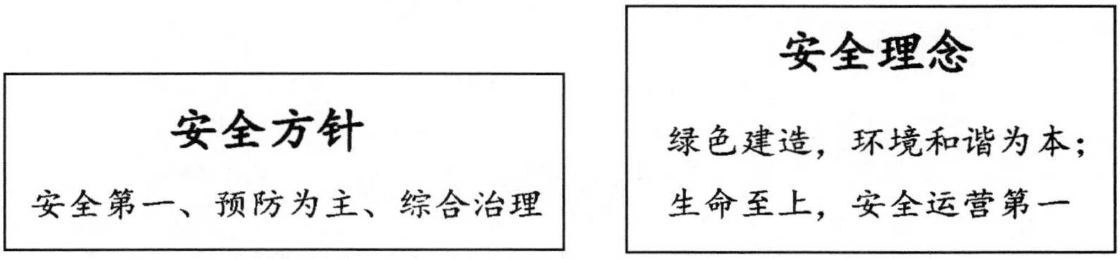

安全方针
安全第一、预防为主、综合治理
安全理念
绿色建造，环境和谐为本；
生命至上，安全运营第一

(a) 安全方针　　(b) 安全理念

图 1-14 建筑施工安全方针、安全理念

安全方针各项含义如下：

（1）安全第一——生产经营活动中要重点抓好安全工作，始终不忘把安全工作与其他经济活动同时安排、同时部署。当安全工作与其他活动发生冲突与矛盾时，其他活动要服从安全要求，绝不能以牺牲人的生命、健康为代价换取发展与效益。

安全第一的含义如图 1-15 所示。

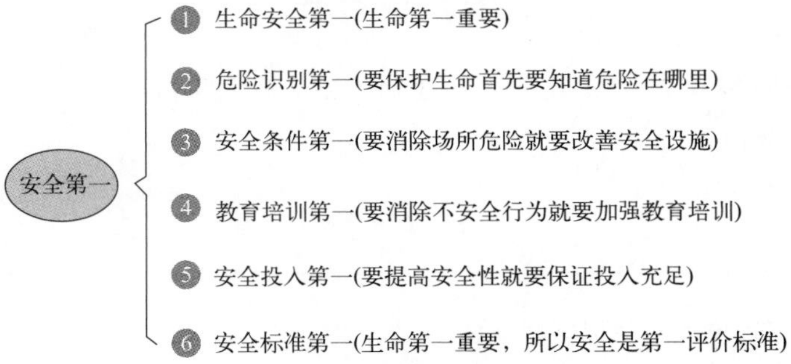

安全第一
1 生命安全第一(生命第一重要)
2 危险识别第一(要保护生命首先要知道危险在哪里)
3 安全条件第一(要消除场所危险就要改善安全设施)
4 教育培训第一(要消除不安全行为就要加强教育培训)
5 安全投入第一(要提高安全性就要保证投入充足)
6 安全标准第一(生命第一重要，所以安全是第一评价标准)

图 1-15 安全第一的含义

（2）预防为主——杜绝事故发生的主要工作就是预防。建立起预教、预测、预报、预警等预防体系。

预防为主的含义如图 1-16 所示。

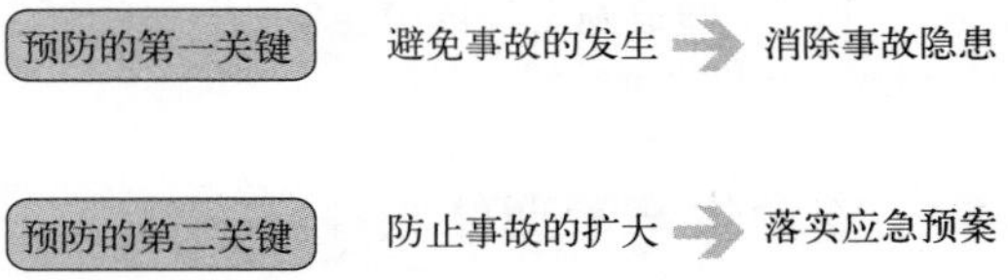

预防的第一关键
避免事故的发生
消除事故隐患
预防的第二关键
防止事故的扩大
落实应急预案

图 1-16 预防为主的含义

（3）综合治理——就是综合运用法律、行政、经济等手段，法管、人管、技管等多管齐下，并且充分发挥社会、职工、舆论的监督作用，从制度、责任、培训等多方面着力，形成标本兼治、齐抓共管的格局。

综合治理的含义如图 1-17 所示。

安全生产应树立如下四个观念：

（1）目前基本不存在技术手段控制不了的安全问题；

（2）现场管理是标，专项方案是本，标本兼治，两手都要硬；

（3）细节决定安全；

（4）现场无小事，处处是管理；管理无小事，处处是安全。

综合治理的含义 { 标本兼治 / 重在治本

图 1-17 综合治理的含义

1.1.11　监督检查与安全检查的"四查"

监督检查与安全检查的"四查"如图 1-18 所示。

监督检查与安全检查的"四查" {
一 要查思想：安全意识与培训教育
二 要查管理：各项管理制度
三 要查隐患：重点岗位、设备、环境、人员，尤其是强检设备设施、环境、仪器、防护用品等
四 要查落实：安全管理制度、操作规程执行情况
}

图 1-18 监督检查与安全检查的"四查"

1.1.12　安全管理与安全监督检查

对人的安全管理有生命权、健康权两方面的管理，如图 1-19 所示。

建筑施工安全监督检查，主要检查建筑施工现场安全、文明施工状况，并且对施工项目进行安全生产的综合评价，对施工现场使用的安全防护用具、机械设备等设施进行检查，以及实行安全生产一票否决权制。

人 { 生命权：伤亡事故 → 危险因素 / 健康权：职业病 → 有害因素 }

图 1-19 对人的安全管理

建筑施工安全监督检查，根据建设工程的特点、实际，实行分阶段现场安全检查评价。

 一点通

建筑施工安全体系包括以下两方面：

（1）建筑安全生产管理——工程建设安全责任制、安全教育与培训、安全检查与监督等；

（2）建筑施工现场安全管理——组织管理、技术管理、场地设施安全管理、安全纪律管理等。

1.1.13　安全生产管理体制

安全生产管理体制主要有企业负责、行业管理、国家监察、群众监督四方面。

（1）企业负责的内容如图 1-20 所示。企业安全主要责任人，包括法定代表人、企业经理、项目经理，如图 1-21 所示。

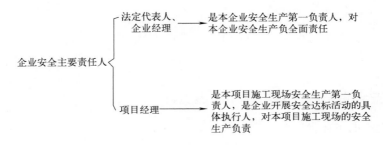

图 1-20 企业负责的内容

图 1-21 企业安全主要责任人

（2）行业管理是指由行业管理部门负责安全生产的监督管理与组织协调工作。行业管理部门履行安全生产的管理职责，切实加强对安全生产工作的领导，加强行业安全生产的法规建设和制度建设，加大行业管理的执法监督检查力度，组织安全技术、安全管理的研究工作，总结交流经验，预防施工伤亡事故发生。

（3）国家监察是指国家安全生产综合管理部门对安全生产行使国家监察职权。

（4）群众监督方面，应开展广泛深入的安全教育工作、培养和增强职工安全意识。

 一点通

企业安全责任包括：

（1）企业经理、厂长、主管生产的副经理和副厂长——对本企业的劳动保护、安全生产负总责任。

（2）企业总工程师、技术负责人——对本企业劳动保护、安全生产的技术工作负总的技术责任。

（3）工区工程处/厂/站主任、施工队长、车间主任——对本单位劳动保护、安全生产负具体领导责任。

（4）工长、施工员——对所管工程的安全负直接责任。

（5）安全专职人员——企业需要根据实际情况，建立安全机构，并且根据职工总数配备相应的专职人员，负责安全管理工作与安全监督工作。

1.1.14　安全生产工作机制

安全生产工作机制如图 1-22 所示。

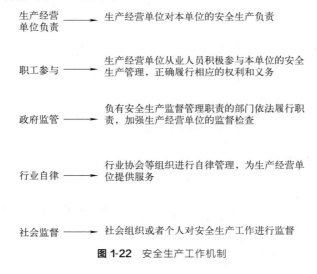

生产经营单位负责 ——→ 生产经营单位对本单位的安全生产负责

职工参与 ——→ 生产经营单位从业人员积极参与本单位的安全生产管理，正确履行相应的权利和义务

政府监管 ——→ 负有安全生产监督管理职责的部门依法履行职责，加强生产经营单位的监督检查

行业自律 ——→ 行业协会等组织进行自律管理，为生产经营单位提供服务

社会监督 ——→ 社会组织或者个人对安全生产工作进行监督

图 1-22　安全生产工作机制

1.1.15　企业安全生产的主体责任和承担责任

企业安全生产的主体责任和承担责任如图 1-23 所示。

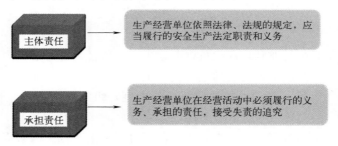

主体责任 ——→ 生产经营单位依照法律、法规的规定，应当履行的安全生产法定职责和义务

承担责任 ——→ 生产经营单位在经营活动中必须履行的义务、承担的责任，接受失责的追究

图 1-23　企业安全生产的主体责任和承担责任

1.1.16　安全生产相关标准

安全生产相关标准如图 1-24 所示。

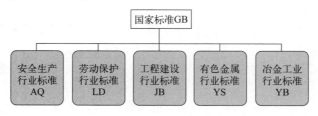

国家标准GB

安全生产行业标准 AQ ｜ 劳动保护行业标准 LD ｜ 工程建设行业标准 JB ｜ 有色金属行业标准 YS ｜ 冶金工业行业标准 YB

图 1-24　安全生产相关标准

1.1.17　安全生产管理目标"六无一控"

工程施工单位的"六无一控"安全生产管理目标如下：

（1）一无：无重大责任火灾事故。

（2）二无：无重大因公伤亡事故。

（3）三无：无重大责任设备事故。

（4）四无：无重大甲方责任交通事故。

（5）五无：无重大责任被盗、被骗案件。

（6）六无：无隐瞒不报或者谎报事故的行为。

（7）一控：工伤事故率控制在 0.01% 以下。

1.1.18　作业人员安全生产权利与义务

作业人员安全生产权利如下：

（1）有权与用人单位订立劳动合同。劳动合同应当载明有关保障从业人员劳动安全、防止职业危害的事项，依法为从业人员办理工伤保险的事项。用人单位不得以任何形式与从业人员订立协议免除或者减轻用人单位因生产安全事故伤亡依法应承担的责任。

（2）有权了解其作业场所、工作岗位存在的危险因素、防范措施、事故应急措施。

（3）有权对本单位的安全生产工作提出建议。

（4）有权对本单位安全生产工作中存在的问题提出批评、检举、控告。

（5）有权拒绝违章指挥。

（6）有权拒绝强令冒险作业。

（7）用人单位不得因从业人员对本单位安全生产工作提出批评、检举、控告或者拒绝违章指挥、强令冒险作业而降低其工资、福利等待遇或者解除与其订立的劳动合同。

（8）发现直接危及人身安全的紧急情况时，有权停止作业或者在采取可能的应急措施后撤离作业场所。用人单位不得因从业人员在紧急情况下停止作业，或者采取紧急撤离措施而降低其工资、福利等待遇或者解除与其订立的劳动合同。

（9）因生产安全事故受到损害的，除了依法享有工伤保险外，根据有关民事法律尚有获得赔偿的权利的，有权向本单位提出赔偿要求。

作业人员安全生产义务如下：

（1）作业过程中，应当严格遵守安全生产规章制度、操作规程，服从管理，正确佩戴与使用劳动防护用品。

（2）应当接受安全生产教育、培训，掌握本职工作所需的安全生产知识，提高安全生产技能，增强事故预防和应急处理能力。

（3）发现事故隐患，或者其他不安全因素，应立即向现场安全生产管理人员或者单位负责人报告。

1.2　安全知识与基本技能

1.2.1　安全标志与安全色

平时常听到"抬头看标志，低头思安全"的警句。安全警示标志包括安全色、安全标志、安全线。安全色、安全标志是一个国家规定的传递安全信息的标准。

安全标志可以分为禁止标志、警告标志、指令标志、提示标志等，如图 1-25 所示。每种标志用专门的颜色加以区分，以便能够更快了解周围环境的危险状况。

安全标志类型如图 1-25 所示。

安全色的含义如图 1-26 所示。安全色的作用是提醒人们注意不安全因素。

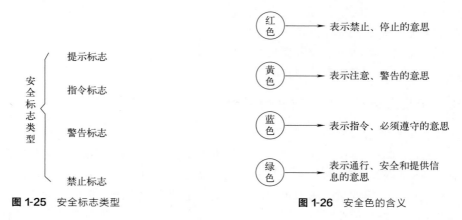

图 1-25　安全标志类型　　　　　　　　　　　图 1-26　安全色的含义

1.2.2　常用安全防护用品

正确使用安全防护用品是生命安全的保证。常用安全防护用品的作用与注意事项如下：

（1）安全带——用于防高空坠落。注意：安全带不能只背不挂。

（2）安全帽——用于头部保护。注意：戴安全帽时必须系好帽带。

（3）耳塞——用于防噪声。注意：在高噪声环境下需要佩戴耳塞。

（4）防护面罩——用于脸部防护。注意：进行切割或打磨作业必须戴防护面罩或眼镜。

（5）防护鞋——用于防砸、防穿刺。

（6）防护眼镜——用于防屑、防粉尘等。

（7）防坠器——用于防高空坠落。

（8）工作服——用于身体防护。

（9）焊工服——用于防辐射。

（10）焊工面罩——用于防强光。

（11）口罩——用于防粉尘。

（12）手套——用于手部保护。注意：操作旋转机械时禁止戴手套。

1.2.3　"安全三宝"

安全三宝，就是指安全帽、安全带、安全网。

1.2.3.1　安全帽

安全帽，就是对人头部受坠落物及其他特定因素引起的伤害起防护作用的帽子，由帽壳、帽衬、下颌带、附件等组成。帽衬与帽壳不能紧贴，应有一定间隙，当有物料坠落到安全帽壳上时，帽衬可起到缓冲作用，不使颈椎受到伤害。

戴安全帽必须拴紧下颌带，如果人体发生坠落时，由于安全帽戴在头部，则可以起到对头部的保护作用。因为安全帽可以将冲击力缓冲后才传到其头部，对其造成的伤害将大大减轻。

在每个工地大门的入口位置，应挂有醒目的"进入施工现场必须戴好安全帽"标志，以提醒施工人员、施工管理人员进入施工现场戴好安全帽，注意生产安全。

总之，"安全帽，进现场，要戴好，戴帽不忘系帽带，流汗总比流血好"。

安全帽一般技术要求如图 1-27 所示。

安全帽一般技术要求

(1) 帽箍可根据安全帽标识中明示的适用头围尺寸进行调整

(2) 帽箍对应前额的区域应有吸汗性织物或增加吸汗带，吸汗带宽度大于或等于帽箍的宽度

(3) 系带应采用软质纺织物，采用宽度不小于10mm的带或直径不小于5mm的绳

(4) 不得使用有毒、有害或易引起皮肤过敏等材料

(5) 材料耐老化性能应不低于产品标识明示的日期

(6) 当安全帽配有附件时，应保证安全帽正常佩戴时的稳定性，且应不影响安全帽的正常防护功能

(7) 质量：普通安全帽不超过430g；防寒安全帽不超过600g

(8) 帽壳内部尺寸：长195～250mm；宽170～220mm；高120～150mm

(9) 帽舌：10～70mm

(10) 帽沿：≤70mm

(11) 水平间距：5～20mm

(12) 凸出物：帽壳内侧与帽衬间存在的凸出物高度不得超过6mm，凸出物应有软垫覆盖

图 1-27 安全帽一般技术要求

安全帽的适用场所如下。

（1）普通安全帽适用于大部分工作场所，包括建设工地、工厂、电厂、交通运输场所等。在这些场所可能存在坠落物伤害、轻微磕碰、飞溅的小物品引起的打击等危险。

（2）有特殊性能的安全帽可作为普通安全帽使用，具有普通安全帽的所有性能，同时其可以按照不同特殊性能组合适用于特定的场所，如下：

① 阻燃性——适用于可能短暂接触火焰，短时局部接触高温物体或暴露于高温的场所。

② 抗侧压性能——适用于可能发生侧向挤压的场所，包括可能发生塌方、滑坡的场所；存在可预见的翻倒物体的场所；可能发生速度较低冲撞的场所。

③ 防静电性能——适用于对静电高度敏感、可能发生爆燃的危险场所，包括油船船舱、含高浓度瓦斯煤矿、天然气田、烃类液体灌装场所、粉尘爆炸危险场所及可燃气体爆炸危险场所，在上述场所中安全帽可能同佩戴者以外的物品接触或摩擦。同时使用防静电安全帽时所穿戴的衣物应遵循防静电规程的要求。

④ 绝缘性能——适用于可能接触 400V 以下三相交流电的工作场所。

⑤ 耐低温性能——适用于头部需要保温且环境温度不低于－20℃的工作场所。

⑥ 其他可能存在的特殊性能——根据工作的实际情况可能存在其他特殊性能，包括摔倒及跌落的保护性能、防高压电性能、耐超低温性能、导电性能、耐极高温性能、抗熔融金属性能等。

安全帽的通气孔的设置应使空气尽可能对流，推荐的方法是使空气从安全帽底部边缘进入、从安全帽上部三分之一位置处开孔排出。

帽衬同帽壳或缓冲垫间应保留一定的空间，使空气可以流通。如果存在缓冲垫，缓冲垫

不应遮盖通气孔。如果安全帽上设置通气孔，通气孔总面积为 $150\sim450\mathrm{mm}^2$。

可以提供关闭通气孔的措施，如果提供这类措施，通气孔应可以开到最大。

1.2.3.2　安全带

安全带，就是在高处作业、攀登及悬吊作业中固定作业人员位置、防止作业人员发生坠落或发生坠落后将作业人员安全悬挂的个体坠落防护装备。

安全带不但要用，而且要正确使用。安全带应做垂直悬挂，要高挂低用，不宜低挂高用。安全带作水平位置悬挂使用时，要注意摆动碰撞。

安全带按样式可分为五点式全身安全带、肩背式半身安全带等种类。

不得将安全带绳打结使用，以免绳结受力后剪断。不应将安全带钩直接挂在不牢固物与直接挂在非金属绳上，以防止绳被割断。也不得嫌麻烦而不使用安全带。

总之，"安全带，上高空，要系牢，金属配件要齐全，高挂低用保安全"。

根据作业类别，安全带可以分为围杆作业用安全带、区域限制用安全带、坠落悬挂用安全带等。

围杆作业用安全带，就是通过围绕在固定构造物上的绳或带将人体绑定在固定构造附近，防止人员滑落，使作业人员的双手可以进行其他操作的个体坠落防护系统。

区域限制用安全带，就是通过限制作业人员的活动范围，避免其到达可能发生坠落区域的个体坠落防护系统。

坠落悬挂用安全带，就是当作业人员发生坠落时，通过制动作用将作业人员安全悬挂的个体坠落防护系统。

安全带的标记由安全带作业类别及附加功能两部分组成，如图 1-28 所示。

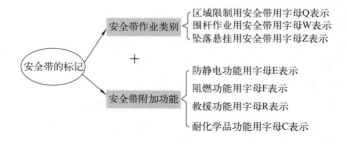

图 1-28　安全带的标记

安全带的警示语如下：

（1）使用者必须经过培训确认有能力正确使用安全带。

（2）当标识在产品报废期限内无法辨认时，产品应当报废。

（3）未经安全带制造商同意不允许对安全带进行任何改装或更换非制造商认可的零部件。

 一点通

架子工使用的安全带绳长限定在 1.5～2m。

1.2.3.3　安全网

安全网，主要是用来防止人、物坠落，或用来避免、减轻坠落及物击伤害的一种网具。

安全网一般由网体、边绳、系绳等组成。边绳，就是沿网体边缘与网体连接的绳。系绳，就是把安全网固定在支撑物上的绳。

在建筑工地中，安全网主要使用于外架、电梯井内的安全防护。使用过程中，安全网常见的问题有张挂安全网时网系挂不牢、平网上的建筑垃圾未及时清理、两层网间的防护间距过大等情况，万一发生人员坠落，易发生人员伤害等事故。

使用安全网时应做到：关键要素重系牢，固定高处设一道。

根据功能，安全网分为安全平网、安全立网，相关名词解说见表1-3。

表 1-3　安全网相关名词解说

名词	解说
安全平网	安装平面不垂直于水平面，用来防止人、物坠落，或用来避免、减轻坠落及物击伤害的安全网，简称为平网
安全立网	安装平面垂直于水平面，用来防止人、物坠落，或用来避免、减轻坠落及物击伤害的安全网，简称为立网
密目式安全立网	(1)密目式安全立网，就是网眼孔径不大于12mm，垂直于水平面安装，用于阻挡人员、视线、自然风、飞溅及失控小物体的网，简称为密目网； (2)密目网一般由网体、开眼环扣、边绳、附加系绳等组成
A级密目式安全立网	在有坠落风险的场所使用的密目式安全立网，简称为 A 级密目网
B级密目式安全立网	在没有坠落风险或配合安全立网（护栏）完成坠落保护功能的密目式安全立网，简称为 B 级密目网

平（立）网的分类标记，一般是由产品材料、产品分类、产品规格尺寸三部分组成，如图 1-29 所示。

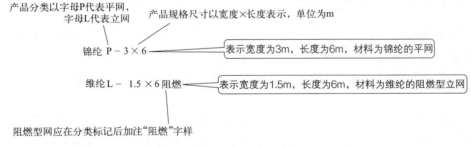

图 1-29　平（立）网的分类标记

密目网的分类标记由产品分类、产品规格尺寸、产品级别三部分组成，如图 1-30 所示。

图 1-30　密目网的分类标记

安全平（立）网的技术要求如下：

（1）材料——平（立）网可采用锦纶、维纶、涤纶或其他材料制成，其物理性能、耐候性应符合相关标准规定。

（2）质量——单张平（立）网质量不宜超过15kg。

（3）绳结构——平（立）网上所用的网绳、边绳、系绳、筋绳均应由不小于3股单绳制成。绳头部分应经过编花、燎烫等处理，不应散开。

（4）节点——平（立）网上的所有节点应固定。

（5）网目形状——平（立）网的网目形状应为菱形或方形。

（6）系绳间距及长度——平（立）网的系绳与网体应牢固连接，各系绳沿网边均匀分布，相邻两系绳间距不应大于75cm，系绳长度不小于80cm。当筋绳加长用作系绳时，其系绳部分必须加长，并且与边绳系紧后，再折回边绳系紧，至少形成双根。

（7）筋绳间距——平（立）网如有筋绳，则筋绳分布应合理，平网上两根相邻筋绳的距离不应小于30cm。

密目式安全立网一般要求如图1-31所示。

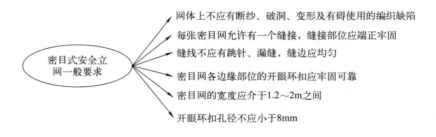

图1-31 密目式安全立网一般要求

1.2.4 劳动安全防护用品的佩戴

劳动防护用品是指劳动者在生产活动中，为了保证安全健康，防止事故伤害或职业性毒害而佩戴使用的各种用具的总称。

常用的劳动防护用品包括：防护手套、安全带、安全绳、安全帽、安全网、防护服、安全鞋等。

需要佩戴防护用品的人员在使用防护用品前，需要认真阅读用品安全使用说明，确认其使用范围、有效期限等内容，以及熟悉其使用、维护、保养方法，发现防护用品有受损或超过有效期限等情况，绝不能冒险使用。相关使用注意事项如下：

（1）安全帽要戴正，帽带要系结实，以防止因其歪戴或松动而降低抗冲击能力。

（2）安全带应在腰部系紧，并且挂钩应扣在不低于作业者所处水平位置的固定牢靠处。

（3）进行金属切割或在车床等机床操作时，严禁戴手套，以避免被机床上转动部件缠住或卷进去而引起事故。

（4）穿着防护服要做到"三紧"：工作服的领口紧、袖口紧、下摆紧，以防止敞开的袖口或衣襟被机器夹卷。

1.2.5 安全"四口"与"五临边"

"四口"是指：

（1）一口：楼梯口。

（2）二口：电梯口。

（3）三口：预留洞口。

（4）四口：通道口。

"五临边"是指：

（1）一临边：沟、坑、槽和深基础周边。

（2）二临边：楼层周边。

（3）三临边：楼梯侧边。

（4）四临边：平台或阳台边。

（5）五临边：屋面周边。

1.2.6　安全十大禁令

施工安全十大禁令如下：

（1）严禁在操作现场（包括在车间、工场等地方）吵闹、玩耍。

（2）严禁带小孩进入施工现场（包括车间、工场等地方）作业。

（3）严禁穿高跟鞋、穿拖鞋、不戴安全帽人员进入施工现场作业。

（4）严禁不穿绝缘水鞋进行水磨石机操作。

（5）严禁用手直接提拿灯头，电线移动照明等。

（6）严禁在有危险品、易燃品、木工棚场的现场、仓库吸烟与生火。

（7）严禁从高处抛掷材料、工具、砂泥、砖石及一切灰尘物。

（8）严禁非专业人员私自开动任何施工机械及驳接、拆除电线与电器。

（9）严禁在高压电源的危险区域进行冒险作业。

（10）严禁在不设栏杆或其他安全措施的高处作业、在单层墙上行走。

（11）严禁在未设安全措施的同一部位上同时进行上下交叉作业。

（12）严禁一切人员在提升架、吊机的吊篮上落及在提升架井口私自开动任何施工机械及驳接、拆除电线与电器。

 一点通

施工前的一些准备如下：

（1）根据工作内容，确定施工需要准备的机具、安全防护用品，并且检查其有效性。

（2）施工前，每个班组成员需要清楚地知道工作中存在的危险性。

（3）每个班组成员，需要熟悉施工工艺，不可冒险作业。

1.3　安全制度与人员

1.3.1　安全制度

安全制度的要求如下：

（1）建立安全责任制，落实责任人。安全措施，就是对施工项目安全生产进行计划、组织、指挥、协调、监控的一系列活动，其可以保证施工中的人身安全、设备安全、结构安全、财产安全，以及创造适宜的施工环境。项目负责人是该项目的责任人，控制的重点是施工中人员的不安全行为、设备设施的不安全状态、作业环境的不安全因素、管理上的不安全缺陷等。责任人在施工前要进行安全检查，把不安全因素消灭在萌芽状态。

（2）设专职安全员，其全面负责施工工程的安全，统筹工程安全生产工作，以及监督各项措施的实施。

（3）加强安全教育、宣传工作，使安全意识得到进一步提高。

（4）加强施工现场管理，坚持"三不放过""工前交底与工后讲评"等制度。

（5）加强施工现场用电安全管理，严格根据《施工现场用电安全技术规范》等有关规定执行。

（6）严格根据规范、程序施工，并且施工期间谨慎小心，杜绝一切侥幸心理，以及深刻认识到"安全生产"是争取效益的主要因素。

1.3.2　安全规则

相关安全规则如下：

（1）凡进入工程施工工地人员必须戴安全帽。

（2）凡进入工程施工工地人员严禁喝酒上班。

（3）凡进入工程施工工地人员严禁带其他非工地工作人员进入工地。

（4）使用梯子不能缺档，不可垫高使用，并且梯脚要有防滑措施、人字梯中间要有绳子扣牢。如果梯子超过 2m，则要有监护人。另外，严禁两人以上同在梯子上作业。

（5）使用移动电动工具者必须穿绝缘鞋、戴绝缘手套。

（6）移动电动工具金属外壳必须接地保护或接零保护。

（7）高空作业时要扎安全带、戴安全帽，脚手架外挂安全网封闭施工。

（8）现场临时用电，电箱要保持完好无损，损伤的电气元器件必须及时更换。

（9）照明、动力线路要分开，并有二级保护。

（10）用电设备一机一闸，严禁乱接乱拖，一闸多机。

（11）拆除的材料不得乱扔，作业下方应派人监护。

（12）现场临时电源线，应采用橡皮电缆线，禁止使用塑料花线，并且禁止使用电线直接插入插座内。

（13）设备的防护装置要完好，设备外壳要有完好的接地保护或接零保护。

（14）施工设备要加强现场的维护保养，保持完好率，禁止带病运转、禁止超负荷作业。

（15）施工现场材料设备堆放要整齐，不得存放在施工现场主要通道上。

（16）施工现场动用电火焊，应在作业区周围清除易燃物品，并且作业后要检查安全性，杜绝火种，以免留下后患。

（17）应服从工地的安全管理，遵守工地的安全管理规章制度。

（18）特殊工种应持证上岗。

1.3.3　安全管理规章制度与要求

为了有效保证工程施工过程中的安全，减少轻伤事故，杜绝重大事故，应建立健全的安全规章制度，并且明确各级人员在生产时需要遵守的安全生产方针、政策、法规、制度，以保证安全生产的顺利进行。

有关安全管理规章制度与要求如下：

1.3.3.1　安全生产教育培训制度

安全生产教育的内容主要包括：法律法规、企业有关规章制度、安全生产管理知识、安全技术知识、劳动纪律、消防知识、典型事故案例分析、安全技能等。安全生产教育培训应做好书面记录。

1.3.3.2　工人安全教育制度

（1）凡新进企业的员工，包括临时工、合同工、培训和实习人员等，在分配工作前，应由公司、劳资、安全等部门进行第一级安全教育。常见的教育内容包括：劳动纪律、国家有关安全生产法令及法规、企业安全生产有关制度、行业安全基本知识等。

（2）上述人员（即新进企业的员工，包括临时工、合同工、培训和实习人员等）到施工项目部门后，应由施工项目部进行二级安全教育。常见的教育内容包括：劳动纪律、项目工程生产概况、安全生产情况、施工作业区状况、机电设施安全、安全规章制度等。

（3）上述人员（即新进企业的员工，包括临时工、合同工、培训和实习人员等）上岗前，应由工长、班组长进行岗位教育，即第三级安全教育。常见的教育内容包括：工种班组安全生产概况、安全检查操作规程、个人防护用品/防护用具正确使用方法、操作环境安全与安全防护措施要求、事故前的判断与预防、事故发生后的紧急处理等。

（4）对经过三级安全教育的工人应登记建卡，并且由工程施工项目部安全检查人员负责管理教育资料。

（5）没有经过三级安全教育的人员，应禁止上岗。

（6）对变换工种的员工，需要先进行新任工种的安全教育，并且安全教育的时间、内容应有书面记录。

1.3.3.3　特种作业人员安全教育制度

特种作业人员接触不安全因素多，危险性较大，安全技术知识要求更严。为此，需要对特种作业人员进行培训教育。

1.3.3.4　经常性安全教育制度

（1）工程施工项目部，应每周一对项目员工进行安全检查教育。常规教育内容包括：有关安全生产文件精神宣传教育、上周项目工程安全检查生产小结、提示本周安全生产要求、批评违章作业行为、表扬遵守纪律员工、通报事故的处理等。

（2）重大施工项目、危险性大的作业，在员工作业前，必须根据制定的安全措施、要求，对施工员工进行安全教育，否则不准作业。

（3）重大的节假日前，员工探亲放假前后，应对员工进行针对性的安全教育。

（4）利用工地黑板报等，定期或不定期进行安全生产宣传教育，报道安全生产动态，表扬好人好事，宣传安全生产知识，宣传安全生产规程等。

1.3.4　安全控制的依据

安全控制的依据是相关支持性文件，具体如下：

（1）工程承包合同及与本工程有关的其他合同文件。

（2）国家及地方有关法律法规、规范、规程、文件等。

（3）监理单位的安全生产管理规章制度。

（4）建筑工程监理合同中安全监理的有关条款。

（5）建筑工程设计图纸及说明。

（6）经批准的承建商安全组织设计或安全技术措施。

与安全控制有关的常见的国家及地方有关法律法规、规范、规程、文件如下：

（1）《安全生产监督管理条例》。

（2）《安全生产许可证条例》。

（3）《建设工程安全生产管理条例》。

（4）《建设工程施工安全责任制》。

（5）《建设工程施工现场管理规定》。

（6）《建设工程现场文明施工管理办法》。

（7）《建设工程项目管理规范》。

（8）《建设工程预防高处坠落事故若干规定》。

（9）《建筑工程预防坍塌事故若干规定》。

（10）《建筑机械使用安全技术规程》。

（11）《建筑施工安全检查标准》。

（12）《建筑施工高处作业安全技术规范》。

（13）《建筑施工扣件式钢管脚手架安全技术规范》。

（14）《建筑施工门式钢管脚手架安全技术规范》。

（15）《建筑塔式起重机安全规程》。

（16）《龙门架及井架物料提升机安全技术规范》。

（17）《施工企业安全生产评价标准》。

（18）《施工现场临时用电安全技术规范》。

（19）《危险化学品安全管理条例》。

（20）《中华人民共和国安全生产法》。

（21）《中华人民共和国建筑法》。

（22）《中华人民共和国矿产资源法》。

（23）《中华人民共和国矿山安全法》。

（24）《中华人民共和国劳动法》。

（25）《中华人民共和国宪法》。

（26）《中华人民共和国刑法》。

（27）其他安全生产相关法律。

 一点通

《中华人民共和国建筑法》的主要内容如图 1-32 所示。

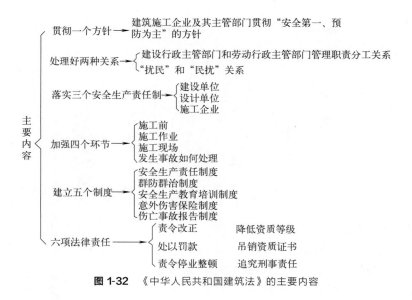

图 1-32　《中华人民共和国建筑法》的主要内容

1.3.5　安全生产法规的定义

法律法规就是国家制定或认可，并且以国家强制力保证其实施的一种行为规范。

法律法规体系包括法律、行政法规、技术标准等，如图 1-33 所示。

安全生产法规是指国家关于改善劳动条件，实现安全生产，为保护劳动者在生产过程中的安全与健康而制定的各种规范性文件的总和。

安全生产法规通过法律的形式规定了人们在生产过程中的行为规则，具有普遍的约束力、强制性。

图 1-33　法律法规体系结构

 一点通

安全生产法规的目的如下。

（1）安全生产法规是贯彻安全生产方针、政策的有效保障。

（2）安全生产法规是保护劳动者安全和健康的重要手段。

（3）安全生产法规是实现安全生产的技术保证。

1.3.6　安全生产法规体系

安全生产法规体系如图 1-34 所示。立法的目的，就是加强安全生产工作，防止和减少生产安全事故，保障人民群众生命和财产安全等。

1.3.7　"五同时"与"三不放过"

"五同时"是指企业生产组织及领导者在计划、布置、检查、总结、评比生产的时候，同时计划、布置、检查、总结、评比安全工作。

"五同时"要求企业把安全生产工作落实到每一个生产组织管理环节中去。

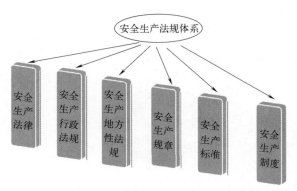

图 1-34 安全生产法规体系

"五同时"使得企业在管理生产的同时必须认真贯彻执行国家安全生产方针、法律法规、建立健全各种安全生产规章制度、规程等，以及配置安全管理机构、人员。

"三不放过"是指在调查处理工伤事故时，必须坚持事故原因分析不清不放过，事故责任者和群众没有受到教育不放过，没有采取切实可行的防范措施不放过的原则。

"三不放过"的含义如下。

（1）第一个不放过：坚持事故原因分析不清不放过。

坚持事故原因分析不清不放过，就是要求调查处理事故时，首先要把事故原因分析清楚，找出真正的事故原因，并且搞清各因素间的因果关系，才算是达到了事故原因分析的目的。

（2）第二个不放过：事故责任者和群众没有受到教育不放过。

事故责任者和群众没有受到教育不放过，就是要求调查处理事故时，不仅要查明事故原因，还要对有关人员进行处理，以及必须使事故责任者与职工群众了解事故的原因，从造成的危害事故中吸取教训。

（3）第三个不放过：没有采取切实可行的防范措施不放过。

没有采取切实可行的防范措施不放过，就是要求必须针对事故发生的原因，提出防止相同或类似事故发生的切实可行的预防措施，并且督促企业认真实施。

1.3.8 生产禁令

相关生产禁令如下：

（1）严禁不戴胶手套和不穿胶鞋操作水磨石机。
（2）严禁不具备相应资格的人员从事特种作业。
（3）严禁超能力、超强度、超定员组织生产。
（4）严禁迟报、漏报、谎报、瞒报生产安全事故。
（5）严禁电器开关及机电设备受雨水浸淋。
（6）严禁工作面在光线不足的情况下进行夜间施工。
（7）严禁患高血压、心脏病，及其他不适宜高处作业人员从事高空作业。
（8）严禁没有信号或专人指挥随意升降钢塔吊笼。
（9）严禁使用不具备国家规定资质、安全生产保障能力的承包商、分包商。
（10）严禁使用未经检验合格、无安全保障的特种设备。
（11）严禁偷岩取土作业。
（12）严禁违反程序擅自压缩工期、改变技术方案与工艺流程。

（13）严禁违章指挥、违章操作、违章作业、违反劳动纪律。

（14）严禁未经安全培训教育并考试合格的人员上岗作业。

（15）严禁无拆除方案乱拆旧建筑物、乱拆结构物、乱拆设备。

（16）严禁在安全生产条件不具备、隐患未排除、安全措施不到位的情况下组织生产。

（17）严禁在土质不良的情况下，没有任何防护措施冒险开挖基坑。

（18）严禁在地下管线不明的情况下乱开挖地基。

（19）严禁在起重吊物底下通过或工作。

1.3.9 安全生产十大纪律

安全生产十大纪律内容如下：

（1）进入施工现场，必须遵守安全、文明施工、劳动卫生等规章制度。

（2）进入施工现场必须根据规定正确穿戴使用安全帽、安全带、工作鞋等个人劳动防护用品，无关人员不得进入施工区域。

（3）施工区域内不准赤脚、不准赤膊、不准穿拖鞋、不准穿高跟鞋，高处作业不准穿硬底鞋及易滑鞋。

（4）不准酒后施工、不准酒后操作。

（5）高处作业时，不准往下或向上抛掷任何零配件、材料、工具、废杂物品等。

（6）不准擅自损坏、拆除、移动安全防护装置、警示牌、安全标志。

（7）不准在平台上、周边口探头、探身、探手。

（8）非持相应特种上岗证的人员，不准安装、使用、改动、拆除电线、电气、机械设备。

（9）不准攀爬外脚手架、钢井架。不准作业人员乘坐吊笼上下。

（10）严格遵守施工现场防火规定、动火规定。

1.3.10 十项安全技术措施

十项安全技术措施内容如下：

（1）根据规定正确使用"安全三宝"。

（2）机械设备防护装置一定要齐全并且有效。

（3）塔吊等起重设备安全装置必须齐全，不准带病运作，不准超负荷作业，不准在运转中维修保养。

（4）架设用电线路必须符合供电部门及《施工现场临时用电安全技术规范》的要求，并且电气设备必须根据规定接地、接零。

（5）电动机械、手持电动工具，需要设置漏电跳闸装置。

（6）脚手架材料及其搭设，需要有设计并且符合规定要求。

（7）各种缆风绳及其设置，需要符合规定要求。

（8）在建工程的通道口、楼梯口、预留洞口、电梯口、提升架出入口必须有防护措施。

（9）楼板周边、阳台边、屋顶周边、卸料平台外侧边、脚手架通道口的外侧边等，必须有防护措施。

（10）施工现场的悬崖、陡坎等危险地区，需要有警戒标志，夜间需要设红灯示警。

1.3.11 设备材料的安全管理要求

设备材料的安全管理要求如下：

（1）应制定工程施工项目所有机械设备的安全操作规程要领、安全管理制度。

（2）对各类机械设备，必须配齐安全防护装置，并且常检查，执行维修、保养制度，以确保安全运行。

（3）定期组织设备安全检查，并且及时向主管领导汇报设备运转情况。

（4）配合有关部门做好特殊工种培训、考核发证工作，以确保持证上岗。

（5）应参加对各类机械设备安全事故的调查、分析。

（6）应认真执行工程施工项目有关产品质量管理规定，并且杜绝伪劣产品进入施工现场。

（7）应确保供应施工生产中安全技术措施所需要的材料，并且对现场使用钢管、扣件、脚手板、竹笆片、夹板等材料，要保证质量。

（8）配合有关部门做好劳保用品管理发放等工作。

（9）应加强仓库人员的安全教育，并且严格执行有关危险品的运输、储存、发放等规定。

1.3.12 高压气瓶存放的安全防护措施

高压气瓶存放的安全防护措施如下：

（1）高压气瓶必须分类保管，不得将气体混合时易发生反应的钢瓶混存放置。例如氢气钢瓶与氯气钢瓶、氢气钢瓶与氧气钢瓶、液氯钢瓶与液氨钢瓶等，均不得混存在一处，否则各自漏气时在光和其他条件下将引起燃烧或爆炸等。

（2）高压气瓶直立放置时，要用固定链固定稳妥，并且气瓶要远离热源，避免暴晒，避免强烈振动。

（3）为了避免各种钢瓶使用时发生混淆，气瓶应根据规定涂色，标志一定要明显。

（4）有关规定的气瓶漆色标准：氧气瓶为天蓝色，石油气瓶为灰色，乙炔气瓶为白色，氯气瓶为草绿色，氢气瓶为深绿色，氮气瓶为黑色，二氧化碳气瓶为铝白色。

（5）气瓶上应写明瓶内气体名称。

1.3.13 安全施工管理制度

安全施工管理制度是为了确保工程施工过程中的安全，减少轻伤事故，杜绝发生重大事故，所建立的各级安全生产责任制。应切实分解、落实安全施工管理制度，明确各级人员在安全生产方面的职责，并且严格执行，确保工程实现安全生产目标。

1.3.14 项目经理的安全管理要求

项目经理的安全管理要求如下：

（1）项目经理是工程安全生产第一负责人，对本项目工程安全生产负责。

（2）项目经理应认真贯彻执行国家、政府主管部门、企业的安全生产规章制度，落实上级制定的安全生产技术措施。

（3）项目经理应组织职工学习安全生产技术操作规程、规章制度，坚持交任务的同时交安全要领，定期组织检查施工现场安全状况。

（4）项目经理应正确处理生产和安全的关系，不违章指挥，对违章作业的班组和个人根据项目奖惩规定进行处理。

（5）项目经理应对施工现场搭设的脚手架、井架、机械设备、电器设备等安全防护装置组织验收，合格后才可以使用。

（6）项目经理应抓好分包、承包队伍的安全管理，使用的分包队伍要具有安全资质，对不具备条件的承包队伍，杜绝进入现场施工。

（7）发生工伤事故时，项目经理应立即组织抢救，迅速上报，并且保护现场。

1.3.15　质量员的安全管理要求

质量员的安全管理要求如下：

（1）质量员应贯彻执行安全生产有关法律法规、规范、标准、操作规程，以及公司安全生产规章制度。

（2）质量员应负责监督、验收安全防护用品的质量是否符合有关验收标准。

（3）质量员应负责分项工程混凝土强度的检测，确定混凝土拆模时间，确保工程质量与安全。

（4）质量员应参与安全检查，并且协助排除安全隐患。

（5）质量员在检查质量的同时要检查安全生产，发现安全隐患应立即报告有关人员进行整改。

1.3.16　施工员的安全管理要求

施工员的安全管理要求如下：

（1）项目施工员是项目工程分阶段的安全生产负责人，其对所管的分部工程安全生产负直接责任。

（2）项目施工员应熟悉掌握有关安全生产操作规程，并且帮助督促生产班组遵守安全生产规章制度、本工种安全生产技术操作规程。

（3）认真执行安全生产规章制度，不得违章指挥。

（4）安排施工前，项目施工员应将施工组织设计中的安全措施详细向施工班组进行书面安全交底，并且对施工环境应采取有效的安全防护措施，以及督促班组执行。

（5）对违章作业的班组、个人，应及时制止，对坚持违章作业的班组、个人，有权暂停其工作直到改正为止。

（6）项目施工员在班组人员发生工伤事故时，要立即上报、保护现场，并且配合有关人员的调查处理。

1.3.17　安全员的安全管理要求

安全员的安全管理要求如下：

（1）项目安全员是生产一线的安全生产监督检查员。

（2）项目安全员应监督检查本项目的施工安全、文明生产情况。

（3）项目安全员应配合有关部门开展安全生产的宣传教育工作，协助项目经理组织安全检查，并且做好安全资料管理工作。

（4）项目安全员应监督检查，并且及时发现生产中的安全隐患，立即提出改进意见与措施，并且督促落实整改。

（5）项目安全员应熟悉本项目施工组织设计，编制安全生产技术措施，并且对贯彻执行情况进行监督、检查。

（6）项目安全员应与有关部门共同做好新进场工人安全技术培训、三级教育。

（7）项目安全员应负责项目工伤事故的统计、分析、报告，并且参与工伤事故的调查、处理。

（8）项目安全员应制止违章指挥、违章作业。如果有严重不安全的情况，则有权暂停生产。

（9）项目安全员应督促有关部门做好职工劳逸结合，以及女职工的特殊保护工作。

（10）对违反劳动法规定的行为，项目安全员可视情况进行教育，并且向领导提出处理建议。

1.3.18　安全员的安全责任

（1）认真贯彻执行有关安全技术劳动保护法规。
（2）严格履行督促检查安全生产工作的职能。
（3）配合有关部门开展安全生产宣传教育工作。
（4）总结交流安全生产的先进经验。
（5）参加编制审查施工组织设计或施工中的安全技术措施。
（6）参加新建、扩建、改建工程项目的竣工验收。
（7）组织指导班组开展安全生产活动。
（8）制止违章指挥、违章作业。
（9）遇有险情时，有权立即停止作业，撤出人员，并且报告领导处理。
（10）与有关部门共同做好新工人、特种作业人员的安全技术培训考核、发证工作。
（11）参加伤亡事故的调查处理，进行伤亡事故的统计、分析、报告工作。
（12）督促有关部门根据规定，及时发放和合理使用个人安全防护用品。
（13）组织有关部门研究执行防毒、防尘、预防职业病、防暑降温措施。
（14）督促有关部门做好劳逸结合工作。
（15）做好女工保护工作。
（16）对违反安全生产规定的有关部门、人员在劝阻无效时，可越级报告。

1.3.19　项目施工管理负责人的安全管理要求

项目施工管理负责人的安全管理要求如下：

（1）在公司及项目经理的领导下，负责项目施工技术管理工作，加强施工图、标准图、有关技术资料的管理，并且对工程质量负全面技术责任。

（2）熟悉设计意图，组织图纸自审，参加图纸会审，并且做好图纸会审记录、进行技术交底。另外，负责变更通知的签发、项目竣工文档的编制。

（3）在公司技术负责人的领导下，参与编制单位工程的施工组织设计、施工方案，并且对分部工程进行技术交底，对施工方案进行审核，以及对工程质量实施有效的技术控制。

（4）及时解决一般工程技术问题，对重大技术问题及时汇报，组织参加隐蔽工程验收，制定特殊物资的搬运方案、特殊过程施工方案。

（5）参与制定施工全过程成品、半成品的防护措施，并且参加中间及竣工验收，以及办理交工验收手续。

（6）组织职工培训，学习贯彻各项技术标准、规范、规程、技术管理制度等。

（7）组织不合格成品原因分析，负责纠正、预防措施的制定和实施，并且参与其实施效果的验证。

（8）组织质量分析会，收集质量信息，负责不合格成品的评审、处理，以及按不合格成品的严重程度分别向有关部门传递。

（9）负责统计技术的具体实施、管理，并且做好上级交办的其他事宜。

1.3.20 班组长的安全管理要求

班组长的安全管理要求如下：

（1）学习、领会，并且认真执行上级部门、本项目部门的规章制度。

（2）带领全班组安全作业，并且模范遵守安全操作规程。

（3）安排生产任务时，认真进行安全技术交底，严格执行本工程安全操作，并且有权拒绝违章指挥。

（4）组织班组安全活动，开好班组安全生产会，并且根据作业环境及职工的思想、体质、技术状况合理分配生产任务。

（5）如果发生工伤事故，应立即抢救，并且及时报告并保护好现场。

1.3.21 特种作业人员的有关规定

特种作业人员的有关规定如下：

（1）特种作业人员必须具备的基本条件：年满十八周岁以上，工作认真负责、身体健康、没有妨碍本工种作业的疾病和生理缺陷，并且具有本工种所需的文化程度和安全、技术知识与实践经验。

（2）凡未经培训考核取得《特种作业操作证》前，各类特种作业人员均不准独立上岗操作。

（3）施工单位安全部门，应负责特种作业人员的培训、复审考核工作，并且负责有关培训、复审建档。

（4）施工单位，应建立各自分管的特种作业人员的培训、复审档案。

（5）特种作业人员的操作证是有有效期的。凡到期不参加复审者，其《特种作业操作证》作废，不得继续独立作业。

（6）各类特种作业人员禁止操作与本人《特种作业操作证》规定不相符的机械、设备。

（7）特种作业范围人员：

① 电工作业——维修电工（施工现场电工）、电气安装工、送配电工（配电房值班电工）等。

② 金属焊接——手工电弧焊工、电渣压力焊工。

③ 建筑登高架设作业——建筑架子工、井架搭设工。

④ 机动车辆作业——建筑工地翻斗车、装载机、载重车辆等操作人员。

⑤ 起重机械作业——建筑起重机械司机、作业指挥人员等。

⑥ 其他机械操作——混凝土搅拌机等机械的操作工等。

1.3.22 特种作业人员安全培训要求

（1）特种作业人员应分别接受公司、项目、班组三级安全生产教育培训。

（2）特种作业人员应接受专门的安全作业培训，取得特种作业操作资格证书后，才可上岗作业。

（3）特种作业人员接受企业年度安全生产教育培训，每年应不少于 24 学时。

（4）特种作业人员教育培训内容如下：

① 岗位的工作特点，可能存在的危险、隐患、安全注意事项。

② 岗位的安全技术要领及个人防护用品的正确使用方法。

③ 本岗位曾发生的事故案例、经验教训。

④ 接受双重预防体系教育培训，熟知本岗位风险点、对策。

⑤ 接受转场、转岗、复岗安全生产教育培训，考核合格方可上岗作业。

⑥ 采用新技术、新工艺、新设备、新材料时，参加相应的安全生产教育培训。

⑦ 接受季节性安全生产教育培训，熟知气候的特点及可能危害，掌握相应安全知识。

⑧ 接受节假日安全生产教育培训，保持稳定的工作情绪和安全作业状态。

⑨ 新标准、新规范更新时，应参加相应的安全生产教育培训。

1.3.23 变换工种安全培训内容

变换工种，包括转场、转岗、复岗，其安全培训内容见表1-4。

表 1-4 变换工种安全培训内容

名称	内容
转场	转场教育培训内容如下： (1)有关安全生产规章制度、劳动纪律。 (2)项目安全生产状况、施工条件。 (3)项目危险部位的防护措施及典型事故案例。 (4)项目的安全管理体系、规定及制度。 (5)转场教育培训应不少于 4 学时
转岗	转岗教育培训内容如下： (1)安全生产规章制度、劳动纪律。 (2)新岗位安全生产概况、工作性质、职责。 (3)新岗位安全知识、机具设备、安全防护设施的性能和作用。 (4)新岗位、新工种的安全技术操作规程。 (5)易发事故、危险隐患及注意事项。 (6)个人防护用品的使用和保管。 (7)转岗安全教育应不少于 8 学时
复岗	复岗教育培训内容如下： (1)工作环境及危险因素。 (2)可能遭受的职业伤害及事故。 (3)岗位安全职责、操作技能及标准。 (4)自救互救方法、疏散方法、紧急情况的处理。 (5)安全设备、个人防护用品使用及维护。 (6)预防事故和职业危害的措施

1.3.24 从业人员的八大权利与四大义务

从业人员的权利与义务，一般是通过各法律法规规定体现出来的。

从业人员的八大权利如下：

（1）知情权（对危险因素、应急措施等）。

（2）建议权。

（3）拒绝权（违章指挥、强令冒险作业）。

（4）批评权/检举权/控告权。

（5）要求赔偿权（工伤保险）。

（6）紧急避险权。

（7）获得劳防用品权。

（8）获得教育培训权。

从业人员的四大义务如下：

（1）服从管理，自觉遵章守规。

（2）佩戴与使用劳动防护用品。

（3）接受培训，掌握安全生产技能。

（4）发现事故隐患及时报告。

1.4 职业安全卫生

1.4.1 职业安全卫生的相关定义

职业安全卫生是指以保障职工在职业活动过程中的安全与健康为目的的工作领域及在法律、技术、设备、组织制度、教育等方面所采取的相应措施。

职业安全是指以防止职工在职业活动过程中发生各种伤亡事故为目的的工作领域及在法律、技术、设备、组织制度、教育等方面所采取的相应措施。

职业卫生是指以职工的健康在职业活动过程中免受有害因素侵害为目的的工作领域及在法律、技术、设备、组织制度、教育等方面所采取的相应措施。

安全生产是指通过人-机-环的和谐运作，使社会生产活动中危及劳动者生命与健康的各种事故风险和伤害因素始终处于有效控制的状态。

本质安全是指通过设计等手段使生产设备或生产系统本身具有安全性，即使在误操作或发生故障的情况下也不会造成事故。

常见职业危险见表1-5。

表1-5 常见职业危险

名称	解说
物体打击	物体在重力或其他外力的作用下产生运动、打击人体造成的人身伤亡事故,不包括因机械设备、车辆、起重机械、坍塌等引发的物体打击
车辆伤害	企业机动车辆在行驶中引起的人体坠落与物体倒塌、下落、挤压、撞车或倾覆等造成的人身伤亡事故,不包括起重设备提升、牵引车辆和车辆停驶时发生的事故

名称	解说
机械伤害	机械设备运动(静止)部件、工具、加工件直接与人体接触引起的碰撞、夹击、剪切、卷入、割、绞、碾、刺入等伤害
起重伤害	各种起重作业(包括起重机安装、检修、试验)中发生的挤压、坠落(吊具、吊重)、倾翻、折臂、倒塌等引起的对人的伤害
触电	电流流经人体或带电体与人体间发生放电而造成的人身伤害
淹溺	人落水后,因呼吸阻塞导致的急性缺氧致窒息而造成的伤亡事故
灼烫	由于火焰烧伤、高温物体烫伤、物理灼伤(光、放射性物质引起的体内外灼伤)、化学灼伤(酸、碱性物质引起的体内外灼伤)而引起的人身伤亡事故
火灾	在时间或空间上失去控制的燃烧所造成的一种灾害
高处坠落	在高处作业中发生坠落造成的伤亡事故,不包括触电坠落事故。高处作业指距地面2m以上高度的作业
坍塌	(1)物体在外力或重力作用下,超过自身的强度极限或因结构稳定性破坏而造成的陷落、倒塌事故。 (2)挖沟时的土石塌方、脚手架坍塌、堆置物倒塌等属于坍塌事故
瓦斯爆炸	可燃性气体甲烷与空气混合形成的混合物浓度达到爆炸极限,接触火源而引起的化学性爆炸
中毒	有毒物质通过不同途径进入人体内引起某些生理功能或组织器官受到急性健康损害的事故
窒息	(1)窒息,就是机体由于急性缺氧发生晕厥甚至死亡的事故。 (2)窒息分为内窒息、外窒息。吸入窒息性气体可致内窒息。生产环境中的严重缺氧可导致外窒息

职业安全事故与损失相关名词解说见表1-6。

表1-6 职业安全事故与损失相关名词解说

名称	解说
事故	造成死亡、疾病、伤害、损伤或其他损失的意外情况
职工伤亡事故	职业活动过程中发生的职工人身伤害或急性中毒事件
伤亡事故经济损失	职工在劳动生产过程中发生伤亡事故所引起的一切经济损失,包括直接经济损失、间接经济损失
直接经济损失	因事故造成人身伤亡及善后处理支出的费用和毁坏财产的价值
间接经济损失	因事故导致产值减少、资源破坏和受事故影响而造成其他损失的价值

1.4.2 职业安全卫生测试与评估

职业安全卫生测试与评估相关名词解说见表1-7。

表1-7 职业安全卫生测试与评估相关名词解说

名称	解说
安全评价	(1)安全评价是以实现安全为目的,应用安全系统工程原理、方法,辨识与分析工程、系统、生产经营活动中的危险、有害因素,预测发生事故或造成职业危害的可能性及其严重程度,提出科学、合理、可行的安全对策措施建议,并且做出评价结论的活动。 (2)安全评价可以针对一个特定的对象,也可以针对一定区域范围。 (3)安全评价根据实施阶段的不同分为三类:安全预评价、安全验收评价、安全现状评价
安全现状评价	针对生产经营活动中的事故风险、安全管理等情况,辨识与分析其存在的危险、有害因素,审查确定其与安全生产法律法规、规章、标准、规范要求的符合性,预测发生事故或造成职业危害的可能性及其严重程度,提出科学、合理、可行的安全对策措施建议,做出安全现状评价结论的活动
安全验收评价	在建设项目竣工后正式生产运行前,通过检查建设项目安全设施与主体工程同时设计、同时施工、同时投入生产和使用的情况和安全设施、设备、装置投入生产和使用的情况,检查安全生产管理措施到位情况,检查安全生产规章制度健全情况,检查事故应急救援预案建立情况,审查确定建设项目满足安全生产法律法规、规章、标准、规范要求的符合性,从整体上确定建设项目和安全管理情况,做出安全验收评价结论的活动

名称	解说
定点采样	将空气收集器放置在选定的采样点,通过劳动者的呼吸进行采样
短时间接触容许浓度	在遵守PC-TWA(时间加权平均容许浓度)前提下容许短时间(15min)接触的浓度
风险评估	评估风险大小,以及确定风险是否可容许的全过程
个体采样	将空气收集器佩戴在采样对象的前胸上部,其进气口尽量接近呼吸带所进行的采样
时间加权平均容许浓度	以时间为权数规定的8h工作日的平均容许接触浓度,也可是40h工作周的平均容许接触浓度
职业病危害控制效果评价	建设项目在竣工验收前,对工作场所职业病危害因素、职业病危害程度、职业病防护措施与效果、健康影响等做出综合评价
职业病危害预评价	对可能产生职业病危害的建设项目,在可行性论证阶段,对建设项目可能产生的职业病危害因素、危害程度、对劳动者健康影响、防护措施等进行预测性卫生学分析与评价,确定建设项目在职业病防治方面的可行性,为职业病危害分类管理提供科学依据
职业接触限值	即职业性危害因素的接触限制量值,是指劳动者在职业活动过程中长期反复接触,对绝大多数接触者的健康不引起有害作用的容许接触水平
职业性危害因素	在职业活动中产生的可直接危害劳动者身体健康的因素,根据其性质分为物理性危害因素、化学性危害因素、生物性危害因素
最高容许浓度	工作地点在一个工作日内的任何时间均不应超过的有毒化学物质的浓度

1.4.3 职业安全卫生应急与防护措施

职业安全卫生应急与防护措施相关名词解说见表1-8。

表1-8 职业安全卫生应急与防护措施相关名词解说

名称	解说
防护措施	为了避免职工在作业时身体的某部位误入危险区域或接触有害物质而采取的隔离、屏蔽、设置安全距离、个人防护、通风等措施或手段
个人防护用品	为了使职工在职业活动过程中免遭或减轻事故和职业危害因素的伤害而提供的个人穿戴用品
应急救援	在应急响应过程中,为了防止事故扩大或恶化,最大限度地降低事故造成的损失或危害而采取的救援措施或行动
应急救援设施	在工作场所设置的报警装置、现场急救用品、洗眼器、喷淋装置等冲洗设备和强制通风设备,以及应急救援使用的通信、运输设备等
应急响应	事故发生后,有关组织或人员采取的应急行动
应急预案	针对可能发生的事故,为迅速、有序地开展应急行动而预先制定的行动方案
应急准备	针对可能发生的事故,为迅速、有序地开展应急行动而预先进行的组织准备和应急保障
职业病防护设施	为了消除或者降低工作场所的职业病危害因素浓度或强度,减少职业危害因素对劳动者健康的损害或影响,达到保护劳动者健康目的的装置

1.4.4 职业安全卫生职业医学与职业病

职业安全卫生职业医学与职业病相关名词解说见表1-9。

表1-9 职业安全卫生职业医学与职业病相关名词解说

名称	解说
法定职业病	国家根据社会制度、经济条件、诊断技术水平,以法规形式规定的职业病
职业病	劳动者在职业活动中接触职业性危害因素所直接引起的疾病
职业病报告	为了加强职业病信息报告管理工作,准确掌握职业病发病情况,为预防职业病提供依据的由国家政府主管部门制定的职业病报告制度
职业病诊断	根据劳动者职业病危害接触史、患者的临床表现与医学检查结果,参考作业场所职业病有害因素检测、流行病学资料,依据职业病诊断标准进行综合分析做出健康损害与职业接触间关系的临床推理判断过程

名称	解说
职业病诊断鉴定	对职业病诊断结果有争议时,由卫生行政部门组织的对原诊断结论的进一步审核诊断
职业健康监护	以预防为目的,根据劳动者的职业接触史,通过定期或不定期的医学健康检查和健康相关资料的收集,连续性地监测劳动者的健康状况,分析劳动者健康变化与所接触的职业病危害因素的关系,并且及时地将健康检查、资料分析结果报告给用人单位和劳动者本人,以便及时采取干预措施,保护劳动者健康
职业健康检查	应用医学方法对个体进行的一次性的健康检查,检查的主要目的是发现有无职业有害因素引起的健康损害或职业禁忌证。 我国健康监护技术规范规定职业健康检查包括上岗前、在岗间、离岗时、离岗后的医学随访,以及应急健康检查
职业禁忌证	不宜从事某种作业的疾病或解剖、生理等状态。因在该状态下接触某些职业性危害因素时易导致以下情况:对某种职业性危害因素易感、诱发潜在的疾病、原有疾病病情加重、影响子代健康
职业性急性中毒	短时间内吸收大剂量毒物所引起的职业性中毒
职业性慢性中毒	长期吸收较小剂量毒物所引起的职业性中毒
职业性中毒	劳动者在职业活动中组织器官受到工作场所毒物的毒作用而引起的功能性、器质性疾病
职业医学	以个体为主要对象,旨在对受到职业危害因素损害或存在潜在健康危险的个体进行早期健康检查、诊断、治疗、康复处理

1.4.5 工伤与工伤保险

工伤,也称职业伤害,指劳动者(职工)在工作或者其他职业活动中因意外事故伤害和职业病造成的伤残和死亡。

工伤保险,也称职业伤害保险,指劳动者由于工作原因并在工作过程中遭受意外伤害,或因职业危害因素引起职业病,由国家或社会给负伤者、致残者、死亡者生前供养亲属提供必要的物质帮助的一种社会保险制度。

工伤的范畴如下:

(1)工作时间和工作场所内,因工作原因受到伤害的。

(2)工作时间前后在工作场所内,从事与工作有关的预备性或者收尾性工作受到事故伤害的。

(3)工作时间和工作场所内,因履行工作职责受到暴力等意外伤害的。

(4)患职业病的。

(5)因公外出期间,由于工作的原因受到伤害或者发生事故下落不明的。

(6)上下班途中,受到机动车事故伤害的。

(7)法律、行政法规规定应当认定为工伤的其他情形。

下列情形,不认定为工伤或不认定视同工伤:

(1)因犯罪或者违反治安管理伤亡的。

(2)醉酒导致伤亡的。

(3)自残或者自杀的。

 一点通

道路交通的安全要点如下:

(1)驾驶人驾驶机动车上道路行驶前,应当对机动车的安全技术性能进行认真检查。

(2)不得驾驶安全设施不全或者机件不符合技术标准等具有安全隐患的机动车。

（3）机动车驾驶人，应当遵守道路交通安全法律、法规的规定，并且根据操作规范安全驾驶、文明驾驶。

（4）饮酒、服用国家管制的精神药品或者麻醉药品，不得驾驶机动车。

（5）患有妨碍安全驾驶机动车的疾病，不得驾驶机动车。

（6）过度疲劳影响安全驾驶的，不得驾驶机动车。

（7）交通信号灯由红灯、绿灯、黄灯组成。其中，红灯表示禁止通行，绿灯表示准许通行，黄灯表示警示。

（8）车辆、行人应根据交通信号通行。遇有交通警察现场指挥时，应根据交通警察的指挥通行。

（9）在没有交通信号的道路上，应当在确保安全、畅通的原则下通行。

1.4.6 劳动安全卫生要求

劳动安全卫生要求如下：

（1）用人单位必须建立、健全劳动安全卫生制度，严格执行国家劳动安全卫生规程和标准，对劳动者进行劳动安全卫生教育，以防止劳动过程中的事故，减少职业危害。

（2）劳动安全卫生设施必须符合国家规定的标准。

（3）新建、改建、扩建工程的劳动安全卫生设施必须与主体工程同时设计、同时施工、同时投入生产和使用。

（4）用人单位必须为劳动者提供符合国家规定的劳动安全卫生条件和必要的劳动防护用品，并且对从事有职业危害作业的劳动者应当定期进行健康检查。

（5）从事特种作业的劳动者，必须经过专门培训并取得特种作业资格。

1.4.7 职业病的防治

职业病，就是企业、事业单位和个体经济组织的劳动者在工作活动中因接触粉尘、放射性物质和其他有毒有害物质等因素而引起的疾病。

单位负责人应当接受职业卫生培训，遵守职业病防治法律、法规依法组织本单位的职业病防治工作。

单位应当对劳动者进行上岗前的职业卫生培训和在岗期间的定期职业卫生培训，普及职业卫生知识，并且督促劳动者遵守职业病防治法律、法规、规章、操作规程。另外，还需要指导劳动者正确使用职业病防护设备、个人使用的职业病防护用品。

发生或者可能发生急性职业病危害事故时，单位应当立即采取应急救援与控制措施，并且及时报告有关部门。

 一点通

"三同时"与"三同步"的含义如下。

"三同时"，就是指新建、改建、扩建的基本建设项目（工程）、技术改造项目（工程）、引进的建设项目，其劳动安全卫生设施必须符合国家规定的标准，必须与主体工程同时设计、同时施工、同时投入生产和使用。

"三同步"，就是指安全生产与经济发展建设、企业深化改革、技术改造同步规划、同步发展、同步实施的原则。

第**2**章　安全标志与安全标语

2.1　消防标志

2.1.1　消防安全标志类型、尺寸与设置

消防安全标志是用于指示消防设施、消防通道、安全出口、避难场所等的图形符号。

消防安全标志是消防安全管理的重要组成部分。消防安全标志的设置和使用,有助于提高公众的消防意识,增强公众的自救逃生能力,减少火灾事故的损失。

消防安全标志分为禁止类、警告类、指令类、指示类、辅助类,见表2-1。

表 2-1　消防安全标志的类型

类型	解说
禁止类	(1)禁止类消防安全标志用于指示或者提示人们在火灾或者其他紧急情况下不得采取的行动或者存在的状态。 (2)禁止类消防安全标志由红色圆环与斜杠组成,图形符号为黑色,背景为白色
警告类	(1)警告类消防安全标志用于指示或者提示人们在火灾或者其他紧急情况下可能遇到的危险或者有害因素。 (2)警告类消防安全标志由黑色菱形组成,图形符号为黑色,背景为黄色
指令类	(1)指令类消防安全标志用于指示或者提示人们在火灾或者其他紧急情况下必须采取的行动或者存在的状态。 (2)指令类消防安全标志由白色圆形组成,图形符号为白色,背景为绿色
指示类	(1)指示类消防安全标志用于指示或者提示人们在火灾或者其他紧急情况下可以使用的设备、设施或者场所。 (2)指示类消防安全标志由白色矩形或者正方形组成,图形符号为白色,背景为红色
辅助类	(1)辅助类消防安全标志用于辅助说明其他类别标志的含义或者提供其他相关信息。 (2)辅助类消防安全标志为白色正方形或者长方形,中间有黑色图形符号或者文字

消防安全标志形状分为圆形、三角形、正方形、长方形、梯形、菱形,如图2-1所示。其中,消防菱形是由两个等边三角形组成的四边形,一般用于表示危险物品或者场所。

消防安全标志颜色分为红色、黄色、绿色、白色、黑色、蓝色、橙色。其中,消防橙色介于红色和黄色之间,一般用于表示危险物品或者场所。

消防安全标志的尺寸应根据观察距离、观察角度、照度等因素确定,以保证消防安全标

几何形状	安全色	安全色的对比色	图形符号色	含义
正方形	红色	白色	白色	标示消防设施(如火灾报警装置和灭火设备)
正方形	绿色	白色	白色	提示安全状况(如紧急疏散逃生)
带斜杠的圆形	红色	白色	黑色	表示禁止
等边三角形	黄色	黑色	黑色	表示警告

消防标志的几何形状、安全色及对比色、图形符号色的含义

图 2-1 消防安全标志形状及颜色的含义

志在火灾或者其他紧急情况下能够被人们清晰地看到、识别。

消防安全标志的尺寸要求见表 2-2。

表 2-2 消防安全标志的尺寸要求

项目	解说
最小尺寸	(1)最小尺寸是指消防安全标志的外围轮廓线所围成的最小面积。 (2)最小尺寸应根据观察距离确定,普通情况下,观察距离每增加 10m,最小尺寸应增加 100cm^2
最小高度	(1)最小高度是指消防安全标志的外围轮廓线所围成的最小垂直距离。 (2)最小高度应根据观察角度确定,普通情况下,观察角度每增加 10°,最小高度应增加 10%
最小宽度	(1)最小宽度是指消防安全标志的外围轮廓线所围成的最小水平距离。 (2)最小宽度应根据照度确定,普通情况下,照度每降低 100lx,最小宽度应增加 10%

消防安全标志的设置要求,包括设置位置、设置方向、设置高度、设置间距、设置数量等方面。消防安全标志的设置应根据建造物的结构、功能、布局、使用人数等因素确定,以保证消防安全标志在火灾或者其他紧急情况下能够有效地指导或者提示人们采取适当行动。

消防安全标志的设置要求见表 2-3。

表 2-3 消防安全标志的设置要求

项目	设置要求
设置位置	(1)设置位置是指消防安全标志所处的空间位置,应与其所表示的内容相符合。 (2)普通情况下,指令类和指示类消防安全标志应设置在必须或者可以采取行动的区域或者设备附近。 (3)普通情况下,禁止类和警告类消防安全标志应设置在禁止或者危险的区域或者设备附近
设置方向	(1)设置方向是指消防安全标志的朝向或者倾斜角度,应与其所表示的内容相一致。 (2)普通情况下,禁止类和警告类消防安全标志应设置在与人们视线平行或者垂直的方向。 (3)普通情况下,指令类和指示类消防安全标志应设置在与人们行动方向平行或者垂直的方向
设置高度	(1)设置高度是指消防安全标志距离地面或者水平面的垂直距离,应与其所表示的内容相适应。 (2)普通情况下,指令类和指示类消防安全标志应设置在人们行动路线上方。 (3)普通情况下,禁止类和警告类消防安全标志应设置在人们视线范围内
设置间距	(1)设置间距是指消防安全标志之间的水平或者垂直距离,应根据其所表示的内容和观察条件确定。 (2)普通情况下,指令类和指示类消防安全标志应设置在足够分散的位置,以避免人们混淆或者迷失。 (3)普通情况下,禁止类和警告类消防安全标志应设置在足够接近的位置,以避免人们忽视或者误解
设置数量	(1)设置数量是指消防安全标志的个数,应根据其所表示的内容和使用人数确定。 (2)普通情况下,指令类和指示类消防安全标志的设置应避免重复或者冗余。 (3)普通情况下,禁止类和警告类消防安全标志应设置得足够多,以覆盖所有可能的观察者

2.1.2 常见消防安全标志及含义

常见消防安全标志及其含义如图 2-2 所示。

禁止吸烟(红框黑标)
表示禁止吸烟

禁止烟火(红框黑标)
表示禁止吸烟或各种形式的明火

禁止放易燃物(红框黑标)
表示禁止存放易燃物

禁止燃放鞭炮(红框黑标)
表示禁止燃放鞭炮或焰火

禁止用水灭火(红框黑标)
表示禁止用水作灭火剂
或用水灭火

禁止阻塞(红框黑标)
表示禁止阻塞的指定
区域 (如疏散通道)

禁止锁闭(红框黑标)
表示禁止锁闭的指定部位
(如疏散通道和安全出口的门)

当心易燃物(黑框黄底黑标)
警示来自易燃物质的危险

疏散方向(绿底白标)
指示安全出口的方向
箭头的方向还可为上、下、左上、右上、右、右下等

火灾报警装置或灭火设备的方位(红底白标)
指示火灾报警装置或灭火设备的方位
箭头的方向还可为上、下、左上、右上、右、右下等

指示向左或向右皆可到
达安全出口(绿底白标)

指示"火灾报警按钮"
在左方(红底白标)

指示"手提式灭火器"在左方(红底白标)

指示"手提式灭火器"在左下方(红底白标)

指示"安全出口"在左上方(绿底白标)

指示"安全出口"在左方(绿底白标)

指示"安全出口"在左下方(绿底白标)

图 2-2 常见消防安全标志及含义

2.2 建筑工程施工现场标志

2.2.1 建筑工程施工现场标志类型

建筑工程施工现场标志是指建筑工程施工现场表明特征的记号。为了预防施工安全事故，保障人身和财产安全，建筑工程施工应张贴现场标志。

建筑工程施工现场标志可以分为安全标志、专用标志两类。安全标志包括禁止标志、警告标志、指令标志、提示标志等，专用标志包括交通标志等。建筑工程施工现场标志的类型见表 2-4。

表 2-4　建筑工程施工现场标志的类型

名称	解说
安全标志	用以表达特定安全信息的标志，一般是由图形符号、安全色、几何形状（边框）或文字构成
标线	向人们提供引导或警示信息的规定的线条
导向标志	用于引导车辆、人员行进方向的标志
禁止标志	禁止人们进行不安全行为的图形标志
警告标志	提醒人们对周围环境引起注意，以避免可能发生危险的图形标志
名称标志	向人们提供特定事物专门称呼信息的标志
提示标志	向人们提供某种信息的图形标志
指令标志	强制人们必须做出某种动作或采用防范措施的图形标志
制度类标志	向人们提供规范和约束行为信息的标志
专用标志	用以表达建筑工程施工现场特定信息的标志，一般是由图形、安全色、几何形状（边框）或文字构成

施工现场应有安全标志布置平面图，并且根据施工进度适时更新。施工现场应探查并明确识别重大危险源，拟定控制要求，在邻近重大危险源的明显位置、有较大危险因素的施工场所、有关设施和设备上，设置明显的安全标志与专用标志。

 一点通

施工现场标志的要求如下：

（1）标志的增减、调换、更新——施工现场作业条件、工作环境发生显著变化时，应及时增减、调换、更新标志。

（2）严禁随意遮挡、挪动——施工现场标志应保持清晰、醒目、准确、完好，严禁随意遮挡、挪动施工现场标志。

（3）专人负责——施工现场标志的使用、维护、管理应有专人负责。发现标志损坏、缺失，应及时修复、补充。

（4）重点区域的设置——施工现场的重点消防防火区域，还应设置消防安全标志。

2.2.2　建筑工程施工现场禁止标志

禁止标志的基本形状是带斜杠的圆边框，文字辅写框在其正下方。禁止标志的颜色为白底、红圈、红斜杠、黑图形符号。禁止标志的文字辅助标志为红底白字。禁止标志的基本型式、尺寸如图 2-3 所示。

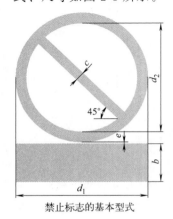

禁止标志的基本型式

禁止标志尺寸

标志尺寸	观察距离		
	10m	15m	20m
标志外径 d_1/mm	250	375	500
内径 d_2/mm	200	300	400
文字辅助标志宽 b/mm	75	115	150
斜杠宽度 c/mm	20	30	40
间隙宽度 e/mm	5	10	10

禁止标志的基本尺寸宜根据最大观察距离确定，宜符合本表的规定

图 2-3　禁止标志的基本型式、尺寸

建筑工程施工现场禁止标志的设置范围和地点如图 2-4 所示。

 设置于有危险的作业区域

 设置于存在对人体有危害因素的特种作业场所

 设置于禁止跨越的场所

 设置于禁止跳下的场所

 设置于禁止非工作人员入内场所和易造成事故或对人员产生伤害的场所

 设置于有吊物的场所

 设置于不允许攀爬的危险场所

 设置于不允许靠近的危险区域

 设置于乘人易造成伤害的设施

 设置于所有禁止吸烟的场所

 设置于所有禁止烟火的场所

 设置于所有禁止带火种的场所

 设置于禁止放易燃物的场所

 设置于禁止用水灭火的场所

 设置于禁止启闭的电气设备处

 设置于禁止电气设备及移动电源开关处

图 2-4

设置于检修或专人操作的设备附近

设置于禁止触摸的设备或物体附近

设置于戴手套易造成手部伤害的作业地点

设置于堆放物资影响安全的场所

设置于易有燃气积聚，设备碰撞发生火花易发生危险的场所

设置于抛物易伤人的区域

设置于挂重物易发生危险的场所

设置于有地下设施的禁止挖掘的区域

设置于禁止酒后上岗的场所

图 2-4 禁止标志的设置范围和地点

2.2.3 建筑工程施工现场警告标志

警告标志的基本形状为等边三角形，顶角朝上，文字辅助标志在其正下方。警告标志的颜色为黄底、黑边、黑图形符号。警告标志的文字辅助标志为白底黑字。警告标志的基本型式、尺寸如图 2-5 所示。

警告标志尺寸

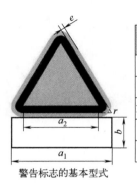

标志尺寸	观察距离		
	10m	15m	20m
三角形外边长a_1/mm	340	510	680
三角形内边长a_2/mm	240	360	480
文字辅助标志宽b/mm	100	150	200
黑边圆角半径r/mm	20	30	40
黄色衬边宽度e/mm	10	15	15

警告标志的基本型式

警告标志的基本尺寸宜根据最大观察距离确定，并符合本表的规定

图 2-5 警告标志的基本型式、尺寸

建筑工程施工现场警告标志的设置范围与地点如图 2-6 所示。

图 2-6　警告标志的设置范围与地点

2.2.4　建筑工程施工现场指令标志

建筑工程施工现场指令标志的基本形状为圆形，其文字辅助标志在其正下方，其颜色为蓝底、白图形符号，其文字辅助标志为蓝底白字。

建筑工程施工现场指令标志的基本型式、尺寸如图 2-7 所示。

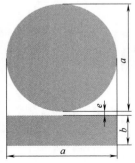

指令标志尺寸

标志尺寸	观察距离		
	10m	15m	20m
标志外径a/mm	250	375	500
文字辅助标志宽b/mm	75	115	150
间隙宽度e/mm	5	10	10

指令标志的基本尺寸宜根据最大观察距离确定，并符合本表的规定

指令标志的基本型式

图 2-7 指令标志的基本型式、尺寸

建筑工程施工现场指令标志的设置范围和地点如图 2-8 所示。

图 2-8 指令标志的设置范围和地点

2.2.5 建筑工程施工现场提示标志

提示标志的基本形状是正方形，文字辅助标志在其正下方。其颜色为绿底、白图案、白字；文字辅助标志为绿底白字。

建筑工程施工现场提示标志的基本型式、尺寸如图 2-9 所示。

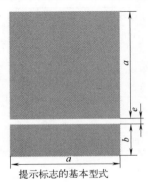

提示标志的基本型式

提示标志尺寸

标志尺寸	观察距离		
	10m	15m	20m
正方形边长 a/mm	250	375	500
文字辅助标志宽 b/mm	75	110	150
间隙宽度 e/mm	5	10	15

图 2-9 提示标志的基本型式、尺寸

建筑工程施工现场提示标志的设置范围与地点如图 2-10 所示。

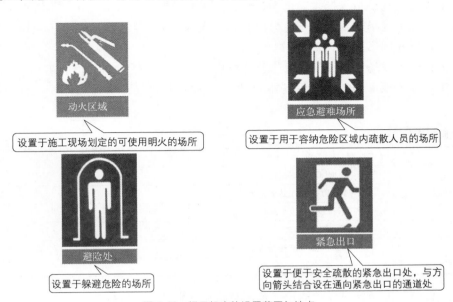

图 2-10 提示标志的设置范围与地点

2.2.6 建筑工程施工现场名称标志

建筑工程施工现场名称标志可以分为施工区域名称标志、生活区域名称标志、办公区域名称标志。

建筑工程施工现场名称标志的颜色应醒目、突出，宜符合表 2-5 的规定。

表 2-5 名称标志颜色要求

类型	背景颜色	文字颜色
名称标志	蓝色或其他颜色（主要信息）	白色
	灰色（次要信息）	黑色
	黄色（提示信息）	黑色

建筑工程施工现场名称标志的基本尺寸宜根据最大观察距离确定，并且需要符合表 2-6 的规定。

表 2-6 名称标志尺寸

标志尺寸		观察距离		
		10m	15m	20m
施工区域标志	长方形长 a/mm	250	375	500
	长方形宽 b/mm	200	300	400
生活区域标志	长方形长 a/mm	200	300	400
	长方形宽 b/mm	150	225	300
办公区域标志	长方形长 a/mm	150	225	300
	长方形宽 b/mm	100	150	200

2.2.7 建筑工程施工现场导向标志

建筑工程施工现场导向标志可以分为指示标志、禁令标志、交通警告标志。

建筑工程施工现场指示标志颜色为蓝底、白图案，型式有圆形、正方形等种类。

建筑工程施工现场禁令标志颜色为白底、蓝底或红底，对应黑图案、红图案或白图案，型式有倒三角形和圆形。

建筑工程施工现场交通警告标志颜色为黄底、黑图案，型式为三角形。

建筑工程施工现场导向标志的基本尺寸宜根据最大观察距离确定，并且符合表 2-7 的规定。

表 2-7 导向标志尺寸

允许速度/(km/h)		50、40	30、20
指示标志	圆形标志外径/cm	80	60
	正方形标志边长/cm	80	60
	单行线标志边长/cm×cm	80×40	60×30
禁令标志	圆形标志外径/cm	80	60
	三角形标志边长/cm	90	70
交通警告标志	三角形边长/cm	90	70

建筑工程施工现场导向标志的设置范围与地点如图 2-11 所示。

直行
设置于道路边

向右转弯
设置于道路交叉口前

向左转弯
设置于道路交叉口前

靠左侧道路行驶
设置于需靠左行驶前

靠右侧道路行驶
设置于需靠右行驶前

单行路(按箭头
方向向左或向右)
设置于道路交叉口前

单行路(直行)
设置于允许单行路前

人行横道
设置于人穿过道路前

停车位
设置于停车场前

(a) 指示标志

减速让行
设置于道路交叉口前

禁止驶入
设置于禁止驶入路段入口处前

禁止停车
设置于施工现场禁止停车区域

禁止鸣喇叭
设置于施工现场禁止鸣喇叭区域

限制速度
设置于施工现场大门口等出入口处

限制宽度
设置于道路宽度受限处,如便桥、临时码头

限制高度
设置于道路高度受限处,如便桥、
临时码头

限制质量
设置于道路、便桥等限制质量地点前

停车检查
设置于施工进出大门口

(b) 禁令标志

慢行
设置于施工现场出入口、转弯处等

向左急转弯
设置于施工区域向左急转弯处

向右急转弯
设置于施工区域向右急转弯处

上陡坡
设置于施工区域陡坡处,如基坑施工处

下陡坡
设置于施工区域陡坡处,如基坑施工处

注意行人
设置于施工区域与生活区域交叉处等

(c) 交通警告标志

图 2-11 导向标志的设置范围与地点

2.2.8 建筑工程施工现场制度类标志

建筑工程施工现场制度类标志的基本形状是长方形，宜为白底、黑字、红边框，标志右下角可标上企业符号与名称。

建筑工程施工现场制度类标志的基本尺寸宜根据最大观察距离确定，并且符合表 2-8 的规定。

表 2-8 制度类标志尺寸

标志尺寸	观察距离		
	10m	15m	20m
长方形长 a/mm	750	1250	1950
长方形宽 b/mm	450	750	1250

建筑工程施工现场制度类标志的设置范围、地点宜符合表 2-9 的规定。

表 2-9 建筑工程施工现场制度类标志的设置范围、地点

类型	名称	设置范围、地点
管理制度标志	工程概况标志牌	施工现场大门入口处、相应办公场所
	主要人员与联系电话标志牌	
	安全生产制度标志牌	
	环境保护制度标志牌	
	文明施工制度标志牌	
	消防保卫制度标志牌	
	卫生防疫制度标志牌	
	门卫管理制度标志牌	
	安全管理目标标志牌	
	施工现场平面图标志牌	
	重大危险源识别标志牌	
	材料、工具管理制度标志牌	仓库、堆场等处
	施工现场组织机构标志牌	办公室、会议室等处
	应急预案分工图标志牌	
	施工现场责任表标志牌	
	施工现场安全管理网络图标志牌	
	生活区管理制度标志牌	生活区
操作规程标志	施工机械安全操作规程标志牌	施工机械附近
	主要工种安全操作标志牌	各工种人员操作机械附件、工种人员办公室
岗位职责标志	各岗位人员职责标志牌	各岗位人员办公、操作场所

2.2.9 建筑工程施工现场标线

建筑工程施工现场标线有黄黑、红黄、红白相间斜线，或红白相间的直线，或黄色直线。

建筑工程施工现场标线的宽度可以根据现场需要来确定，但是不应少于 15mm。

建筑工程施工现场标线为警示带时，可以均匀间隔地印有安全标志、警示语。警示标线带可以张拉固定或粘贴固定。

建筑工程施工现场标线附在其他设施或地面时宜用涂料标出，涂料应有良好的耐磨性能，并且宜具有反射性能。

建筑工程施工现场标线宜符合的规定如图 2-12 所示。

禁止跨越标线(黄直线)
设置于危险区域的地面

警告标线(黄黑相间,斜线倾角为45°)
设置于易发生危险或可能存在危险
的区域,一般设在固定设施或建(构)
筑物上

警告标线(红白相间,斜线倾角为45°)
设置于易发生危险或可能存在危险
的区域,一般设在固定设施或建(构)
筑物上

警告标线(红黄相间,斜线倾角为45°)
设置于易发生危险或可能存在危险
的区域,一般设在固定设施或建(构)
筑物上

警告标线(红白相间)
设置于易发生危险或可能存在危险
的区域,一般设在移动设施上

⚡高压危险
禁示带(红底黄字)
设置于危险区域

图 2-12 建筑工程施工现场标线宜符合的规定

2.2.10 建筑工程施工现场标志设置与维护管理

建筑工程施工现场标志设置与维护管理要求见表 2-10。

表 2-10 建筑工程施工现场标志设置与维护管理要求

项目	解说
一般规定	(1)标志的设置不得影响建筑工程施工,不得影响通行安全,不得影响紧急疏散。 (2)标志应设置在醒目、不被其他物体遮挡的位置。 (3)标志不应与广告等其他图形、文字混设。 (4)标志的依托物应稳固牢靠。 (5)标志在露天设置时,应采取措施防止日照、风、雨、冰雹等自然因素对标志带来破坏、影响。 (6)施工现场标志材料的选择,需要符合国家相关标准的规定。 (7)施工现场标志材料应采用坚固、环保、耐用、安全、不褪色耐用的材料制作,不宜使用遇水变形、易变质、易燃的材料。有触电危险的作业场所应使用绝缘材料。 (8)施工现场涉及紧急电话、消防设备、疏散等标志,应采用主动发光或照明式标志
载体与版面布置要求	(1)标志的版面布置应简洁美观、导向明确、无歧义。 (2)同类标志宜采用同一类型的标志版面。 (3)设置同一支撑结构上的同类标志,应采用同一高度、边框尺寸。 (4)标志载体的尺寸规格,应根据施工现场、标志的功能进行规范,规格尺寸不宜繁多。 (5)标志的载体可根据标志的种类选用以下形式: ①牌、板、带——将信息镶嵌,粘贴在平面上,可固定在多种场所。 ②灯箱——在箱体内部安装照明灯具,通过内部光线的透射显示箱体表面的信息,宜用于安全标志和导向标志。 ③电子显示器(屏)——利用电子设备,滚动发布信息,宜用于名称标志。 ④涂料——用涂料将信息直接喷涂在地面或其他表面,宜用于标线
设置位置要求	(1)安全标志应设在与安全有关的醒目地方,并且令人有足够的时间来注意它所表示的内容。 (2)标志牌不宜设置在门、窗、架等可移动的物体上,标志牌前不得放置妨碍认读的障碍物。 (3)安全标志设置的高度,应尽量与人眼的视线高度相一致。 (4)专用标志的设置高度,应视现场情况确定,但是不宜低于人眼的视线高度。 (5)采用悬挂式和柱式的标志的下缘距地面的高度不宜小于 2m。 (6)标志的平面与视线夹角应接近 90°,观察者位于最大观察距离时,最小夹角不低于 75°。 (7)施工现场应根据危险部位的性质,分别设置不同类型、数量的安全标志。 (8)多个安全标志在一起设置时,应根据警告、禁止、指令、提示类型的顺序,先左后右、先上后下地排列。 (9)下列部位必须设置安全标志与标线: ①施工现场出入口、道路交叉口、孔洞口。

项目	解说
设置位置要求	②临边。 ③高处作业。 ④临时用电设施。 ⑤易燃易爆物、有毒有害物存放处。 (10)下列危险性较大的分部分项工程危险部位必须设置安全标志： ①拆除工程、爆破工程。 ②地下暗挖、顶管、水下作业工程。 ③钢结构、网架、索膜结构安装工程。 ④基坑支护、降水工程、深基坑工程。 ⑤建筑幕墙安装工程。 ⑥脚手架工程。 ⑦模板工程及支撑体系。 ⑧起重吊装及安装拆卸工程。 ⑨人工挖扩孔桩工程。 ⑩土方开挖工程。 ⑪预应力工程
固定方式要求	(1)标志可采用下列方式固定： ①悬挂(吸顶)——通过拉杆、吊杠等将标志上方与建筑物或其他结构物连接的设置方式。 ②落地——将标志固定在地面或建筑物上面的设置方式。 ③附着——采用钉挂、焊接、镶嵌、粘贴、喷涂等方法直接将标志的一面或几面固定在侧墙、物体、地面的设置方式。 ④摆放——将标志直接放置在使用处的设置方式。 (2)悬挂、附着式的固定应稳固不倾斜。 (3)落地、摆放式的固定应牢固
标志的维护与管理要求	(1)施工现场标志，应保持颜色鲜明、清晰、持久，对于发现破损、变形、褪色、图形符号脱落等影响效果的情况，应及时修整或更换。 (2)施工现场安全标志不得擅自拆除。 (3)对使用的标志，应进行分类编号，并且登记归档

2.3 安全标语标志

2.3.1 安全标语标志模板

一些安全标语标志模板如图 2-13 所示。

图 2-13 安全标语标志模板

2.3.2 安全标语标志速查

安全标语标志速查可扫描二维码进行查看。

扫码查看文件

安全标语标志速查

第 **3** 章　用电安全、机械电气设备安全与作业安全

3.1　用电安全

3.1.1　电流对人体的伤害

一般认为电流通过人体的心脏、肺部与中枢神经系统的危险性比较大，特别是电流通过心脏时，危险性最大。因此，从手到脚的电流途径最为危险。

触电还容易使人因剧烈痉挛而摔倒，会导致电流通过全身并且造成摔伤、坠落等二次事故。

电流对人体的伤害有三种：电击、电伤、电磁场伤害。

（1）电击——电流通过人体，会破坏人体心脏、肺、神经系统的正常功能。

（2）电伤——电伤主要是指电流的热效应、化学效应、机械效应对人体的伤害，例如电弧烧伤、熔化金属溅出烫伤等。

（3）电磁场伤害——在高频磁场的作用下，人会出现头晕、乏力、记忆力减退、失眠、多梦等神经系统的症状。

3.1.2　防止触电的技术措施与注意事项

最为常见的防止触电技术措施有绝缘、屏护、间距、接地和接零、装设漏电保护装置、采用安全电压、加强绝缘等，见表3-1。

表 3-1　防止触电的技术措施

名称	解说
绝缘	(1)绝缘是防止人体触电,用绝缘物把带电体封闭起来。 (2)塑料、纸、瓷、橡胶、玻璃、云母、木材、胶木、布、矿物油等是常用的绝缘材料。 (3)很多绝缘材料受潮后会丧失绝缘性能或在强电场作用下会遭到破坏,丧失绝缘性能
屏护	(1)屏护就是采用遮拦、护罩、护盖箱闸等把带电体同外界隔绝开来。 (2)电器开关的可动部分一般不能使用绝缘,而是需要屏护。 (3)高压设备不论是否有绝缘,均应采取屏护
间距	(1)间距就是保证必要的安全距离。 (2)间距除了能防止触及或过分接近带电体外,还能够起到防止火灾、防止混线、方便操作等作用。 (3)低压工作中,最小检修距离不应小于 0.1m

名称	解说
接地	(1)接地,就是指与大地的直接连接。 (2)电气装置或电气线路带电部分的某点与大地连接,电气装置或其他装置正常工作时不带电部分某点与大地的人为连接,均是接地
保护接地	(1)保护接地,就是为了防止电气设备外露的不带电导体意外带电造成危险,将该电气设备经保护接地线与深埋在地下的接地体紧密连接起来的做法。 (2)由于绝缘破坏或其他原因而可能呈现危险电压的金属部分,均需要采取保护接地措施。例如变压器、开关设备、电机、照明器具、其他电气设备的金属外壳,均需要接地。 (3)一般低压系统中,保护接电电阻值应小于 4Ω
保护接零	(1)保护接零,就是把电气设备在正常情况下不带电的金属部分与电网的零线紧密地连接起来。 (2)三相四线制的电力系统中,常把电气设备的金属外壳同时接地、接零,即重复接地保护。 (3)零线回路中不允许装设熔断器与开关
装设漏电保护装置	(1)为了保证在故障情况下人身、设备的安全,需要尽量装设漏电流动作保护器。 (2)漏电流动作保护器,可以在设备、线路漏电时通过保护装置的检测机构转换取得异常信号,再经中间机构转换与传递,以及促使执行机构动作,自动切断电源,起到保护作用
采用安全电压	(1)采用安全电压是可以用于小型电气设备或小容量电气线路的一种安全措施。 (2)根据欧姆定律,电压越大,电流也越大。因此,可以把可能加在人身上的电压限制在某一范围内,使得在这种电压下,通过人体的电流不超过允许范围,该电压就叫作安全电压。 (3)安全电压的工频有效值不超过 50V,直流不超过 120V。我国规定工频有效值的等级为 42V、36V、24V、12V、6V。 (4)凡是手提照明灯、高度不足 2.5m 的一般照明灯,如果没有特殊安全结构或安全措施,应采用42V 或 36V 安全电压。 (5)凡是金属容器内、矿井内、隧道内等工作地点狭窄、行动不便、周围有大面积接地导体的环境等情况,使用手提照明灯时应采用 12V 安全电压
加强绝缘	采用双重绝缘或另加总体绝缘,即保护绝缘体以防止通常绝缘损坏后的触电

防止触电的注意事项如下:

(1) 不得随便乱动或擅自修理车间内、场地内的电气设备。

(2) 经常接触、使用的配电箱、配电板、按钮开关、插座、插销、闸刀开关、导线等,必须保持完好,不得有破损或将带电部分裸露。

(3) 不得用铜丝等代替保险丝,并且需要保持闸刀开关、磁力开关等盖面完整,以防短路时发生电弧或保险丝熔断飞溅伤人。

(4) 经常检查电气设备的保护接地、接零装置,需要保证连接牢固。

(5) 在移动电风扇、照明灯、电焊机等电气设备时,必须先切断电源,保护好导线,以免磨损、拉断等。

(6) 使用手电钻、电砂轮等手持电动工具时,必须安装漏电保护器,并且工具外壳要进行防护性接地或接零,以及防止移动工具时导线被拉断。另外,操作时应戴好绝缘手套并站在绝缘板上。

(7) 雷雨天,不要走进高压电杆、铁塔、避雷针的接地导线周围 20m 内。遇到高压线断落时,周围 10m 之内,禁止人员进入。如果已经在 10m 范围内,则应单足或并足跳出危险区。

(8) 对设备进行维修时,一定要切断电源,并且在明显处放置"禁止合闸,有人工作"的警示牌。

3.1.3　静电、雷电、电磁危害的防护措施

静电、雷电、电磁危害的防护措施见表 3-2。

表 3-2　静电、雷电、电磁危害的防护措施

项目	解说
静电的防护	(1) 生产工艺过程中的静电可以造成多种危害。 (2) 挤压、喷溅、切割、搅拌、流体流动、感应、摩擦等作业时,均会产生危险的静电。 (3) 由于静电电压很高,也容易发生静电火,特别容易在易燃易爆场所中引起火灾、爆炸。 (4) 一般采用静电接地,降低摩擦、流速,惰性气体保护,增加空气的湿度,在物料内加入抗静电剂,使用静电中和器和工艺上采用导电性能较好的材料等方法来消除或减少静电产生
雷电的防护	(1) 雷电危害的防护方面,一般采用避雷针、避雷网、避雷线、避雷器等装置将雷电直接导入大地。 (2) 避雷网、避雷带主要用来保护建筑物。 (3) 避雷针主要用来保护露天变配电设备、建筑物、构筑物。 (4) 避雷线主要用来保护电力线路。 (5) 避雷器主要用来保护电力设备
电磁危害的防护	(1) 电磁危害的防护一般采用电磁屏蔽装置。 (2) 高频电磁屏蔽装置可由铜、铝或钢制成。 (3) 金属或金属网可有效地消除电磁场的能量。因此,可以用屏蔽室、屏蔽服等方式来防护。 (4) 屏蔽装置需要有良好的接地装置,以提高屏蔽效果

3.1.4　临时用电安全须知

临时用电安全须知如下：

(1) 临时电工必须持证上岗。

(2) 临时电的安装、维修、拆除必须由电工完成。

(3) 根据规范、要求使用临时电。

(4) 有问题及时联系上级领导或维修电工。

(5) 不能擅自操作开关电器。

(6) 严禁私拉乱接电线。

(7) 在密闭空间必须使用安全电压。

(8) 临时用电应做到：破损的不使用,不超载使用,安全使用。

(9) 合格的临电配电箱应具备检查表、上锁、具备防水插座等。临电箱常见的违规使用情况有配电箱无门、无插头等。

(10) 电气设备不要随便乱动,发生故障不能带病运转,需要立即请电工检修。

(11) 经常接触使用的配电箱、插座、导线、闸刀开关、按钮开关等,必须保持完好。

(12) 需要移动电气设备时,需要先切断电源,并且导线不得在地面上拖来拖去,以免磨损。另外,导线被压时不要硬拉,以防拉断导线。

(13) 打扫卫生、擦拭电气设备时,严禁用水冲洗或用湿抹布擦拭,以防发生触电事故。

(14) 停电检修时,需要将带电部分遮挡起来,并且悬挂安全警示标志牌。

3.1.5　电气开关装置的防火要点

电气开关装置的防火要点见表 3-3。

表 3-3 电气开关装置的防火要点

项目	解说
自动开关的防火	(1)自动开关主要用于分合和保护交、直流电气设备、低压供电系统等。 (2)自动开关如果选型不当、操作失误、缺乏维护,容易出现机构失灵、接触不良、失去保护作用、电气设备烧毁、电气设备爆炸等现象,甚至还会引燃可燃物,酿成火灾。 (3)自动开关一般控制着一定范围内的整个用电系统。因此,自动开关故障会造成更大的损失与灾害。 (4)自动开关的型号应根据使用场所、额定电流与负载、脱扣器额定电流、长短延时动作电流值大小等参数来选择。 (5)自动开关不应安装在易燃、受震、潮湿、高温、多尘的场所,而应装在干燥明亮、便于维修和施工的地方,并且应配备电柜
闸刀开关、铁壳开关、倒顺开关的防火	(1)闸刀开关、铁壳开关、倒顺开关主要用于照明、电热、电机控制等小型电气装置的电流分合控制中。 (2)闸刀开关、铁壳开关、倒顺开关一旦发生超载发热、绝缘损坏、缺相运行、机构故障等,容易引起短路、电击、刀口接触不良。 (3)闸刀开关与导线连接松弛,将引起局部升温、电弧等现象,从而破坏电气系统的正常运行,导致电力网发生火灾。 (4)闸刀开关应根据额定电流与额定电压进行合理选用,严禁超载。 (5)安装闸刀开关时,应选择干燥明亮处,并且配备专用配电箱。 (6)使用铁壳开关时,应合理选择开关型号,严禁长时间过载使用。 (7)倒顺开关的选用,应根据电动机的容量与工作情况进行。 (8)在倒顺开关前级应加装能切断三相电源的控制开关和熔断器。 (9)倒顺开关每月至少检修一次。若发现触点接触不良、厚度磨损或不足原来的一半以及有裂痕、松动等现象时,应停电进行更换、修复
接触器的防火	(1)接触器的触头弹簧压力过小、触头熔焊、机构卡死、铁芯极面积累油垢等现象,均会导致接触器不释放,使电源长期导通,极易引起线路短路发生火灾,并且可能造成触电等恶性事故。 (2)接触器的电源电压过高或过低、线圈参数与实际不符、操作频率过高、环境条件不良、运动部分卡住、交流铁芯不平或间隙太大等现象可能会引起线圈过热或烧毁,导致火灾。 (3)接触器异常可能会造成相间短路,导致火灾。 (4)针对接触器频繁分合的工作特点,应每月检查维修一次接触器各部件,紧固各接点,及时更换损坏的零件,并且保证各触点清洁无垢。 (5)接触器一般应安装在干燥、少尘的控制箱内,其灭弧装置不能随意拆开,以免损坏
控制继电器的防火	(1)控制继电器本身火灾危险性并不太大,但是由于它在自动控制和供电系统中的作用,一旦操作人员动作失误或机械失灵,后果将是严重的。 (2)控制继电器在选用时,除线圈电压、电流应满足要求外,还需要考虑被控对象的延误时间、脱扣电流倍数、触点个数等因素。 (3)控制继电器要安装在少震、少尘、干燥的场所,现场严禁有易燃、易爆物品存在。 (4)控制继电器的动作十分频繁,为此,应每月至少检修两次

3.2 机械电气设备与工具安全

3.2.1 电动工具使用安全要点

电动工具使用安全要点如下:

(1)一般场所选用的手持式电动工具,应装设额定动作电流不大于 15mA,额定漏电动作时间小于 0.1 s 的漏电保护器,同时还必须保护接零。

(2)潮湿场所、露天或在金属构架上操作时,必须选用高绝缘性的手持式电动工具,以及装设防溅的漏电保护器。

(3)狭窄场所(例如地沟、金属容器、管道内等),应选用带隔离变压器的手持式电动工具，并且装设防溅的漏电保护器。把隔离变压器或漏电保护器装设在狭窄场所外面，工作时应有专人监护。

（4）手持电动工具的负荷线，应采用耐气候型的橡皮护套。

（5）手持式电动工具的外壳、插头、负荷线、手柄、开关等必须完好无损，使用前必须做空载检查。

（6）使用手持式电动工具，应戴绝缘手套或站在绝缘台上。

3.2.2　建筑机械使用安全基本规定

建筑机械使用安全基本规定如下：

（1）操作人员必须体检合格，无妨碍作业的疾病、生理缺陷，经过专业培训、考核合格取得操作证，并且经过安全技术交底，才可以持证上岗。

（2）学员应在专人指导下进行工作。

（3）特种设备，一般由建设行政主管部门、公安部门或其他部门颁发操作证。

（4）非特种设备，一般由企业颁发操作证。

（5）机械必须根据使用说明书规定的技术性能、承载能力、使用条件，正确操作，合理使用，严禁超载作业、超速作业、任意扩大使用范围等。

（6）机械上的各种安全防护及保险装置、各种安全信息装置必须齐全有效。

（7）机械使用与安全生产发生矛盾时，必须首先服从安全要求。

（8）机械作业前，施工技术人员应向操作人员进行安全技术交底。

（9）机械操作人员，应熟悉作业环境与施工条件，听从指挥，遵守现场安全管理规定。

（10）工作中操作人员、配合作业人员，必须根据规定穿戴劳动保护用品，长发应束紧不得外露。

（11）操作人员在每班作业前，应对机械进行检查。

（12）机械使用前，应先试运转。

（13）操作人员在作业过程中，应集中精力正确操作，注意机械工况，不得擅自离开工作岗位或将机械交给其他无证人员操作。

（14）无关人员不得进入作业区或操作室内。

（15）机械不得带病运转。

（16）实行多班作业的机械，应执行交接班制度，并且认真填写交接班记录。接班人员，经检查确认无误后，才可以进行工作。

（17）应为机械提供道路、水电、机棚、停机场地等必备的作业条件，并且应消除各种安全隐患。

（18）夜间作业，应设置充足的照明。

（19）机械设备的基础承载能力，必须满足安全使用要求。

（20）机械安装后，必须经机械、安全管理人员共同验收合格后，才可以投入使用。

（21）排除故障或更换部件过程中，要切断电源与锁上开关箱，并且有专人监护。

（22）新机、经过大修或技术改造的机械，必须根据使用说明书的要求与现行国家标准进行测试、试运转。

（23）机械集中停放的场所，应有专人看管，并且应设置消防器材、工具。

（24）大型内燃机械，应配备灭火器。

（25）机房、操作室、机械四周不得堆放易燃易爆物品。

（26）变配电所、空气压缩机房、发电机房、乙炔站、氧气站、锅炉房等易于发生危险的场所，应在危险区域界限处，设置围栅与警示标志。非工作人员，未经批准不得入内。

（27）起重机、挖掘机、打桩机等重要作业区域，应设置警示标志与采取安全措施。

（28）机械产生对人体有害的液体、尘埃、气体、渣滓、振动、放射性射线、噪声等场所，应配置相应的安全保护设备、监测设备（仪器）、废品处理装置。沉井、隧道、管道基础施工中，应采取措施，使有害物控制在规定的限度内。

（29）停用一个月以上或封存的机械，应认真做好停用或封存前的保养工作，并且采取预防风沙、水泡、雨淋、锈蚀等措施。

（30）机械使用的润滑油（脂）的品牌，应符合使用说明书的规定，并且按时更换。

（31）发生机械事故时，应立即组织抢救，并且保护好事故现场，以及根据国家有关事故报告与调查处理规定执行。

3.2.3　使用安全装置与安全设施的注意事项

安全装置，就是预防事故所使用的装置。安全设施，就是预防事故发生的设施。设置安全设施、安全装置，是为了保障人身安全，避免事故发生。

工程施工中不得拆除安全装置和安全设施。如果把安全装置拆除，则意味着事故苗子发生了，事故可能即将发生。

起重机上安装限位装置，可以避免发生过卷事故。

行车的驾驶室上装上联锁装置，可以避免非驾驶人员进入驾驶室开动行车。

冲床上装上红外线控制装置，可以避免因手伸入模具而造成冲床断指事故。

使用时，还应经常检查安全装置的功能，这样在紧急情况下可以充分发挥作用。当发现安全装置有故障或者异常时，应立即向企业负责人或安全生产管理人员报告，并及时检查、修理。爱护并使用安全装置，也是避免事故发生的重要措施。

如果在应该安装安全装置的部位而没有安装，则操作者有权提出建议或拒绝使用。

3.2.4　电锯安全要点

电锯安全要点如下：

（1）操作前，检查电锯各种性能是否良好，安全装置是否齐全并符合操作安全要求。

（2）检查锯片不得有裂口。

（3）检查电锯各种螺钉，并且应上紧。

（4）操作电锯要戴防护眼镜，站在锯片一侧，禁止站在与锯片同一直线上，手臂不得跨越锯片。

（5）进料必须紧贴靠山，不得用力过猛，遇硬节要慢推。

（6）电锯工作时，接料要与锯片保持足够的安全距离，并且不得用手硬拉。

（7）短窄料应用推棍加工，接料使用刨钩，超过锯片半径的木料，禁止上锯。

（8）电锯检修应断电维护。

（9）工作完毕，电锯应断电锁箱，整理清理电锯周围木料、木屑。

（10）使用电锯，应注意防火安全。

3.2.5　钻床、车床安全要点

钻床、车床安全要点如下：

（1）工作环境应干燥整洁，废油、废棉纱不得随地乱丢。

（2）原材料、半成品、成品需要堆放整齐，严禁堵塞通道。

（3）操作机床时要站在木板上，不准脚踩或靠机床，并且操作人员头部不得靠近旋转部分，禁止戴手套和用管子套在手柄上加力钻孔。

（4）使用钻床钻物件时，必须用夹钳或螺钉卡固定，严禁用手拿着钻。另外，应扣好衣服袖口。

（5）禁止在运转的机床上面递送工具、其他物品。

（6）机床运转中不准用手清除铁屑，不准用手检查运动中的工具和工件。

（7）钻做工件时、工件下面需要垫好平整木板。加工工件长度超过床头箱外 1m 时，必须搭设支架。

（8）机床运转中如遇停电，应切断电源、退出刀架。

（9）使用机床注意安全用电，不准乱拉乱拖电线。

（10）机修、保养工作，必须在停车后进行。检修时应先切断电源。

（11）机床工作室严禁其他人员进入。下班停机应断电锁门。

3.2.6　电梯安全要点

电梯安全要点如下：

（1）施工电梯安装后，安全装置要经过试验、检测合格后才可以操作使用。

（2）电梯必须由持证的专业司机来操作。

（3）电梯底笼周围 2.5m 范围内，必须设置稳固的防护栏杆，各停靠层的过桥、运输通道需要平整牢固，并且出入口的栏杆需要安全可靠。

（4）电梯每班首次运行时，需要空载试运行、满载试运行，并且将电梯笼升离地面 1m 左右停车、检查制动器灵活性，以确认正常后才可以投入运行。

（5）限速器、制动器等安全装置必须由专人管理，并且根据规定进行调试检查，保持其灵敏度可靠。

（6）电梯笼乘人载物时，应使荷载均匀分布，严禁超载使用，需要严格控制载运重量。

（7）电梯运行到最上层、最下层时，仍要操纵按钮，严禁以行程限位开关自动碰撞的方法停车。

（8）多层施工交叉作业同时使用电梯时，需要明确联络信号。

（9）风力达 6 级以上时，应停止使用电梯，并且将电梯降到底层。

（10）各停靠层通道口处，应安装栏杆或安全门，其他周边各处应用栏杆、立网等材料封闭。

（11）当电梯未切断电源开关前，司机不能离开操作岗位。

（12）作业完毕后，将电梯降到底层，各控制开关扳到零位，切断电源，锁好闸箱门与电梯门。

3.2.7　其他施工机具安全要点

其他施工机具安全要点见表 3-4。

表 3-4　其他施工机具安全要点

施工机具	安全要点
平刨	平刨如果传动部位无防护罩,无护手安全装置,无保护接地或接零,不安装漏电保护装置等,均是不符合安全要求的情况
电锯	电锯如果传动装置无防护罩,无防护挡板等安全装置,无保护接地接零,不安装漏电保护装置等,均是不符合安全要求的情况
手持电动工具	手持电动工具如果无保护接地或接零,不安装漏电保护器等,均是不符合安全要求的情况
钢筋机械	钢筋机械如果传动部分无防护罩,无保护接地接零的情况等,均是不符合安全要求的情况
电焊机	电焊机如果无良好保护接地或接零,无防雨措施,配线乱拉乱搭,焊把、把线绝缘不好,随地拖拉等,均是不符合安全要求的情况
搅拌机	搅拌机如果安装位置不平、不结实、不稳固,离合器、制动器钢丝绳质量不达标,无保护接地或接零,无保险挂钩或不挂保险钩等,均是不符合安全要求的情况

3.3 作业安全

3.3.1 动火作业注意事项

动火作业注意事项如下:

(1) 作业前,必须经审批,并张贴于施工区域。

(2) 根据审批的要求采取相关措施,例如配置灭火器材、隔离易燃物、设置监护人等。

(3) 进行动火作业必须配备相关的防护用品,例如防护服、手套、面罩等。

(4) 明火作业与易燃物保持至少10m的距离。

(5) 作业完毕检查是否有未灭的火星,并且关闭电器开关,清扫现场。

(6) 氧气、乙炔气瓶保持至少5m的距离,并且垂直固定放置。另外,搬运时不允许在地面滚动,气瓶未使用时应安装保护帽,并且不能在太阳下暴晒。

(7) 气瓶未使用时,压力表与回火器应拆卸,并且气管放置要整齐。

(8) 动火作业必须办理动火许可证。

(9) 动火作业必须和易燃物保持足够距离。

(10) 动火点应配备监火人员。

(11) 动火作业必须配备灭火器。

3.3.2 大型物件搬运与拆除作业注意事项

大型物件搬运注意事项如下:

(1) 需要听从统一指挥。

(2) 不可使用蛮力搬运。

(3) 身体的任何部位不可位于重物的下方。

(4) 用力应平衡,放置应平稳。

拆除作业注意事项如下:

(1) 拆除建筑物应自上而下依次进行,不得数层同时拆除。

（2）避免在上下同一垂直面上作业，如果必须在上层物体有可能坠落的范围内作业，上下层之间要设隔离防护层。

3.3.3 攀登作业安全要点

攀登作业安全要点如下：

（1）从规定的通道上下，不得攀爬脚手架杆件。

（2）上下梯子时，要面对梯子，双手扶牢，不要持物件攀登。

（3）不要站在钢筋骨架、模板、支撑上作业。

（4）在脚手架上作业或行走要注意脚下探头板。

攀登作业常用到梯子，其中，人字梯的使用要点如下：

（1）工作时要将梯子放平稳。

（2）不要站在人字梯最上面2级上工作。

（3）破损的梯子不能使用。

（4）超过2m的高度应使用安全带。

（5）人字梯经检查合格后才能够使用。人字梯如图3-1所示。

伸缩梯的使用要点如下：

（1）梯子顶部应高出固定点1m。

（2）梯子应进行有效固定。

（3）梯底应有防滑垫。

（4）保证伸缩梯打开的部分充分展开和锁定。

（5）伸缩梯倾斜度遵循4：1的比例。

（6）经检查合格后的伸缩梯才能够使用。伸缩梯如图3-2所示。

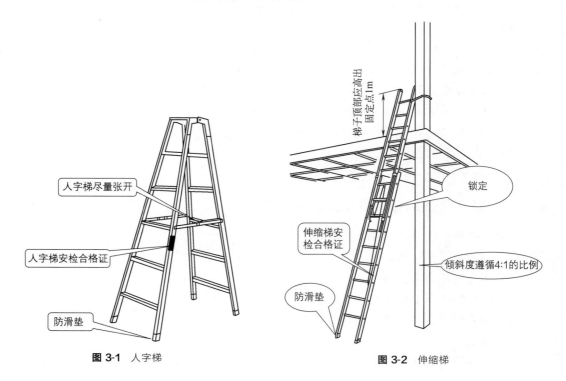

图 3-1　人字梯　　　　　　　　图 3-2　伸缩梯

3.3.4　吊装作业注意事项

吊装作业注意事项如下：

（1）作业前，必须填写吊装作业申请单。

（2）吊装区域需要设置警示围护，并且配备监护人。

（3）所有起重工作人员，应持证上岗。

（4）作业前，检查吊具是否完好，不许超载作业。

（5）每次吊装时，应使用至少两条导向绳。

（6）吊装时，严禁人员站在吊物的下方。

（7）吊装的地面应平实，并且起重机的四个支腿应受力平衡。

（8）起重负荷不得超过起重机与索具的额定负荷。

（9）当绳索与起重物的尖锐边缘接触时，必须使用合适的衬垫加以保护。

（10）吊装作业一般有以下人员：信号工、起重司机、主管、装配工等。

（11）作业完毕后，应清扫现场，撤销所有围挡与警示标志。

3.3.5　高空作业安全要点

2m 或以上的施工作业称为高空作业。高空作业安全要点如下：

（1）高空作业的常见形态：登梯、爬高、临边作业等。

（2）高空作业防护措施：安全带、生命线、防坠器、护栏等。

（3）高空作业要穿紧口工作服、穿防滑鞋、戴安全帽。

（4）高空作业都需要挂安全带，并且高挂低用。

（5）患有心脏病、高血压、深度近视等不应登高。

（6）高空作业时材料应固定，并且防止滚动跌落。

（7）高空作业时禁止交叉作业。

（8）高空作业时，应遵循 2×2 的原则，即离坠落边缘 2m 以内的以及离基准面 2m 或以上的都应挂安全带。

（9）没有防护措施的情况下不能在高空行走。

（10）高空作业时保证每时每刻都挂好安全带。

（11）遇到大雾、大雨、六级以上大风时，要停止高处作业。

（12）作业时要带好工具袋，暂时不用的工具，应装入工具袋。

（13）各种物料用系绳或溜放的方法放到地面，不得向下抛掷物料。

（14）作业人员不得相互嬉戏打闹，以免失足发生坠落事故。

（15）未经允许任何人不得改动或拆除防护设施。

3.3.6　下弱电井作业注意事项

下弱电井作业注意事项如下：

（1）下井前，需要先把井盖拉开排除有害气体，例如二氧化碳、甲烷等。

（2）井越深越要小心注意。

（3）下弱电井前，先用换气扇换气，等气体不很浓了，然后用绳子捆在作业人的腰上再下井，井上要有 2~3 人与井下的人谈话。如果发现井下的人出气不匀，则应立刻叫井下的人马上上来，以免有生命危险。

（4）如果发生危险，不得贸然下井救人，一定要做好足够的防护措施，以及井外必须有看护人员。

（5）如果出现中毒，应立即将中毒者移到空气新鲜位置，并且在等待医护人员到场进行救援时，可以适当采取措施加快周围空气流通速度。

3.3.7 高温施工作业与夜间施工作业注意事项

高温施工作业注意事项如下：

（1）需要合理安排作息时间，避开高温期。

（2）注意休息，保证睡眠。

（3）可以采用排风扇、电风扇降温。

（4）根据工作内容，注意适当休息。

（5）避免太阳直射作业。

（6）应喝淡盐开水，备中暑药品。

夜间施工作业注意事项如下：

（1）夜间施工要填写夜班施工报告、工作时间、注意事项。

（2）夜间施工，应确保光线充足，人员不在阴暗处工作。

（3）夜间施工，项目部班组应配备应急灯具。

3.3.8 有限空间安全作业五条规定

有限空间安全作业五条规定如下：

（1）必须严格实行作业审批制度，严禁擅自进入有限空间作业。

（2）必须做到"先通风、再检测、后作业"，严禁通风、检测不合格作业。

（3）必须配备个人防中毒窒息等防护装备，设置安全警示标识，严禁无防护监护措施作业。

（4）必须对作业人员进行安全培训，严禁教育培训不合格上岗作业。

（5）必须制定应急措施，现场配备应急装备，严禁盲目施救。

3.3.9 密闭空间作业的管理要求

密闭空间作业的管理要求如图 3-3 所示。

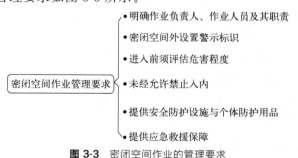

密闭空间作业管理要求
- 明确作业负责人、作业人员及其职责
- 密闭空间外设置警示标识
- 进入前须评估危害程度
- 未经允许禁止入内
- 提供安全防护设施与个体防护用品
- 提供应急救援保障

图 3-3 密闭空间作业的管理要求

3.3.10 季节变换安全培训内容

季节变换安全培训内容见表 3-5。

表 3-5　季节变换安全培训内容

季节	培训内容
夏季	夏季安全培训内容如下： (1)安全用电。 (2)预防雷击知识。 (3)防坍塌安全知识。 (4)防风防暴雨安全知识。 (5)防暑降温知识等
冬季	冬季安全培训内容如下： (1)防冻防滑知识。 (2)防火安全知识。 (3)安全用电知识。 (4)防中毒知识等

3.3.11　作业完毕注意事项

作业完毕注意事项如下：

（1）作业完毕后要拉闸断电，锁好开关箱、配电箱。

（2）职工宿舍内不得违规乱接电线，不得违规使用电器，电线不得违规乱搭乱挂，不得在电线上晾晒衣服，作业完毕后现场要活完场清。

（3）作业现场要保持整洁，施工完一层，施工垃圾集中存放，并且及时运走。

（4）现场内各种管道要做好防护，防止被碾轧。

（5）现场内各种管道接头处要牢靠，防止跑、冒、滴、漏等情况。

（6）施工中的污水应用管道或流水槽流入沉淀池集中处理，不要向现场排放或排到场外及河流中。

第**4**章　工程现场安全与消防安全

4.1　工程现场安全

4.1.1　建设工程施工现场临时性设施与要求

建设工程施工现场临时性设施相关名词解说见表 4-1。

表 4-1　建设工程施工现场临时性设施相关名词解说

名称	解说
临时用房	(1)临时用房,就是在施工现场建造的,为建设工程施工服务的各种非永久性建筑物。 (2)临时用房具体包括办公用房、食堂、锅炉房、宿舍、厨房操作间、发电机房、变配电房、库房等
临时设施	(1)临时设施,就是在施工现场建造的,为了建设工程施工服务的各种非永久性设施。 (2)临时设施具体包括围墙、大门、临时道路、作业棚、机具棚、材料堆场及其加工场、固定动火作业场、贮水池,以及临时给排水、供电、供热管线等
临时消防设施	(1)临时消防设施,就是设置在建设工程施工现场,用于扑救施工现场火灾、引导施工人员安全疏散的各类消防设施。 (2)临时消防设施包括灭火器、消防应急照明、临时消防给水系统、疏散指示标识、临时疏散通道等
临时疏散通道	临时疏散通道,就是施工现场发生火灾或意外事件时,供人员安全撤离危险区域并到达安全地点或安全地带所经的路径
临时消防救援场地	临时消防救援场地,就是施工现场中供人员和设备实施灭火救援作业的场地

临时性设施要求如下：

（1）施工现场应设置办公室、食堂、宿舍、厕所、盥洗设施、开水间、淋浴房、文体活动室、职工夜校等临时设施。文体活动室应配备文体活动设施与用品。

（2）尚未竣工的建筑物内，严禁设置宿舍。

（3）生活区、办公区的通道、楼梯处，应设置应急疏散、逃生指示标识和应急照明灯。

（4）宿舍内宜设置烟感报警装置。

（5）施工现场应设置封闭式建筑垃圾站。

（6）施工现场办公区与生活区应设置封闭式垃圾容器。生活垃圾要分类存放，并且及时清运、消纳。

（7）施工现场应配备常用药品和绷带、止血带、担架等急救器材。

（8）宿舍内应保证必要的生活空间，室内净高不得小于 2.5m，通道宽度不得小于 0.9m，宿舍人员人均面积不得小于 2.5m²，每间宿舍居住人员不得超过 16 人。

（9）宿舍应有专人负责管理，并且床头宜设置姓名卡。

（10）施工现场生活区宿舍、休息室，必须设置可开启式外窗，床铺不得超过 2 层，不得使用通铺。

（11）施工现场宜采用集中供暖。使用炉火取暖时应采取防止一氧化碳中毒的措施。

（12）彩钢板活动房严禁使用炉火或明火取暖。

（13）宿舍内应有防暑降温措施。

（14）宿舍应设生活用品专柜、鞋柜或鞋架、垃圾桶等生活设施。

（15）生活区应提供晾晒衣物的场所、晾衣架。

（16）宿舍照明电源宜选用安全电压，并且采用强电照明的宜使用限流器。

（17）生活区宜单独设置手机充电柜或充电房间。

（18）食堂应设置在远离厕所、垃圾站、有毒有害场所等有污染源的地方。

（19）食堂应设置隔油池，并且定期清理。

（20）食堂应设置独立的制作间、储藏间，并且门扇下方应设不低于 0.2m 的防鼠挡板。

（21）制作间灶台及周边，应采取宜清洁、耐擦洗措施。墙面处理高度大于 1.5m，地面应做硬化与防滑处理，以及保持地面、墙面整洁。

（22）食堂应配备必要的排风、冷藏设施，并且宜设置通风天窗、油烟净化装置。

（23）食堂油烟净化装置应定期清理。

（24）食堂宜使用电炊具。使用燃气的食堂，燃气罐应单独设置存放间并应加装燃气报警装置，并且存放间应通风良好并严禁存放其他物品。

（25）食堂炊具供气单位资质应齐全，气源应有可追溯性。

（26）食堂制作间的炊具，宜存放在封闭的橱柜内，并且盆、刀、案板等炊具应生熟分开。

（27）食堂制作间、锅炉房、可燃材料库房、易燃易爆危险品库房等，应采用单层建筑，并且应与宿舍和办公用房分别设置，以及根据相关规定保持安全距离。

（28）临时用房内设置的食堂、库房、会议室，应设在首层。

（29）易燃易爆危险品库房，应使用不燃材料搭建，面积不应超过 200m²。

（30）施工现场，应设置水冲式或移动式厕所，并且厕所地面应硬化，门窗应齐全并且通风良好。侧位宜设置门及隔板，高度不应小于 0.9m。

（31）厕所面积应根据施工人员数量设置。厕所应设专人负责，定期清扫、消毒，化粪池应及时清掏。

（32）高层建筑施工超过 8 层时，宜每隔 4 层设置临时厕所。

（33）淋浴间内应设置满足需要的淋浴喷头，并且设置储衣柜或挂衣架。

（34）施工现场应设置满足施工人员使用的盥洗设施。盥洗设施的下水管口，应设置过滤网，并且与市政污水管网连接，以及排水要畅通。

（35）生活区应设置开水炉、电热水器、保温水桶，施工区应配备保温水桶。

（36）生活区，开水炉、电热水器、保温水桶应上锁由专人负责管理。

（37）未经施工总承包单位批准，施工现场、生活区不得使用电热器具。

4.1.2 大跨度大空间建筑火灾的特点

大跨度大空间建筑主要由柱、梁、板、外墙等部分组成，梁、柱是建筑物的主要承重构件。其根据建筑物的材料，可以分为钢筋混凝土结构、钢结构、混合结构。

大跨度大空间建筑主要火灾特点如下：

（1）燃烧猛烈、火势蔓延迅速。

（2）能见度低、毒气烟雾弥漫。

（3）空间过大、构件容易坍塌。

（4）情况复杂、救援展开困难。

（5）面积超大、力量不足、供水艰难。

（6）纵深蔓延、残火消灭持久。

4.1.3 现场管理的"6S管理"与安全防护的"四有四必有"

现场管理实行"6S管理"：整理、整顿、清扫、清洁、自律、安全，如图4-1所示。"6S管理"能提高生产效率，防止事故发生。

安全防护的"四有四必有"如图4-2所示。

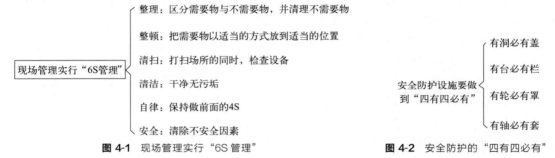

图4-1 现场管理实行"6S管理"　　　　　　**图4-2** 安全防护的"四有四必有"

4.1.4 上岗安全要求与"一学二参三勤四要"

上岗安全要求如图4-3所示。

岗位操作人员的"一学二参三勤四要"如图4-4所示。

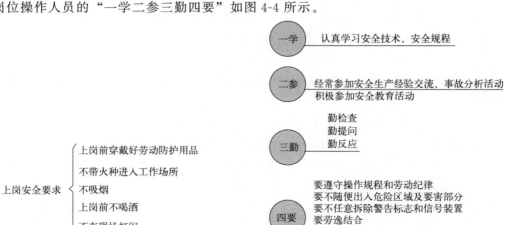

图4-3 上岗安全要求　　　　　　**图4-4** 岗位操作人员的"一学二参三勤四要"

4.1.5 "三不伤害"

从事生产劳动、工程施工，需要有一个科学的态度，掌握正确的操作方法，认真遵守安全生产规章制度，认真遵守操作规程。

从事生产劳动、工程施工，往往是一个群体性的有机组合的多人作业。为此，从安全角度考虑，针对从事生产劳动、工程施工提出了"三不伤害"，如图4-5所示：

> 两人以上共同作业时注意协作和相互联系。立体交叉作业时要注意安全

"三不伤害"
- 不伤害自己
- 不伤害别人
- 不被别人伤害

图 4-5 "三不伤害"

（1）不伤害自己。生产过程中，不发生由于自己违反规章制度、违反操作规程而使自己受到伤害的情况。

（2）不伤害他人。生产过程中，不发生由于自己操作不当，或者操作时留下隐患，而造成对他人伤害的情况。

（3）不被他人伤害。生产过程中，不仅要做到不伤害自己，不伤害他人，还需要尽力做到不被他人伤害。

4.1.6 作业中杜绝"三违"现象

"三违"是指违章指挥、违章作业、违反劳动纪律。作业中应杜绝"三违"现象，如图4-6所示。违章作业是操作人员在作业过程中违章蛮干的不安全行为的集中表现。

> 作业中杜绝"三违"现象发生，按规程作业

"三违" ☞ 违章指挥、违章作业、违反劳动纪律

图 4-6 作业中杜绝"三违"现象

造成"三违"现象的主要原因：
（1）不知道正确的操作方法。
（2）虽然知道正确的操作方法，却为了快点干完而省略了必要的步骤。
（3）按自己的习惯操作。

4.1.7 作业中做到"四个相互"

作业中做到"四个相互"，如图4-7所示。

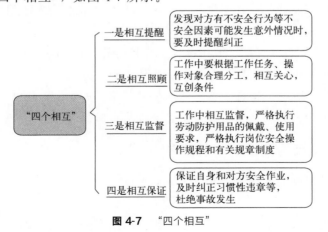

图 4-7 "四个相互"

4.1.8 作业中"三不动火"与"四个过硬"

作业中"三不动火"如图 4-8 所示。

图 4-8 "三不动火"

"四个过硬"如图 4-9 所示。

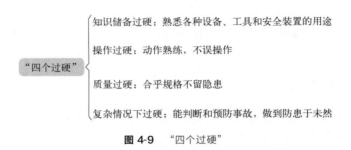

图 4-9 "四个过硬"

4.1.9 生产现场和设备的"六有六必"

生产现场和设备上，要做到"六有六必"：

（1）"有台必有栏"。即凡是在操作平台，必须安装栏杆，并且根据国家标准要求栏杆的高度应不低于 1.2m，以及应有防止操作人员从操作平台上跌下受伤等措施。

（2）"有洞必有盖"。即凡是留有预留孔、施工期为便于施工的洞口，一定要用盖板盖住，并且要设法固定，防止有人误入孔洞发生坠落。

（3）"有轴必有套"。即传动设备的转轴应套住，以防止由于轴上的螺钉将操作人员的衣服勾住，发生绞碾等事故。

（4）"有轮必有罩"。即凡是在明齿轮、皮带轮的传动部位都要安装防护罩，以便将这些"老虎口"罩住。

（5）"有轧点必有挡板（杆）"。即在设备上凡是有轧点的部位，必须设置挡板或者安装栅栏，以防止操作者不慎误入机器设备内，造成伤亡等事故。

（6）"有特危必有联锁"。即在设备运转的关键部位，需要设置联锁保护装置。当机器发生异常情况时，能够使其自动转变为安全状态，以防止事故的发生。

4.1.10 施工中保证自身安全的十条注意事项

工程施工中保证自身安全的十条注意事项如下：

（1）遵守安全规定。

严格遵守工地上的所有安全规定、程序，包括使用安全工具、佩戴个人防护装备等。

（2）接受安全培训。

参加工地安全培训，了解潜在的危险，了解如何避免事故，并且掌握正确的安全操作技能、应急措施。

（3）注意周围环境。

时刻保持警觉，注意观察周围环境，特别是潜在的危险源，并且避免在危险区域停留或进行不安全的行为。

（4）使用安全装备。

根据工作需要，佩戴适当的安全帽、安全鞋、防护眼镜、手套等个人防护装备，同时确保装备完好无损，并且根据要求使用。

（5）遵守机械设备操作规程。

在操作机械设备前，确保已经接受过相关培训，并且了解设备的操作规程。

（6）注意高处作业安全。

进行高处作业时，务必使用安全带或其他防坠落设备，确保工作平台稳固，避免在不稳定或危险的表面上工作。

（7）防范电气危险。

避免接触裸露的电线或电气设备。使用电气设备前，确保设备接地良好，并且使用绝缘工具进行操作。

（8）防火和防爆。

了解并使用防火、防爆设备，并且遵守工地上的防火规定，禁止吸烟或使用明火。

（9）报告潜在危险。

如果发现潜在的危险或安全隐患，及时向工地管理人员或安全监督员报告，并且参与并协助解决安全问题，共同维护工地的安全环境。

（10）保持身体健康。

保持良好的身体状态、精神状态对于自身安全至关重要。合理安排工作、休息时间，避免疲劳工作。

4.1.11 施工现场要求概述

施工现场要求概述如下：

（1）进入现场必须戴好安全帽，扣好帽带，并且正确使用个人劳动防护用品。

（2）2m 以上的高处、悬空作业，必须戴好安全带、扣好保险钩。

（3）高处作业时，不准往下或向上乱抛材料和工具等物件。

（4）各种电动机械设备必须有可靠有效的安全接地和防振装置，方能开动使用。

（5）不懂电气、机械的人员，严禁使用和玩弄机电设备。

（6）吊装区域非操作人员严禁入内，吊装机械必须完好，把杆垂直下方不准站人。

（7）施工现场必须严格执行消防条例、建筑工地防火基本措施等规定，以及做好施工现场防火安全工作。

（8）建立施工消防管理网络，根据施工现场平面布置，划分消防管理责任区域消防负责人，并且公布上墙，以及在施工现场入口处设置明显标志。

（9）各重点防火区域应配备一定数量的消防器材、消防设施，并且由消防责任人定期检查，确保完备好用。另外，消防器材、设施，不得随便移动或挪作他用。

（10）建立义务消防组织，义务消防人员要进行消防知识的学习、培训，坚持每月开一次消防安全例会，检查当月消防工作情况。

（11）施工现场应设吸烟点，禁止吸游烟、乱丢烟蒂等现象。

（12）动用明火，必须根据规定办理审批手续。

（13）动火作业，必须有专人监护，并且必须有消防器材，以及必须严格遵守有关安全规定。

（14）从事焊接作业人员，必须持有有效证件上岗，并且严格执行"十不烧"的规定。无证人员一律不准进行焊接作业。

（15）施工现场严禁使用电炉、煤油炉、小太阳灯、碘钨灯等大功率灯具烘烤衣物。

（16）所有电气线路、机械设备，必须由专业人员根据规定安装，并且符合标准。

（17）电气线路、机械设备，应经常检查，以防止因短路、超负荷等原因引起事故。

（18）仓库和存放易燃、易爆物品的区域，必须设置禁火牌，并且制定有关防火管理规定，配备符合要求的消防设施，以及设置消防通道、消防水源。

（19）木工间必须设置禁火标志。

（20）木工刨花锯屑等易燃物品，应及时清理，并且根据规定设置消防器材，禁止吸烟、动火作业。

（21）设置消防器材的地点，禁止堆放各种杂物。

（22）消防通道、施工现场道路、建筑物通道，需要保持通畅。

（23）脚手架上禁止吸烟，禁止无证、无措施动火作业。

（24）脚手架上禁止堆放其他易燃物品。

（25）施工现场日常消防管理，可由项目部安全保卫部门管理，需要做到经常检查，并且定期向项目部经理汇报。

（26）施工现场消防工作做出显著成绩的班组、个人，可以给予奖励。反之，对造成火灾事故的责任人，应视情节给予处罚或移交有关部门处理。

 一点通

焊工作业"十不烧"原则：

（1）未取焊工特殊工种操作证不烧。

（2）高危场所和重要场所未经批准不烧。

（3）不了解施焊地点周围情况不烧。

（4）不了解焊接物内部情况不烧。

（5）装过易燃易爆物品的容器未彻底清理不烧。

（6）用可燃材料作装修装饰的部位不烧。

（7）密闭和有压力的容器管道不烧。

（8）焊接部位旁有易燃易爆物品不烧。

（9）附近有明火作业相抵触的作业不烧。

（10）禁火区内未办理动火审批手续不烧。

4.1.12 施工现场"十不准"

施工现场"十不准"内容如下：

（1）不准随地大小便、吐痰、扔果皮杂物等。

（2）不准带家属、小孩、外来人员在工地宿舍住宿。

（3）不准在施工现场嬉戏、吵闹、打架斗殴、赌博等。

（4）不准随意浪费材料。

（5）不准无证上岗。

（6）不准使用不合格材料。

（7）不准未经验收合格就进入下道工序作业。

（8）主要隐蔽工程施工时，施工员必须跟班作业，质安员必须现场监督，不准随便离开。

（9）不准使用没有经验收合格的模板支架、机电设备等。

（10）不准随意挪用消防设施。

4.1.13 施工现场作业人员安全生产基本规定

施工现场作业人员安全生产基本规定如下：

（1）现场要成立安全领导小组，切实加强施工全过程的安全管理，以保证职工在劳动过程中的安全与健康。

（2）各级施工管理人员、工程技术人员、操作工人必须熟悉、掌握建筑安装工程安全技术规程、本工种安全技术操作规程。否则，不得参与施工。

（3）认真坚持安全自检制度，搞好隐患整改，并且做到定人、定期限、定措施。

（4）新入场、变换工种人员，必须通过三级安全教育，并且经过考试合格后，才可以上岗。

（5）特种作业人员必须经安全技术培训，考试合格，及时复审，持有效证件才可以上岗操作。

（6）进入施工现场必须戴好安全帽，系好安全带，并且正确使用个人防护用品。

（7）高处作业必须系牢安全带。

（8）施工现场内严禁穿高跟鞋、严禁穿拖鞋、严禁光脚作业。

（9）施工现场内严禁穿裙子、严禁穿喇叭裤。

（10）施工现场内严禁爬架子和乘坐吊盘上下。

（11）施工中的"四口""五临边"必须有严密、牢固的安全防护设施，任何人不许改动与破坏安全防护设施。

（12）现场的机电设备、电动工具、供电设施应由持证电工操作，严禁非电工操作。

（13）一切机械设备、垂直运输设备、起重机械的安全防护与保险装置必须齐全、敏捷可靠。

（14）严禁非机械人员随意开动机械设备。

（15）工程中使用的易燃、易爆、有毒有害物品要严格按规定保管、使用。

（16）塔吊井字架（龙门架）的安装或拆卸，脚手架的搭设或拆除，安全网的支挂，供电设施的安装，线路架设等，必须有拆装或安装拆除方案，并且严格验收，经确认合格后才可以使用。

（17）现场道路要畅通，料具堆放要整洁、安全。

（18）危险部位和场所，应设围栏与设置安全标志牌。

（19）现场内的锅炉、压力容器，要根据有关规定严格管理。

（20）非施工人员不得私自进入施工现场。

4.1.14 现场文明要求与文明施工规范

现场文明要求如下：

（1）现场材料设备、施工机具在指定地点堆放整齐。

（2）保持现场周边环境的卫生，进出材料后现场应清理干净。

（3）做好现场监护工作，在施工作业区谢绝与本工程无关人员入内。

（4）工具间内零星材料堆放要整齐。

（5）施工现场做到文明施工，活完场地清，每天工作结束后作业面内也要清理好、整理好。

（6）做好现场成品、半成品的保护工作，以及自身产品的保护、其他工种的产品的保护。只有互相保护好，才能够确保整个工程的质量完好。

（7）服从、执行现场综合管理措施。

文明施工规范如下：

科学管理、机构健全、制度完善；

责任到人、挂牌施工、奖罚分明；

临舍水电、杆正线直、安全不漏；

临时料房、规格整齐、防雨防潮；

宿舍整洁、食堂卫生、纪律严明；

大宗材料、码放成堆、分类有序；

限额领料、随干随净、工完场清；

平面有图、照图施工、实物相符；

道路畅通、排水无阻、没有垃圾；

施工外架、搭设标准、规格整齐；

机械设备、运作正常、保养清洁；

施工工具、用完洗净、整齐保管；

照图施工、精心操作、保护成品；

包装用品、保存完整、回收进库；

按期交工、质量优良、安全第一；

竣工档案、内容真实、资料齐全。

4.1.15 施工现场用火要求

施工现场用火需要符合的要求如下：

（1）动火作业应办理动火许可证。

（2）动火许可证的签发人收到动火申请后，应前往现场查验，并且确认动火作业的防火措施落实后，再签发动火许可证。

（3）动火操作人员应具有相应资格。

（4）焊接、切割、烘烤、加热等动火作业前，应对作业现场的可燃物进行清理。作业现场及其附近无法移走的可燃物，应采用不燃材料对其覆盖或隔离。

（5）施工作业安排时，宜将动火作业安排在使用可燃建筑材料的施工作业前进行。如确需在使用可燃建筑材料的施工作业之后进行动火作业，则应采取可靠的防火措施。

（6）裸露的可燃材料上严禁直接进行动火作业。

（7）焊接、切割、烘烤、加热等动火作业，应配备灭火器材，并且设置动火监护人进行现场监护，以及每个动火作业点均应设置1名监护人。

（8）五级及以上风力时，应停止焊接、切割等室外动火作业。确需动火作业时，则应采取可靠的挡风措施。

（9）动火作业后，应对现场进行检查，并且确认无火灾危险后，动火操作人员再离开。

（10）具有火灾、爆炸危险的场所严禁明火。

（11）施工现场，不应采用明火取暖。

（12）厨房操作间炉灶使用完毕后，应将炉火熄灭，并且排油烟机与油烟管道应定期清理油垢。

4.1.16 施工现场用气要求

施工现场用气要求如下：

（1）储装气体的罐瓶及其附件应合格、完好、有效。

（2）严禁使用减压器及其他附件缺损的氧气瓶。

（3）严禁使用乙炔专用减压器、回火防止器及其他附件缺损的乙炔瓶。

（4）气瓶运输、存放、使用时，需要符合的规定如下：

① 空瓶和实瓶同库存放时，应分开放置，并且两者间距不应小于1.5m。

② 气瓶应保持直立状态，并且采取防倾倒措施。

③ 气瓶应分类储存，库房内应通风良好。

④ 气瓶应远离火源，距火源距离不应小于10m，以及采取避免高温和防止暴晒的措施。

⑤ 燃气储装瓶罐，应设置防静电装置。

⑥ 严禁碰撞、抛掷、敲打、滚动气瓶。

⑦ 乙炔瓶严禁横躺卧放。

（5）气瓶使用时，需要符合的规定如下：

① 使用前，应检查气瓶、气瓶附件的完好性。

② 使用前，应检查连接气路的气密性，并且采取避免气体泄漏的措施。

③ 严禁使用已老化的橡皮气管。

④ 氧气瓶与乙炔瓶的工作间距，不应小于5m。

⑤ 气瓶与明火作业点的距离，不应小于10m。

⑥ 冬季使用气瓶，如果气瓶的瓶阀、减压器等发生冻结，严禁用火烘烤或用铁器敲击瓶阀，也禁止猛拧减压器的调节螺栓。

⑦ 氧气瓶内剩余气体的压力不应小于0.1MPa。

⑧ 气瓶用后应及时归库。

4.1.17 建设工程施工现场环境与卫生防疫要求

建设工程施工现场环境与卫生要求如下：

（1）建设工程总承包单位应对施工现场的环境与卫生负总责，分包单位应服从总承包单位的管理。

（2）参建单位及现场人员，应有维护施工现场环境与卫生的责任和义务。

（3）建设工程的环境与卫生管理，应纳入施工组织设计或编制专项方案，应明确环境与卫生管理的目标、措施。

（4）建设工程的参与建设单位，应根据法律的规定，针对可能发生的环境、卫生等突发事件建立应急管理体系，制定相应的应急预案，并且组织演练。

（5）施工现场发生有关环境、卫生等突发事件时，应根据相关规定及时向施工现场所在地建设行政主管部门、相关部门报告，并且配合调查处置。

（6）施工人员的教育培训、考核应包括环境与卫生等有关内容。

（7）施工现场临时设施、临时道路的设置，应科学合理，符合安全、消防、节能、环保等有关规定。

（8）施工区、材料加工区、材料存放区，应与办公区、生活区划分清楚，并且采取相应的隔离措施。

（9）施工现场，应实行封闭管理，并且采用硬质围挡。

（10）市区主要路段的施工现场围挡高度不应低于 2.5m。一般路段围挡高度不应低于 1.8m。围挡应牢固、稳定、整洁。

（11）距离交通路口 20m 范围内占据道路施工设置的围挡，其 0.8m 以上部分应采用通透性围挡，并且采取交通疏导、警示措施。

（12）施工现场出入口，应标有企业名称、企业标识。

（13）主要出入口，应于明显处设置工程概况牌。

（14）施工现场大门内，应有施工现场总平面图和安全管理、环境保护与绿色施工、消防保卫等制度牌、宣传栏。

（15）有毒有害作业场所，应在醒目位置设置安全警示标识。

（16）施工单位，应根据季节气候特点，做好施工人员的饮食卫生、防暑降温、防寒保暖、防中毒、卫生防疫等工作。

卫生防疫要求如下：

（1）办公区、生活区应设专职或兼职保洁员，并且采取灭蚊蝇、灭鼠、灭蟑螂等措施。

（2）食堂应取得相关部门颁发的许可证，并且悬挂在制作间醒目位置。

（3）炊事人员必须经体检合格并持证上岗。

（4）炊事人员上岗应穿戴整洁的工作服、工作帽、口罩，并且应保持个人卫生。

（5）非炊事人员不得随意进入食堂制作间。

（6）食堂的炊具、餐具、公共饮水器具，应及时清洗并且定期消毒。

（7）施工现场应加强食品、原料的进货管理，并且建立食品、原料采购台账，保存原始采购单据。

（8）严禁购买无照、无证商贩的食品和原料。

（9）施工现场食堂应根据许可范围经营，严禁制售易导致食物中毒的食品与变质食品。

（10）生熟食品应分开加工与保管，并且存放成品或半成品的器皿应有耐擦洗的生熟标识。

（11）成品或半成品，应遮盖，并且遮盖物品应有正反面标识。各种佐料、副食，应存放在密闭器皿内，并且应有标识。

（12）存放食品原料的储藏间、库房，应有通风、防虫、防潮、防鼠等措施，并且库房不得兼作他用。

（13）粮食存放台距墙与地面应大于0.2m。

（14）事故现场遇突发疫情时，应及时上报，并且根据卫生防疫部门相关规定进行处理。

4.1.18　建设工程节约能源资源要求

建设工程节约能源资源要求如下：

（1）施工总平面布置、临时设施的布置设计、材料选用，应科学合理、节约能源。

（2）临时用电设备及器具，应选用节能型产品。

（3）施工现场，宜利用新能源、可再生能源。

（4）施工现场，宜利用拟建道路路基作为临时道路路基。

（5）临时设施应利用既有建筑物、构筑物、设施。

（6）土方施工应优化施工方案，并且减少土方开挖、回填量。

（7）施工现场周转材料，宜采用金属、化学合成材料等可回收再利用产品代替，并且加强保养维护，提高周转率。

（8）施工现场应合理安排材料进场计划，并且减少二次搬运，以及实行限额领料。

（9）施工现场办公，应利用信息化管理，并且减少办公用品的使用、消耗。

（10）施工现场生产生活用水用电等资源能源的消耗，应实行计量管理。

（11）施工现场应保护地下水资源。采取施工降水，应执行国家及当地有关水资源保护的规定，并且综合利用抽排出的地下水。

（12）施工现场应采用节水器具，并且设置节水标识。

（13）施工现场宜设置废水回收、循环再利用设施、宜对雨水进行收集利用。

（14）施工现场应对可回收再利用物资及时分拣、回收、再利用。

4.1.19　建设工程大气污染防治要求

建设工程大气污染防治要求如下：

（1）施工现场的主要道路要进行硬化处理。

（2）施工现场裸露的场地、堆放的土方，应采取覆盖、固化、绿化等措施。

（3）施工现场土方作业，应采取防止扬尘措施。

（4）施工现场主要道路，应定期清扫、洒水。

（5）拆除建筑物或者构筑物时，应采用隔离、洒水等降噪、降尘措施，以及及时清理废弃物。

（6）土方、建筑垃圾的运输，必须采用封闭式运输车辆或采取覆盖措施。

（7）施工现场出口处，应设置车辆冲洗设施，以及对驶出的车辆进行清洗。

（8）建筑物内垃圾，应采用容器或搭设专用封闭式垃圾道的方式清运，严禁凌空抛掷。

（9）施工现场严禁焚烧各类废弃物。

（10）规定区域内的施工现场，应使用预拌制混凝土及预拌砂浆。

（11）采用现场搅拌混凝土或砂浆的场所，应采取封闭、降尘、降噪措施。

（12）水泥和其他易飞扬的细颗粒建筑材料，应密闭存放或采取覆盖等措施。

（13）市政道路施工进行铣刨、切割等作业时，应采取有效的防扬尘措施。灰土、无机料，应采用预拌进场，碾压过程中应洒水降尘。

（14）城镇、旅游景点、重点文物保护区、人口密集区的施工现场，应使用清洁能源。

（15）施工现场的机械设备、车辆的尾气排放，应符合国家环保排放标准。

（16）环境空气质量指数达到中度及以上的污染时，施工现场应增加洒水频次，加强覆盖措施，以减少易造成大气污染的施工作业。

4.1.20　水土污染防治要求

水土污染防治要求如下：

（1）施工现场应设排水管、沉淀池。施工污水，应经沉淀处理达到排放标准后，才可以排入市政污水管网。

（2）废弃的降水井应及时回填，并且封闭井口，以防污染地下水。

（3）施工现场临时厕所的化粪池，应进行防渗漏处理。

（4）施工现场存放的油料、化学溶剂等物品，应设置专用库房，地面应进行防渗漏处理。

（5）施工现场的危险废物，应根据国家有关规定处理。

4.1.21　施工噪声与光污染防治要求

（1）施工现场场界噪声排放，应符合现行国家标准《建筑施工场界环境噪声排放标准》（GB 12523—2011）的规定。

（2）施工现场，应对场界噪声排放进行监测、记录、控制，并且采取降低噪声的措施。

（3）施工现场宜选用低噪声、低振动的设备。强噪声设备宜设置在远离居民区的一侧，并且采用隔声、吸声材料搭设的防护棚或屏障。

（4）进入施工现场的车辆禁止鸣笛，并且装卸材料要轻拿轻放。

（5）因生产工艺要求或其他特殊要求，确需进行夜间施工的，施工单位要加强噪声控制，并且减少人为噪声。

（6）施工现场，应对强光作业、照明灯具采取遮挡措施，以减少对周边居民与环境的影响。

4.1.22　不同事故类型的现场急救方法与要点

现场急救是指应用急救知识、最简单的急救技术进行现场初级救生，最大限度稳定伤病员的伤情、病情，并且减少并发症，维持伤病员如呼吸、脉搏、血压等最基本的生命体征。

现场急救是在施工现场发生伤害事故时，伤员送往医院救治前，在现场实施必要、及时的抢救措施。现场急救是医院治疗的前期准备。

工程施工工地发生伤亡事故时，应立即做这三件事：

（1）有组织地抢救伤员。

（2）保护事故现场不被破坏。

（3）及时向上级和有关部门报告。

不同事故类型现场急救的方法与要点见表4-2。

表 4-2　不同事故类型现场急救的方法与要点

事故类型	现场急救方法与要点
触电	(1)触电现场急救的目标:脱离电源、尽快送院。 (2)迅速截断电流,才可使接触伤者减少危险。 (3)如果不能切断电流,可用竹、木等材料的绝缘物件把伤者与电源分开。 (4)切断电流后,检查伤者状况。如果心跳和呼吸停止,则应立刻施行心肺复苏法。 (5)迅速通知救伤车送院救治
中暑	(1)中暑,就是在高温环境烈日下工作,通风不良,所引起的体温升高,水电解质平衡失调,以及神经系统损伤等一系列症状。 (2)中暑常见症状:大量出汗、恶心、胸闷、心悸、头昏眼花、耳鸣、注意力很难集中、四肢无力及发麻、伴有高温(38℃以上),严重时伴有痉挛、昏厥、皮肤苍白等休克表现。 (3)中暑轻者:可以将患者移到阴凉处休息,并且给以浓茶或淡盐水饮料。 (4)中暑中度者:可以移到有空调或通风场所,并应以清凉饮料、十滴水、人参、藿香正气丸等。使用井水、冰水或酒精降温,并且以冰袋置于颈、头、四肢以及大血管的分布区,同时用电扇吹风,必要时冰水灌肠。降温时注意体温、脉搏的变化。 (5)中暑如治疗不及时,可能会引发生命危险
割伤	(1)割伤现场急救,主要是止血、防止进一步污染等。 (2)一般的出血,用干净的纱布或手绢、毛巾在出血部位加压包扎即可。手部割伤时,可以用另一只手或由别人对伤手加压,如果有效,也不会造成不良后果。 (3)如果手的动脉损伤发生大出血,可以用止血带或弹性胶管束缚上臂1/3部位止血。但是在送大医院手术时应每隔1h松开止血带5~10min,以免手部缺血坏死。 (4)注意不要用尼龙绳、电线等捆扎手腕或上臂等部位,这样不仅不能止血,反而会加重出血,有的情况甚至会造成手指坏死。 (5)不要在伤口上涂抹紫药水之类的药物,以防止进一步污染,从而影响医生判断伤情。 (6)如果手指发生骨折,不全离断时,则可以用小木板、铁皮等临时做固定,同时也能起到止痛的作用。 (7)假如发生断手指或断手,不要随意丢弃断肢,要用无菌纱布包裹断指,外罩塑料袋,并且在袋外放一些冰块或冰糕,尽快转运,争取在6~8h内进行再植手术。不可把断指浸入酒精、消毒水、盐水等液体中转运,以免破坏断指的组织结构,影响再植成活率
高空坠落	(1)高空坠落事故,可能来源于攀登作业、悬空作业、交叉作业、临边作业、洞口跌落、操作平台等。 (2)高空坠落事故可能导致的后果:昏迷、骨折、内伤。 (3)一般后果比较严重的情况,应立即送医院
摔伤	(1)如果有人自高处坠落摔伤时,应注意摔伤及骨折部位的保护,避免因不正确的抬运,使骨折错位造成二次伤害。 (2)摔伤现场急救一般处理:凡有骨折可疑的病人,均应按骨折处理,并且首先抢救生命。如果出现闭合性骨折有穿破皮肤,损伤血管、神经的危险时,应尽量消除显著的移位,再用夹板固定。 (3)创口包扎:如果骨折端已戳出创口,并且已污染,但是未压迫血管神经时,则不应立即复位,以免将污物带进创口深处。如果在包扎创口时骨折端已自行滑回创口内,应向负责医师说明,并且促其注意。 (4)妥善固定:骨折急救处理时最重要的一项就是妥善固定。急救固定的目的是避免骨折断端在搬运时移动而更多地损伤软组织、血管、神经或内脏;骨折固定后即可止痛,有利于防止休克;便于运输。 (5)摔伤应在一般处理后,迅速送医
烧伤	(1)烧伤时,先尽快脱去着火或沸液浸渍的衣服,特别是化纤衣服,以免着火衣服或衣服上的热液继续作用,使创面加大加深。 (2)用水将火浇灭,或跳入附近水池、河沟内用水浇灭。 (3)迅速卧倒后,慢慢在地上滚动,压灭火焰。 (4)如果伤员衣服着火时不要站立、不要奔跑、不要呼叫,以防增加头面部烧伤或吸入性损伤。 (5)迅速离开密闭、通风不良的现场,以免发生吸入性损伤与窒息。 (6)用身边不易燃的材料,例如毯子、大衣、棉被等迅速覆盖着火处,使其与空气隔绝而灭火
食物中毒	(1)发现饭后多人有呕吐、腹泻等不正常症状时,则需要及时向工地负责人报告,并且及时拨打急救电话120。 (2)亚硝酸钠,也叫作"工业用盐",其是搅拌混凝土的添加剂,形状很像食用的大粒盐。但其是一种有毒物质,绝对不要当作食用盐使用

事故类型	现场急救方法与要点
煤气中毒	(1)冬季采暖必须根据有关规定,如果安装炉具,应统一安装并且设专人负责管理。 (2)不得随意安装炉具,以防止发生煤气中毒。 (3)发现有人煤气中毒时,应迅速打开门窗,使空气流通或将中毒者抬到室外,以及及时施行现场急救并且及时送往医院
毒气中毒	(1)井(地)下施工中有人发生中毒时,井(地)上人员绝对不要盲目下去救助。 (2)井(地)下施工中有人发生中毒时,必须先向下送风,救助人员必须采取个人保护措施,并且派人报告工地负责人及有关卫生主管部门。 (3)如果现场不具备抢救条件时,则应及时拨打119、110、120求救
发生火险	现场有火险发生时,不要惊慌,应立即取出灭火器或接通水源扑救。如果火势较大,现场无力扑救时,应立即拨打119报警,并且讲清火险发生的地点、情况、报告人、单位等

4.2 消防安全

4.2.1 可能诱发火灾的情况

可能诱发火灾的情况如下：电气设备超负荷、雷击、短路、接触不良、静电火花等，其可能使可燃气体或可燃物燃烧。

电气线路不合格，电气设备不合格，施工过程中吸烟、乱丢烟头等，也可能诱发火灾。

火灾时安全逃生的要点如下：

（1）熟悉紧急疏散路线。

（2）浓烟中逃生，要用湿毛巾捂住嘴、鼻，弯腰行走。

（3）楼上人员要用牢固的绳子等物品，一头固定后沿绳子滑下逃生。

电气起火时灭火要点如下：

（1）应立即切断电源。

（2）用灭火器把火扑灭。但是电视机、电脑着火应用毛毯、棉被等物品扑灭火焰。

（3）无法切断电源时，应用不导电的灭火剂灭火，不要用水、不要用泡沫灭火剂。

（4）迅速拨打110或119报警电话。

（5）电源尚未切断时，切勿把水浇到电气用具或开关上。

（6）如果电器用具或插头仍在着火，切勿用手碰及电器用具的开关。

 一点通

灭火器使用的主要操作步骤：拉开插销、对准火源、按下手柄。

4.2.2 消防控制具体做法

消防控制具体做法如下：

（1）保证消火栓、疏散指示标志、应急照明灯等完整好用。

（2）定期检查电气线路。

（3）防火门要处于常闭状态，严禁用物品遮挡。

（4）告知企业、岗位工作人员火灾风险点。

（5）及时更换老化电线。

（6）尽量避免同时使用多个大功率电器。

（7）禁烟区域不要吸烟或遗留火种。

（8）开展好每日防火巡查。

（9）开展好员工岗前培训。

（10）细化防护巡查记录表。

（11）烟头不要随意乱扔。

（12）正确使用电气设备。

4.2.3　消防控制室的要求

消防控制室的要求如下：

（1）应实行每日 24h 专人值班制度，每班不应少于 2 人，并且值班人员应持有消防控制室操作职业资格证书。

（2）应确保火灾自动报警系统、灭火系统、其他联动控制设备处于正常工作状态，不得将应处于自动状态的系统设在手动状态。

（3）应确保消防水池、高位消防水箱、气压水罐等消防储水设施水量充足。

（4）应确保消防泵出水管阀门、自动喷水灭火系统管道上的阀门常开。

（5）应确保消防水泵、防排烟风机、防火卷帘等消防用电设备的配电柜启动开关处于自动位置（通电状态）。

消防控制室的值班应急程序应符合的要求：

（1）接到火灾警报后，值班人员应立即以最快方式确认。

（2）火灾确认后，值班人员应立即确认火灾报警联动控制开关处于自动状态，同时拨打 119 报警。

（3）报警时，应说明着火单位地点、起火部位、着火物种类、火势大小、报警人姓名、报警人联系电话。

（4）值班人员应立即启动单位内部应急疏散、灭火预案，并同时报告单位负责人。

4.2.4　如何识别企业火灾风险——"十看"法

"十看"法识别企业火灾风险，具体如下：

（1）一看企业消防安全制度建设运行情况。

关注企业消防安全制度、操作规程是否根据规定上墙，员工是否掌握本岗位消防安全职责，是否积极参与单位消防安全检查。

（2）二看企业消防设施器材维护保养情况。

关注企业每月灭火器、消火栓检查记录，以及查看灭火器压力指针是否处于绿色区域，消火栓箱内水枪水带是否齐全，水压是否正常。

（3）三看企业违章搭建情况。

关注企业建筑间是否存在私自搭建、占用防火间距等情况。

（4）四看企业防火分隔情况。

关注企业是否存在使用可燃易燃泡沫夹芯彩钢板装修或用作分隔的情况。关注企业防火门是否完好，防火隔墙是否封堵到位，楼板是否存在孔洞。

（5）五看企业电气线路套管情况。

关注企业是否存在电气线路私拉乱接情况，关注企业是否存在电气线路超负荷使用、未根据要求套管情况。

（6）六看企业通道畅通情况。

关注企业安全出口、疏散通道是否随意堆放货物，内部疏散通道是否占用堵塞。

（7）七看企业电气焊操作管理情况。

关注企业电气焊人员是否持证上岗，作业时是否落实安全管控措施。

（8）八看企业车间、仓库等违规住人情况。

关注企业车间、仓库、厨房等场所是否违规住人，以及要学会辨别"三合一""多合一"场所的主要形式。

（9）九看企业员工消防培训情况。

关注新员工上岗前是否通过消防培训，企业每年是否组织员工进行消防安全培训，员工是否清楚掌握离工位最近的灭火器、消火栓位置，是否掌握灭火器、消火栓使用方法。

（10）十看企业灭火逃生演练组织情况。

关注企业是否组织员工开展灭火救援、疏散逃生演练，员工是否具备紧急情况下必须立即逃生的"避险意识"，是否知晓最近的安全出口位置。

"三合一""多合一"场所，就是指住宿与生产、仓储、经营场所混合设置在同一空间内的建筑。其住宿与其他使用功能间未设置有效的防火分隔，存在较大火灾隐患。

常见"三合一""多合一"场所类型有：家庭作坊式"多合一"场所、商业类"多合一"场所、餐饮娱乐类"多合一"场所等。

"三合一""多合一"场所由于居住与生产、经营、仓储等功能区域防火分隔不到位，并且发生火灾后情况复杂、火灾负荷大、逃生困难，易造成人员伤亡与财产损失。为此，其消防更要重视。

4.2.5 火灾隐患的确定

具有下列情形之一的，应当确定为火灾隐患：

（1）影响人员安全疏散或者灭火救援行动，不能立即改正的。

（2）消防设施未保持完好有效，影响防火灭火功能的。

（3）擅自改变防火分区，容易导致火势蔓延、扩大的。

（4）人员密集场所违反消防安全规定，使用、储存易燃易爆危险品，不能立即改正的。

（5）不符合城市消防安全布局要求，影响公共安全的。

（6）其他可能增加火灾实质危险性或者危害性的情形。

4.2.6 加强消防安全"四个能力"建设

加强消防安全"四个能力"建设，如图 4-10 所示。

4.2.7 电器火灾的预防要点

电器火灾的预防要点如下：

（1）电器、照明设备、手持电动工具、通

图 4-10 加强消防安全"四个能力"建设

常采用单相电源供电的小型电器，有时会引起火灾，常见原因是电器设备选用不当、绝缘老化造成短路、线路年久失修、线路超负荷运行、用电量增加、维修不善导致接头松动、热源接近电器、电器接近易燃物、电器积尘、电器受潮、电器通风散热失效等。

（2）合理选用电气装置。例如，在易燃易爆的危险环境中，必须采用防爆式电气装置。在潮湿和多尘的环境中，可以采用封闭式电气装置。在干燥少尘的环境中，可以采用开启式和封闭式电气装置。

（3）注意电器设备是否异常。

（4）注意电器设备安装位置距可燃易燃物不能太近。

（5）注意防潮。

（6）注意线路电器负荷不能过高。

4.2.8　各单位应履行的消防安全职责

机关、团体、企业、事业等单位应当履行下列消防安全职责：

（1）落实消防安全责任制，制定本单位的消防安全制度、消防安全操作规程，制定灭火与应急疏散预案。

（2）根据国家标准、行业标准配置消防设施、器材，设置消防安全标志，并且定期组织检验、维修，以确保完好有效。

（3）应对建筑消防设施每年至少进行一次全面检测，以确保完好有效，并且检测记录应当完整准确，存档备查。

（4）保障疏散通道、安全出口、消防车通道畅通，以保证防火防烟分区、防火间距符合消防技术标准。

（5）组织防火检查，及时消除火灾隐患。

（6）组织进行有针对性的消防演练。

（7）单位的主要负责人是本单位的消防安全责任人。

（8）法律、法规规定的其他消防安全职责。

县级以上地方人民政府消防救援机构，应当将发生火灾可能性较大以及发生火灾可能造成重大的人身伤亡或者财产损失的单位，确定为本行政区域内的消防安全重点单位，并且由应急管理部门报本级人民政府备案。

消防安全重点单位除了应当履行有关规定的职责外，还需要履行下列消防安全职责：

（1）确定消防安全管理人，组织实施本单位的消防安全管理工作。

（2）建立消防档案，确定消防安全重点部位，设置防火标志，并且实行严格管理。

（3）实行每日防火巡查，并且建立巡查记录。

（4）对职工进行岗前消防安全培训，并且定期组织消防安全培训与消防演练。

引起火灾的一些原因：单位日常管理不到位、人员初期处置能力不足、人员消防安全意识淡薄等。

 一点通

消防的"一懂三会"如下。

（1）"一懂"：懂得本岗位的火灾危险性。

（2）"三会"：会报警、会扑救初期火灾、会疏散逃生。

4.2.9　灭火的方法与原理

物质燃烧必须同时具备三个必要条件：可燃物、助燃物、着火源。根据这些基本条件可知，一切灭火措施均是为了破坏已经形成的燃烧条件或终止燃烧的连锁反应而使火熄灭，以及把火势控制在一定范围内，最大限度地减少火灾损失。

灭火的基本方法与原理如下：

（1）窒息法：如用氮气、二氧化碳、水蒸气等来降低氧浓度使燃烧不能持续。

（2）化学抑制法：如用干粉灭火剂通过化学作用破坏燃烧的链式反应使燃烧终止。

（3）冷却法：如用水扑灭一般固体物质的火灾，通过水来大量吸收热量使燃烧物的温度迅速降低，最后使燃烧终止。

（4）隔离法：如用泡沫灭火剂灭火，通过产生的泡沫覆盖于燃烧体表面在冷却作用的同时把可燃物同火焰和空气隔离开来，以达到灭火的目的。

 一点通

火场中紧急避险方法如下：

（1）平时要熟悉紧急疏散的路线。

（2）浓烟中逃生，要用湿毛巾捂住嘴和鼻子，避免一氧化碳中毒，并且弯腰行走。

（3）在楼上的人员要用牢固的绳子等物品，一头扎在固定的物体上，然后沿绳子滑下逃生。

4.2.10　防火间距

防火间距要求如下：

（1）易燃易爆危险品库房与在建工程的防火间距不应小于15m。

（2）可燃材料堆场及其加工场、固定动火作业场与在建工程的防火间距不应小于10m。其他临时用房、临时设施与在建工程的防火间距，不应小于6m。

（3）施工现场主要临时用房、临时设施的防火间距不应小于表4-3的规定。当办公用房、宿舍成组布置时，其防火间距可适当减小，但是应符合下列规定：

表4-3　施工现场主要临时用房、临时设施的防火间距　　　　　　　　　　　　　　　单位：m

名称＼间距＼名称	办公用房、宿舍	发电机房、变配电房	可燃材料库房	厨房操作间、锅炉房	可燃材料堆场及其加工场	固定动火作业场	易燃易爆危险品库房
办公用房、宿舍	4	4	5	5	7	7	10
发电机房、变配电房	4	4	5	5	7	7	10
可燃材料库房	5	5	5	5	7	7	10
厨房操作间、锅炉房	5	5	5	5	7	7	10
可燃材料堆场及其加工场	7	7	7	7	7	10	10
固定动火作业场	7	7	7	7	10	10	12
易燃易爆危险品库房	10	10	10	10	10	12	12

注：（1）临时用房、临时设施的防火间距，应根据临时用房外墙外边线或堆场、作业场、作业棚边线间的最小距离计算。如果临时用房外墙有凸出可燃构件时，则应从其突出可燃构件的外缘算起。

（2）两栋临时用房相邻较高一面的外墙为防火墙时，防火间距不限。

（3）本表没有规定的，则可以根据同等火灾危险性的临时用房、临时设施的防火间距来确定。

① 每组临时用房的栋数不应超过 10 栋，组与组间的防火间距不应小于 8m。

② 组内临时用房之间的防火间距不应小于 3.5m，当建筑构件燃烧性能等级为 A 级时，其防火间距可减少到 3m。

4.2.11 在建工程防火要求

在建工程防火要求如下：

（1）在建工程作业场所的临时疏散通道，应采用不燃、难燃材料建造并与在建工程结构施工同步设置，也可以利用在建工程施工完毕的水平结构、楼梯。

（2）在建工程作业场所临时疏散通道的设置需要满足的规定如下：

① 耐火极限不应低于 0.5h。

② 设置在地面上的临时疏散通道，其净宽度不应小于 1.5m。利用在建工程施工完毕的水平结构、楼梯作临时疏散通道时，其净宽度不宜小于 1.0m。

③ 用于疏散的爬梯及设置在脚手架上的临时疏散通道，其净宽度不应小于 0.6m。

（3）临时疏散通道为坡道且坡度大于 25°时，应修建楼梯或台阶踏步或设置防滑条。

（4）临时疏散通道不宜采用爬梯。确需要采用爬梯时，则应有可靠的固定措施。

（5）临时疏散通道的侧面为临空面，则需要沿临空面设置高度不小于 1.2m 的防护栏杆。

（6）临时疏散通道设置在脚手架上时，则脚手架要采用不燃材料搭设。

（7）临时疏散通道，应设置明显的疏散指示标识。

（8）临时疏散通道，应设置照明设施。

（9）既有建筑进行扩建、改建施工时，必须明确划分施工区和非施工区。施工区不得营业、使用和居住。非施工区继续营业、使用和居住时，则需要符合的要求如下：

① 施工区与非施工区间，应采用不开设门、窗、洞口的耐火极限不低于 3.0h 的不燃烧体隔墙进行防火分隔。

② 非施工区内的消防设施，应完好和有效。疏散通道应保持畅通，并且应落实日常值班与消防安全管理制度。

③ 施工区的消防安全应配有专人值守，发生火情应能够立即处置。

④ 施工单位应向居住和使用者进行消防宣传教育，告知建筑消防设施、疏散通道的位置、使用方法，同时需要组织进行疏散演练。

⑤ 外脚手架搭设不应影响安全疏散、消防车正常通行、灭火救援操作。

⑥ 外脚手架搭设长度不应超过该建筑物外立面周长的 1/2。

（10）外脚手架、支模架的架体，宜采用不燃或难燃材料搭设。其中，工程的外脚手架、支模架的架体应采用不燃材料搭设。

（11）下列安全防护网应采用阻燃型安全防护网：

① 高层建筑外脚手架的安全防护网。

② 既有建筑外墙改造时，其外脚手架的安全防护网。

③ 临时疏散通道的安全防护网。

（12）作业场所，应设置明显的疏散指示标志，其指示方向应指向最近的临时疏散通道入口。

（13）作业层的醒目位置，应设置安全疏散示意图。

4.2.12 在建工程及临时用房应配置灭火器的场所

在建工程及临时用房应配置灭火器的场所如下：

（1）易燃易爆危险品存放及使用场所。

（2）动火作业场所。

（3）可燃材料存放、加工及使用场所。

（4）厨房操作间、锅炉房、发电机房、设备用房、变配电房、办公用房、宿舍等临时用房。

（5）其他具有火灾危险的场所。

4.2.13 施工现场灭火器的配置

施工现场灭火器配置应符合下列规定：

（1）灭火器的类型应与配备场所可能发生的火灾类型相匹配。

（2）灭火器的最低配置标准需要符合的规定见表 4-4。

表 4-4 灭火器的最低配置标准

灭火器配置场所	固体物质火灾		液体或可熔化固体物质火灾、气体火灾	
	单具灭火器最小灭火级别	单位灭火级别最大保护面积/m²	单具灭火器最小灭火级别	单位灭火级别最大保护面积/m²
易燃易爆危险品存放及使用场所	3A	50	89B	0.5
固定动火作业场	3A	50	89B	0.5
临时动火作业点	2A	50	55B	0.5
可燃材料存放、加工及使用场所	2A	75	55B	1.0
厨房操作间、锅炉房	2A	75	55B	1.0
自备发电机房	2A	75	55B	1.0
变配电房	2A	75	55B	1.0
办公用房、宿舍	1A	100	—	—

（3）灭火器的配置数量，应根据现行国家标准《建筑灭火器配置设计规范》（GB 50140—2005）的有关规定经计算来确定，且每个场所的灭火器数量不应少于 2 具。

（4）灭火器的最大保护距离需要符合的规定见表 4-5。

表 4-5 灭火器的最大保护距离　　　　　　　　　　　　　　　　　　单位：m

灭火器配置场所	固体物质火灾	液体或可熔化固体物质火灾、气体火灾
易燃易爆危险品存放及使用场所	15	9
固定动火作业场	15	9
临时动火作业点	10	6
可燃材料存放、加工及使用场所	20	12
厨房操作间、锅炉房	20	12
发电机房、变配电房	20	12
办公用房、宿舍等	20	—

4.2.14 发现起火后的正确处理

错误逃生方式有：破门进入着火房间、躲在封闭的厕所、盲目跳楼、乘坐电梯逃生等。

发现起火后的正确处理如下：

（1）小火快跑。

小火是指逃生路线还没有被烈火浓烟封堵，温度较低、烟气浓度不大。这时，要立即逃生！跑到一个方便被救并且安全的地方，切勿搭乘电梯。如果确认楼梯里没有烟火或烟火较小时，可选择通过楼梯往下避难。从有防火门的安全梯出去是最佳的选择。

（2）浓烟关门。

如果发现有浓烟从楼下冒上来，表示下方发生火灾，是一个比较危险的环境。如果评估不能安全穿越时，则应该选择在目前的楼层关门避难，而不是往上或往下跑。另外，有的情况下，可关上房门，用湿毛巾封堵门缝，迅速拨打 119 等待救援。因此，平时应牢记火警报警电话 119。

（3）坚持"量力而行"。

初期火灾火势较小，有能力的人员可以利用身边的灭火器、消火栓等消防设施器材进行扑救。如果火势扩大蔓延，应果断逃生。切勿盲目自信，延误逃生时机。

第 **5** 章　钢筋工的安全技能与安全教育

5.1　钢筋工程的安全教育概述

5.1.1　钢筋机械设备安全管理要点

钢筋机械设备安全管理要点见表 5-1。

表 5-1　钢筋机械设备安全管理要点

名称	要点
电渣压力焊机的安全管理	(1)电渣压力焊机应接地,以确保操作人员的安全。 (2)对于焊接导线,应绝缘可靠。 (3)焊工必须穿戴防护衣具。 (4)施焊时,焊工应站在木垫或其他绝缘垫上。 (5)焊接过程中,如果焊机发生不正常响声,则应立即进行检查。 (6)焊机的电源开关箱内装设电压表,以便于观察电压波动情况。如果电源电压降大于 5%,则不宜进行焊接。 (7)控制箱内应安装电压表、电源表、信号电铃,以便于操作者控制焊接参数与正确掌握焊接通电时间
对焊机的安全管理	(1)对焊机需要安置室内,并且要有可靠的接地(接零)。 (2)对焊机作业前,需要检查对焊机的压力机构是否灵活,夹具是否牢固,确认正常后,才可以施焊。 (3)对焊机焊接前,需要根据所焊钢筋截面,调整二次电压,不得焊接超过对焊机规定直径的钢筋。 (4)对焊机系统的断路器的接触点、电极,应定期光磨。 (5)对焊机系统的二次电路全部连接螺栓要定期紧固。 (6)对焊机系统的冷却水温度不得超过 40℃。 (7)对焊机系统的排水量需要根据温度调节。 (8)焊接较长钢筋时,需要设置托架。 (9)焊接钢筋时,要注意防止火花烫伤。 (10)焊接钢筋时的闪光区,应设挡板。 (11)焊接钢筋时无关人员不得入内
钢筋调直机的安全管理	(1)料架、料槽应安装平直,并且对准导向筒、调直筒和下切刀孔的中心线。 (2)用手转动飞轮,检查传动机构和工作装置,调整间隙,紧固螺栓,并且确认正常后,启动空运转,检查轴承应无异响,齿轮啮合良好,等运转正常后,才可以作业。 (3)根据调直钢筋的直径,选用适当的调直块、适当的传动速度。需要经过调试合格后,才可以送料。调直块没有固定、防护罩没有盖好前,严禁送料。 (4)调直钢筋作业中,严禁打开各部位的防护罩、严禁调整间隙。 (5)钢筋送入后,手与曳轮必须保持一定距离,不得接近。 (6)送料前,需要将不直的料头切去,并且导向筒前应装一根 1m 长的钢管,以及钢筋必须先穿过钢管再送入调直前端的导孔内。 (7)作业后,需要松开调直筒的调直块,并且回到原来位置,同时预压弹簧要回位

名称	要点
钢筋冷拉机的安全管理	(1)钢筋冷拉机,应根据冷拉钢筋的直径,选用合理的卷扬机。 (2)钢丝绳应经封闭式导向滑轮,并且与被拉钢筋方向成直角。 (3)卷扬机的位置必须使操作人员能见到全部冷拉场地,并且距离冷拉中线不少于5m。 (4)冷拉场地在两端地锚外侧设置警戒区,并且装设防护栏杆、警告标志。 (5)严禁无关人员在警戒区停留。 (6)操作人员在作业时,必须离开钢筋至少2m外。 (7)作业前,应检查冷拉夹具,夹齿必须完好,滑轮、拖拉小车润滑要灵活,拉钩、地锚、防护装置均要齐全牢固,并且确认良好后,才能够作业。 (8)卷扬机操作人员必须根据指挥人员发出的信号,以及等所有人员离开危险区后,才可以作业。 (9)卷扬机冷拉应缓慢、均匀地进行,并且随时注意停车信号。 (10)卷扬机冷拉时发现有人进入危险区时,应立即停拉。 (11)用延伸率控制的装置,需要装有明显的限位标志,并且要有专人负责指挥。 (12)卷扬机作业后,应放松卷扬钢丝绳,落下配重,并且切断电源、锁好电箱
钢筋切断机的安全管理	(1)接送料工作台面,应和切刀下部保持水平。 (2)接送料工作台的长度,可以根据加工材料长度来决定。 (3)启动前,必须检查切刀,正位应无裂纹、防护罩要牢靠、刀架螺栓要紧固。再用手转动皮带轮,并且检查齿轮啮合间隙,以及调整切刀间隙。 (4)启动后,先空运转,并且检查各传动部分与轴承运转正常后,才可以作业。 (5)机械没有达到正常转速时,不得切料。 (6)切料时,必须使用切刀的中下部位,紧握钢筋对准刃口迅速送入。 (7)不得剪切直径及强度超过机械规定的钢筋、烧红的钢筋。 (8)一次切断多根钢筋时,总截面积需要在规定范围内。 (9)剪切低合金钢时,应换高硬度切刀,直径需要符合规定。 (10)切断短料时,手和切刀间的距离需要保持150mm以上。如果手握端小于400mm时,则应用套管或夹具将钢筋短头压住或夹牢。 (11)运转中,严禁用手直接清除切刀附近的断头、杂物。 (12)运转中,钢筋摆动周围、切刀附近非操作人员不得停留。 (13)发现机械运转不正常、有异响、切刀歪斜等情况,则需要立即停机检修。 (14)作业后,可以用钢刷清除切刀间的杂物,进行清洁、保养
钢筋弯曲机的安全管理	(1)钢筋弯曲机的工作台需要保持水平,并且准备好各种芯轴、工具。 (2)根据加工钢筋的直径、弯曲半径的要求装好芯轴、成型轴、挡铁轴或可变挡架,并且芯轴直径应为钢筋直径的2.5倍。 (3)检查芯轴、挡块、转盘等,应无损坏、无裂纹,防护罩要紧固可靠,并且经空运转确认正常后,才可以作业。 (4)作业时,将钢筋需弯的一头插在转盘固定销的间隙内,另一端紧靠机身固定销,并且用手压紧,以及检查机身固定销子确实安在挡住钢筋的一侧,方可开动。 (5)作业中,严禁更换芯轴、严禁更换销子、严禁变换角度、严禁调速,不得加油、不得清扫等。 (6)弯曲钢筋时,钢筋直径、根数、机械转速等严禁超过本机规定。 (7)弯曲高强度钢筋、低合金钢筋时,需要根据机械规定换算最大限制直径,以及调换相应的芯轴。 (8)严禁在弯曲钢筋的作业半径内、机身不设固定销的一侧站人。 (9)弯曲好的钢筋半成品,应堆放整齐,并且弯钩不得朝上。 (10)转盘换向时,需要在停稳后进行

5.1.2 主体钢筋工程重大危险源

主体钢筋工程重大危险源见表5-2。

5.1.3 钢筋制作与绑扎常见事故类型

钢筋制作与绑扎常见事故类型见表5-3。

表 5-2　主体钢筋工程重大危险源

重大危险源潜在的危险因素	可能导致的事故	控制措施	受控时间	监控责任人
钢筋回转碰到电线接地	触电	撤离工作场所的所有障碍物	施工全过程	班组长、施工员、安全员
安装悬空大架体时，未有防护措施	高处坠落	安装防护措施	施工全过程	班组长、施工员、安全员
起吊钢筋下方站人	物体掉落砸伤	禁止起吊钢筋时下方站人	施工全过程	班组长、施工员、安全员

表 5-3　钢筋制作与绑扎常见事故类型

项目	原因	事故类型
钢筋制作	使用机械不正确	人员伤亡、机具损坏
	人员操作时动作不协调	人员伤亡
钢筋绑扎	不按规范搭设操作平台	人员伤亡

5.2　钢筋工安全技能与安全教育要点

5.2.1　钢筋工安全交底

钢筋工安全交底主要内容包括安全常识、钢筋制作、钢筋绑扎、钢筋机械、针对性交底内容、应急性交底内容、绿色施工交底内容等。

钢筋工安全交底常见内容如下：

5.2.1.1　安全常识

安全常识包括的内容如下：

（1）进入施工现场必须戴好安全帽，高处作业必须系好安全带。

（2）施工作业人员严禁酒后上岗、疲劳作业、带病作业。

（3）施工人员必须遵守现场安全管理制度，不违章指挥、不违章作业；做到三不伤害：不伤害自己、不伤害别人、不被人伤害。

（4）新入场工人必须参加入场安全教育，考试合格后方可上岗。新进场的作业人员，未经教育培训或考试不合格者，不得上岗作业。

（5）施工现场禁止吸烟。

（6）根据施工方案的要求作业，持证上岗。

（7）严禁没有充足照明的夜间施工。

（8）作业时，必须遵守劳动纪律，不得擅自使用各种机电设备。

（9）作业时，必须根据作业要求，佩戴防护用品，施工现场不得穿拖鞋。

（10）配合各工种作业要听从指挥，不准擅离职守，干其他工作。

（11）未经允许，不得擅自移动或拆除施工现场的安全设施、脚手架、安全网等。

（12）上下作业应走马道、楼梯，不准攀龙门架、脚手架等。

（13）现场电源、机具设备不得乱拉乱放，不准在现场使用电褥子、电炉子等。

（14）车辆未停稳，禁止上下与装卸物料。所装物料，均需要垫好绑牢，并且开车人应站在侧面。

5.2.1.2　钢筋制作

（1）钢材半成品等，应根据规格、品种分别码放整齐，并且一头齐，每种均有标牌。

（2）制作场要平整，钢筋加工机械根据工序传递，安装牢固，并且工作台要稳固，防护罩齐全。

（3）拉直钢筋，安全防护要重视，卡头要牢，地锚要坚实。

（4）在拉筋区域2m内禁止有行人。

（5）多人合运钢筋，起落转停动作要一致。人工上下传递不得在一条垂直线上，以防止散落伤人。

5.2.1.3　钢筋绑扎

（1）高空、深坑绑扎钢筋、安装半成品料，必须在搭设工作段后进行，并且上人要走坡道。

（2）绑扎立柱、墙体钢筋时，不得在绑好的钢筋骨架上攀登上下。4m以上柱墙体的施工要搭设临时作业台，临时支撑，以防止倾倒伤人。

（3）绑扎基础钢筋时，应根据施工设计规定摆放钢筋支撑，不得任意减少。

（4）施工马凳及时放置，不得踩踏钢筋造成移位。

（5）绑扎施工时，应注意脚下安全。

（6）绑扎外墙边柱，需要加强外挂架临边防护。

（7）钢筋骨架起落时，下方不准行走站人。

5.2.1.4　钢筋机械

（1）切断机待运转正常后，方可断料。手与刀口距离不得少于15cm。

（2）切长料时，操作配合好，动作应一致。

（3）切短料时，不得用手垂直接送取料，需要借助工具。

（4）切断机旁要设料台，严禁在运转中清理刀口附近的料头。

（5）弯曲机要紧贴挡板，注意回转方向。

（6）弯曲机弯长料时，要有专人配合，并且防止碰伤他人。

（7）对焊机，要设在干燥、平整、接地可靠、绝缘良好的场地上。

（8）作业时，要戴好个人防护用品。站在操作台上，工作棚要防火，周围无易燃物，并且需要备有防火用具。

（9）冷却水管要保持畅通，并且定期检修。

（10）成品码放要整齐。

5.2.1.5　针对性交底内容

（1）钢筋垂直运输过程中，起重指挥应由培训合格的专职人员担任。

（2）钢筋垂直运输过程中，钢筋工必须服从吊运指挥工的指挥。

（3）钢筋工不允许充当信号工指挥塔吊吊运物体。

（4）起吊钢筋时，规格必须统一，不准长短不齐，细长钢筋不准一点吊。

（5）起吊钢筋骨架或钢筋材料时，下方禁止站人，必须等骨架或钢筋材料降到距吊装平台1m以下才准靠近，并且就位支撑好才可摘钩。

（6）起吊钢筋骨架或钢筋材料时，不得攀爬钢管架、不准斜吊、不准生拉硬拽。

（7）搬运钢筋时，要注意附近有无障碍物、有无架空电线、有无其他临时电气设备，以防止钢筋在回转时碰撞电线或发生触电事故。

（8）钢筋安装、绑扎前，必须在已经搭好的钢管架上用跳板铺设成施工通道，铺设不得少于两块正规合格的跳板，不得用木方当跳板，并且要用扎丝将跳板与钢管架绑扎牢固，以及需要随时检查钢管架扣件是否松动。如果有松动，则需要立刻告知管理人员，整修合格后才能使用。

（9）绑扎钢筋、安装钢筋，不得将工具、箍筋、短钢筋随意放在钢管架和跳板上。

（10）随身携带的作业工具，必须放在工具袋内，以防滑落伤人。

（11）暂时不用的工具与材料要放置妥当，不准随便乱扔，并且禁止高处向低处抛物、禁止低处向高处投掷物料。

（12）施工中发现光线不够，不得私自乱接乱拉电线，应找专业电工安装。

（13）施工中发现光线不够，不准把灯具挂在竖起的钢筋上或其他金属构件上，导线应架空处理。

（14）作业过程中，如需要切割钢筋，必须通知专业切割工来切割，不准私自使用气割枪切割钢筋。

（15）作业过程中，切割下来的钢筋不得随手乱扔，需要摆放有序。

（16）施工时，应尽量避免交叉作业。如果不得不交叉作业时，则也应避开同一垂直方向作业，否则应设置安全防护层。

（17）上、下作业面时，需要走爬梯，不准从栈桥面或支撑梁边攀爬钢筋跳下作业面。

（18）下班时，应将钢筋废料、杂物放到指定堆放处。确认无误后，才能够离开作业场所。

（19）在高处（2m 以上含 2m）绑扎立柱、墙体钢筋时，不得站在钢筋骨架上或攀登骨架上下，必须搭设脚手架或操作平台、马道。脚手架需要搭设牢固，作业面脚手板要满铺、绑牢，不得有探头板。临边应搭设防护栏杆，以及支挂安全网。

（20）绑扎圈梁、挑梁、挑檐、外墙、边柱等钢筋时，应站在脚手架或操作平台上作业。

（21）脚手架或操作平台上不得集中码放钢筋，应随使用随运送，并且不得将工具、箍筋、短钢筋随意放在脚手架上。

（22）绑扎钢筋的绑丝头，应弯回到骨架内侧。

（23）暂停绑扎时，应检查所绑扎的钢筋或骨架，并且确认连接牢固后才可以离开现场。

5.2.1.6　应急性交底内容

（1）如果出现安全事故，应立即停止施工，关闭机械，以免二次伤害。

（2）人工胸外心脏按压、人工呼吸不能轻易放弃，必须坚持到底。

（3）注意观察现场周边，并且及时组织人员撤离危险区，以及及时通知有关单位。

5.2.1.7　绿色施工交底内容

（1）要求工完场清。

（2）施工过程中严禁滥割滥锯钢筋，并且提倡节约施工物资。

5.2.2　钢筋工安全交底记录模板

钢筋工安全交底记录模板如图 5-1 所示。

安全交底记录

单位工程名称		交底时间	年 月 日

编号：

交底内容：

交底人签名	接受交底全体签名	

(a) 模板一

安全交底记录

施工单位：

工程名称		施工部位或层次	
施工内容及交底项目		交底日期	年 月 日

交底人		接收人 (安全员) 签字	
项目负责人			
执行情况			

安全员： 年 月 日

注：交底记录一式三份，交底人、安全员、接受班组各一份。

(b) 模板二

图 5-1 钢筋工安全交底记录模板

5.2.3 钢筋工岗位安全风险告知卡

钢筋工岗位安全风险告知卡主要内容包括主要危害因素、易发生事故类型、岗位操作注意事项、需穿戴的劳动防护用品、应急处置措施、安全警示标志、告知人（签名）、接受人（签名）等，如图 5-2 所示。

（1）主要危害因素如下：

① 冒险心理：钢筋工酒后作业、疲劳作业、冒险蛮干。

② 操作错误：违章作业，没有根据规程施工。

③ 防护缺陷：没有正确使用个人劳动防护用品，机械设备传动装置无防护，防护缺失、防护失灵、防护距离不到位等。

④ 运动物伤害：铁屑、零碎钢筋切头等材料飞溅伤害。钢筋成品、半成品料堆（垛）倒塌伤害。

⑤ 电伤害：人员触及带电部位、漏电造成的触电伤害。

⑥ 设备、设施、工具附件缺陷：高处作业平台稳定性差。脚手架、人字梯强度不够、稳定性差。

（2）岗位操作主要注意事项如下：

① 高空、深坑绑扎钢筋，安装骨架，需要搭设脚手架与马道。

② 绑扎立柱、墙体钢筋，不准站在钢筋骨架上和攀登骨架上下。

钢筋工岗位安全风险告知卡

作业名称	钢筋制作、绑扎		
作业对象	钢筋工	危险等级	一般
主要危害因素			
易发生事故类型	机械伤害、高处坠落、触电		
岗位操作注意事项			
需穿戴的劳动防护用品	安全帽、安全带、防滑鞋等		
应急处置措施			
安全警示标志	 当心触电　当心机械伤人　当心坠落　必须戴安全帽　必须戴安全带		
告知人:(签名)		接受人:(签名)	

图 5-2 钢筋工岗位安全风险告知卡

③ 起吊钢筋骨架,下方禁止站人。

④ 张拉钢筋,两端应设置防护挡板。

⑤ 钢筋张拉后,要加以防护。

⑥ 使用钢筋机前,需要检查机械是否正常,转动部位的安全防护罩是否完整。

⑦ 使用钢筋机前,需要进行空载运转,确认安全可靠后,才可以作业。

⑧ 发现电缆有损伤或漏电保护器不动作,应及时上报电工处理。

(3) 应急处置主要措施如下:

① 事故发生时,立刻向项目安全总监或现场负责人报告事故情况,并且立即抢救伤员。

② 对危险区域人员,应紧急疏散、严禁围观,防止二次事故发生。

③ 伤者不需要缝合的轻微的体外创伤,可以用生理盐水进行清洗,并且用酒精进行消

毒，敷上消炎药，进行包扎即可。

④ 伤口出血，在专业医护人员到来前，可以先根据进场教育时学习的止血法进行止血。

⑤ 如果遇到骨折等严重情况，为了避免二次伤害，严禁挪动伤者，听从项目部应急小组人员安排，并且及时妥善就医。

⑥ 如果是受伤昏迷的情况，则允许先采取人工呼吸，等专业医生救治。

（4）电话报告的对象为安全管理人员、主要负责人等。

5.2.4 钢筋工安全教育

钢筋工安全教育内容如下：

（1）安全第一，预防为主，逐步提高全体施工人员的安全素质、自我保护能力，自觉遵守安全法律、规程，防止伤亡事故发生。

（2）确保工作场地、操作区域的整洁，避免威胁他人的安全。

（3）钢材、半成品等应根据规格、品种分别堆放整齐，制作场地要平整，工作台要稳固，照明灯具加网罩。

（4）展开盘圆钢筋要一头卡牢，防止回弹，切断时要先用脚踩紧。

（5）人工断料，工具要牢固。切断小于30cm的短钢筋，应用钳子夹牢，禁止用手把扶，并且要在外侧设置防护箱笼罩。

（6）人工搬运钢筋时步伐要一致，注意钢筋头尾摆动，防止碰撞物体或击打人员，特别是防止碰挂周围电线。

（7）人工搬运钢筋时，上肩与卸料时要相互招呼注意安全，并且不得人力搬运过重的钢筋。

（8）搬运钢筋时，需要采用合适的搬运工具。

（9）机械垂直吊运钢筋时，需要捆扎牢固，吊点需要设置在钢筋束的两端，钢筋要平稳上升，不得超重起吊，并且起吊钢筋或骨架时下方禁止站人，必须等钢筋降到距离地面或楼面安装标高1m内时人员才准靠近，等待放稳或支撑好后才可以摘钩。

（10）注意钢筋切勿碰触电源。

（11）严禁钢筋靠近高压线路，钢筋与电源线路的安全距离需要符合的要求如下：

① 外电线路电压1kV以下，最小安全操作距离为4m。

② 外电线路电压1~10kV，最小安全操作距离为6m。

③ 外电线路电压35~110kV，最小安全操作距离为8m。

（12）使用钢筋机械时，需要检查确认电气设备的绝缘、防护罩应安装良好。

（13）进行钢筋切割和焊接作业前，应检查电焊机是否正常运转，避免发生电击事故。

（14）使用电动工具时，需要保证其机械设备、电源接地、操作人员的安全，并且配备好防护装置，避免机械伤害。

（15）钢筋切割时，需要将切割位置周围的人员撤离，以避免产生飞溅伤害。

（16）钢筋堆放要分散、稳当，以防止倾倒与塌落。

（17）钢筋工作棚需要用防火材料搭设。

（18）钢筋工作棚内严禁堆放易燃易爆物品，并且需要备有灭火器材。

（19）钢筋操作时，需要穿戴手套、安全鞋、防护眼镜等合适的劳保用品。

（20）绑扎基础钢筋时，应根据设计、图纸摆放钢筋支架或用马凳架起，并且检查基坑土壁是否牢固、支撑是否牢固。

（21）绑扎基础钢筋时，绑扎立柱、墙体钢筋不得站在钢筋骨架上操作，也不得攀登骨架上下，高处绑扎与安装钢筋。

（22）不得将钢筋集中堆放在模板或脚手架上，尤其是悬臂构件需要检查支撑是否牢固。

（23）尽量避免在高处修整、扳、弯粗钢筋。必须操作时，需要佩戴好安全带，位置应选好，人要站稳。

（24）深坑、高处绑扎钢筋与安装骨架，需要搭设马道，并且无操作平台要佩戴好安全带。

（25）深基础或夜间安装绑扎钢筋，需使用移动式行灯照明时，行灯电压不应超过36V。

（26）钢筋焊接时，需要确保焊接区域良好通风，预防产生有害气体，以及避免发生火灾事故。

（27）绑扎高层建筑物的圈梁、挑檐外墙、边柱钢筋，应搭设外挂架或安全网。绑扎时，需要挂好安全网。

（28）防止钢筋滚动、掉落，需要采取恰当的固定与支撑措施。

钢筋工安全教育内容，还可以包括《中华人民共和国建筑法》《中华人民共和国劳动法》《中华人民共和国安全生产法》等有关安全生产方面法律法规。

钢筋工安全教育应附接受安全教育人员名单、安全教育人、时间等。

5.2.5 钢筋安全作业规程要求

钢筋安全作业规程要求如下：

（1）施工现场需要设立明显的安全警示标识，以警示施工人员注意安全。

（2）应定期检查起重机械、电焊机等施工设备的安全性能。

（3）如果发生钢筋挤压、刺伤等事故，应立即停止作业，及时拨打急救电话，以及进行紧急救援。

（4）严禁酗酒、滥用药物的人员参与钢筋工作，以确保其正常操作能力、判断力。

（5）对作业事故应进行详细的记录、分析、总结教训，以提升安全管理水平。

（6）随时关注新技术、新设备的安全使用方法，及时更新安全作业规程。

（7）施工单位应定期对从事钢筋工作的人员进行安全教育培训，以提高其安全意识、操作技能。

（8）新进人员，应经过岗前安全培训，并且通过考试才能够上岗。

（9）应配备专人对新进人员进行指导、监督，以确保其安全作业的合格性。

（10）确保施工人员了解应急计划、了解逃生路线，以及应进行定期演练。

（11）企业应建立健全的安全奖惩制度，根据施工人员的安全行为进行相应的激励或惩罚。

（12）企业对严重违反安全作业规程、造成事故、危及他人安全的行为，应依法追究责任。

（13）企业对钢筋工安全作业规程的制定，应根据实际情况进行调整与补充，以确保施工现场的安全与顺利进行。

扫码查看文件

5.2.6 钢筋工安全习题试题与参考答案

钢筋工安全习题试题与参考答案可扫描二维码获取。

钢筋工安全习题
试题与参考答案

第6章 模板工、架子工的安全技能与安全教育

6.1 模板工程的安全教育概述

6.1.1 模板工程的安装、拆除与检查

6.1.1.1 模板工程的安装

模板工程的安装要点如下：

（1）平模存放时，应满足地区条件所要求的自稳角。

（2）大模板存放在施工楼层上，应有可靠的防倾倒措施。两块大模板，应采用板面对板面的存放方法。对于长期存放的模板，应将模板连成整体。

（3）对没有支撑或自稳角不足的大模板，应存放在专用的堆放架上，或者平卧堆放。

（4）对没有支撑或自稳角不足的大模板，严禁靠放到其他模板或构件上，以防下脚滑移倾翻伤人。

（5）大模板起吊前，需要把吊车的位置适当调整，并且检查吊装用绳索、卡具、每块模板上的吊环是否可靠牢固。检查无误后，才可以将吊钩挂好、稳起稳吊，并且预防模板大幅度摆动或碰倒其他模板。

（6）组装时，需要及时用卡具或螺栓将相邻模板连接好，以防倾倒。

（7）安装外墙外板时，需要待悬挑扁担固定、位置调整好后，才可以摘钩。外墙外模安装好后，应立即穿好销杆、紧固好螺栓。

（8）模板安装时，应先内后外。单面模板就位后，用工具将其支撑牢固。双面板就位后，用拉杆和螺栓固定。未就位、未固定前不得摘钩。

（9）里外角模、临时摘挂的面板与大模板连接要牢固，以防脱开与断裂坠落。

（10）支模操作时，应提供可靠的立足点，并且临边要有安全防护措施。

6.1.1.2 模板工程的拆除

模板工程的拆除要点如下：

（1）底模及其支架拆除时的混凝土强度，需要符合设计等要求。

（2）侧模拆除时，混凝土应能够保证其表面、棱角不受损伤。

（3）拆除地下工程模板时，应先检查基坑、槽、土壁情况。如果发现有松动、龟裂等不

安全因素，则必须采取防范措施后才可以下人作业。拆下的材料不得在离坑槽上口 1m 以内堆放，应该随拆随运。

（4）拆除 4m 高度以上梁、柱、墙模板时，应搭设脚手架或操作平台，并且设防护栏杆。拆除时应逐块拆卸，不得成片撬落、拉倒等。

（5）拆除平台、楼板的底模时，应设临时支撑，以防止大片模板坠落。

（6）拆立柱时，操作人员应站在待拆范围以外安全地区拉拆，以防模板突然全部掉落伤人。

（7）严禁站在悬臂结构上面敲拆底模。

（8）严禁在同一垂直面上操作。

（9）模板拆除时，应避免对楼层形成冲击荷载。

（10）拆除的模板、支架，宜分散堆放，并且及时清运。

（11）严格控制模板及其支架拆除的顺序。

6.1.1.3　模板工程的检查

模板工程的检查要点见表 6-1。

表 6-1　模板工程的检查要点

项目	检查要点
施工方案	（1）根据规定编制专项施工方案，结构设计应经设计计算。 （2）专项施工方案还应经审核、审批。 （3）超过一定规模的模板支架，专项施工方案根据规定组织专家论证。 （4）专项施工方案应明确混凝土浇筑方式
立杆基础	（1）立杆基础承载力应符合设计等要求。 （2）基础应设排水设施。 （3）立杆底部应设置底座、垫板，并且垫板规格需要符合规范要求
支架稳定	（1）支架高宽比大于规定值时，应根据规定要求设置连墙杆。 （2）连墙杆设置需要符合规范要求。 （3）根据规定设置纵向、横向、水平剪刀撑。 （4）纵向、横向、水平剪刀撑设置应符合规范要求
施工荷载	（1）施工荷载应不超过规定值。 （2）施工荷载不均匀时，集中荷载不能超过规定值
交底与验收	（1）支架搭设（拆除）前进行交底，并且有交底记录。 （2）支架搭设完毕，应办理验收手续。 （3）验收应有量化内容

6.1.2　模板工程重大危险源

模板工程的重大危险源主要包括模板支护重大危险源、模板拆除重大危险源等。

模板工程重大危险源潜在的危险因素见表 6-2。

模板工程重大危险源认定标准与可能导致的事故、控制措施见表 6-3。

模板支护重大危险源与常见事故见表 6-4。

模板拆除重大危险源与常见事故见表 6-5。

6.1.3　模板支架检查项目与评分标准

模板支架检查评定保证项目常包括：施工方案、支架基础、支架构造、支架稳定、施工荷载、交底与验收。

表 6-2　模板工程重大危险源潜在的危险因素

重大危险源潜在的危险因素	可能导致的事故	控制措施	受控时间	监控责任人
（1）混凝土构件浇筑时因模板支撑缺陷倒塌。 （2）安装、拆除时坠落	模板塌陷、高处坠落、机械伤害	（1）编制专项施工方案根据程序审核审批。 （2）安全技术交底。 （3）定期检查，及时整改。 （4）配备合格的个人防护用品。 （5）操作规程等把关	安装拆除全过程	木工工长、安全员
		（1）编制施工方案，根据程序报批审核，专家论证，进行安全技术交底。 （2）配备合格适用的个人防护用品。 （3）定期检查，发现违章及时督促整改		班组长、施工员、安全员

表 6-3　模板工程重大危险源认定标准与可能导致的事故、控制措施

重大危险源认定标准（含在施工的、已完成施工的）		可能导致的事故	控制措施
高大模板	工具式模板工程： （1）滑模。 （2）爬模。 （3）飞模	模板坍塌、高处坠落、物体打击	有专项施工方案，经专家论证，根据方案实施，同步检查，并且及时消除隐患
	混凝土模板支撑工程： （1）搭设高度 8m 及以上。 （2）搭设跨度 18m 及以上。 （3）施工总荷载 15kN/m² 及以上。 （4）集中线荷载 20kN/m 及以上		
	用于钢结构安装等满堂支撑体系，承受单点集中荷载 700kg 以上		
高支模	（1）模板支撑体系载荷计算错误或不周。 （2）模板支撑搭设不规范。 （3）所用材料不符合要求。 （4）混凝土浇筑方式不规范。 （5）管理缺陷	失稳、垮塌、高处坠落	（1）技术负责人严格编制专项方案并经专家论证。 （2）严格根据施工方案进行搭设。 （3）规范浇筑方式，严禁集中浇筑。 （4）施工人员交底，浇筑过程监督

表 6-4　模板支护重大危险源与常见事故

模板支护重大危险源	常见事故
模板支撑架刚度不够	人员伤亡
支架材料不符合要求	
立柱底部无垫板或用砖	
模板顶部荷载超过规定	
大模板存放无防倾倒措施	
模板支撑未固定	

表 6-5　模板拆除重大危险源与常见事故

模板拆除重大危险源	常见事故
拆除顺序不当	人员伤亡
拆除区域无警示线或无监护人	
留有未拆除的悬空模板	
混凝土未达到强度提前拆模	
拆下的模板码放不整齐、过高	
模板拆除高度超过 2m，无防护措施	

模板支架一般项目常包括：杆件连接、底座与托撑、构配件材质、支架拆除。

模板支架检查项目与评分标准见表 6-6。

表 6-6　模板支架检查项目与评分标准

项目(共 100 分)	评分标准
底座与托撑 (10 分)	(1)螺杆旋入螺母内的长度或外伸长度不符合规范要求(每处扣 3 分) (2)螺杆直径与立杆内径不匹配(每处扣 3 分)
杆件连接(10 分)	(1)剪刀撑斜杆接长不符合规范要求(每处扣 3 分) (2)水平杆连接不符合规范要求(扣 3 分) (3)立杆连接不符合规范要求(扣 3 分) (4)杆件各连接点的紧固不符合规范要求(每处扣 2 分)
构配件材质 (10 分)	(1)杆件变形、弯曲、锈蚀严重(扣 10 分) (2)钢管、构配件的型号、规格、材质不符合规范要求(扣 5~10 分)
交底与验收 (10 分)	(1)架体搭设完毕没有办理验收手续(扣 10 分) (2)支架搭设、拆除前没有进行交底或无文字记录(扣 5~10 分) (3)验收内容没有进行量化,或没有经责任人签字确认(扣 5 分)
施工方案 (10 分)	(1)专项施工方案没有经审核、审批(扣 10 分) (2)没有编制专项施工方案或结构设计没有经计算(扣 10 分) (3)超规模模板支架专项施工方案没有根据规定组织专家论证(扣 10 分)
施工荷载 (10 分)	(1)施工荷载超过设计规定(扣 10 分) (2)浇筑混凝土没有对混凝土积累高度进行限制(扣 8 分) (3)荷载堆放不匀称(每处扣 5 分)
支架拆除 (10 分)	(1)没有根据规定设置警戒区或没有设置专人监护(扣 5~10 分) (2)支架拆除前没有确认混凝土强度是否达到设计要求(扣 10 分)
支架构造 (10 分)	(1)没有根据规范要求设置竖向剪刀撑或专用斜杆(扣 10 分) (2)没有根据规范要求设置水平剪刀撑或专用水平斜杆(扣 10 分) (3)剪刀撑或斜杆设置不符合规范要求(扣 5 分) (4)水平杆没有连续设置(扣 5 分) (5)立杆纵、横间距大于设计和规范要求(每处扣 2 分) (6)水平杆步距大于设计和规范要求(每处扣 2 分)
支架基础 (10 分)	(1)支架设在楼面结构上时,没有对楼面结构的承载力进行验算或楼面结构下方没有实行加固措施(扣 10 分) (2)支架底部没有设置垫板或垫板的规格不符合规范要求(扣 5~10 分) (3)基础不坚实平整、承载力不符合专项施工方案要求(扣 5~10 分) (4)没有根据规范要求设置扫地杆(扣 5 分) (5)没有实行排水措施(扣 5 分) (6)支架底部没有根据规范要求设置底座(每处扣 2 分)
支架稳定 (10 分)	(1)支架高宽比超过规范要求没有实行与建筑结构刚性连接或增加架体宽度等措施(扣 10 分) (2)浇筑混凝土没有对支架的基础沉降、架体变形实行监测措施(扣 8 分) (3)立杆伸出顶层水平杆的长度超过规范要求(每处扣 2 分)

6.2　模板工安全技能与安全教育要点

6.2.1　模板工安全制度

模板工安全制度内容包括总则、模板工安全职责、安全管理要点、安全操作规程、安全事故处理要点、奖惩制度、附则等。

模板工主要安全职责、安全管理要点如下:

(1)模板工班长负责本班模板工的安全工作,对本班安全事故负主要责任。

(2)模板工应严格遵守制度,自觉接受安全培训,掌握安全操作技能,提高安全意识。

(3)模板工应严格执行安全操作规程,对不安全因素应及时报告班长或相关部门。

(4)模板工应积极参加安全活动,爱护安全设施,不得随意拆除、挪用。

（5）模板工班长应定期组织安全学习，提高员工安全意识。

（6）模板工班长应定期进行安全检查，发现问题及时整改，并且确保安全设施完好。

（7）模板工班长应建立健全安全档案，记录安全培训、安全检查、安全事故等情况。

（8）企业应定期对模板工进行安全培训，提高员工安全技能、安全知识、操作技能。

模板工主要安全操作规程如下：

（1）模板工在进行作业前，应检查模板的完好性、稳定性，确认无异常后才可以作业。

（2）模板工在进行作业时，应佩戴安全帽、安全带、防尘口罩等防护用品。

（3）模板工应根据规定的顺序作业：先安装模板，后进行混凝土浇筑。

（4）模板工在作业过程中，不得随意移动模板。如果需要调整，则先停止作业，确认安全后进行。

（5）模板工在作业过程中，应注意防止模板滑移、变形、破损等情况。如果发现异常，则应及时处理。

（6）模板工在作业完毕后，应将模板清理干净，摆放整齐，确保现场整洁。

模板安全事故处理要点如下：

（1）发生安全事故时，模板工应立即停止作业，报告班长或相关部门。

（2）模板工班长或相关部门，应立即组织人员进行现场救援，以确保伤者得到及时救治。

（3）企业应根据事故调查结果，对事故责任人、相关人员进行处理，以及提出整改措施。

（4）企业应定期对安全事故进行总结，分析原因，加强安全管理，防止类似事故的再次发生。

6.2.2 模板工安全教育培训主要内容

模板工安全教育培训主要内容如下：

（1）熟悉本工种的安全技术操作规程，作业中必须服从现场指挥。

（2）进入施工现场，必须戴安全帽。

（3）高空作业，必须系好安全带。

（4）临水或者水上作业，必须穿好救生衣。

（5）施工现场，严禁在非吸烟区吸烟。

（6）严禁在禁烟火区域进行动火作业。

（7）严禁患有癫痫病、高血压等病症者参与高空作业。

（8）严禁穿拖鞋，不许穿短裤背心。

（9）禁止赤膊上岗作业。

（10）严禁私自外出，严禁在施工现场从事与工作无关的事。

（11）定期检查设备，并且做好保养工作。

（12）所有设备不得带病运转、不得超负荷作业。如果发现异常，应立即停机检修。

（13）临水作业严禁穿易滑的长筒胶鞋。

（14）施工现场一切电气设备，必须由持证电工进行安装、管理，禁止无证操作。

（15）严禁酒后上岗作业。

（16）特种作业人员需要持有效操作证上岗。

（17）根据模板施工方案要求作业。

（18）高空作业人员，必须佩戴安全带，并且系牢。

（19）工作前，应先检查使用的工具是否牢固。

（20）工作时，钉子必须放在工具袋内，以免掉落伤人。

（21）工作时，思想要集中，以防止钉子扎脚、空中滑落等情况。

（22）模板上层和下层支柱应在同一垂直线上。

（23）模板及其支撑系统在安装过程中，必须设置临时固定设施。

（24）模板支柱全部安装完毕后，应及时沿横向、纵向加设水平平撑、垂直剪刀撑。

（25）模板支柱高度小于4m时，水平撑应设上下两道，两道水平撑间，在纵向、横向加设剪刀撑。

（26）拆除板、梁、柱墙模板，在4m以上的作业时需要搭设脚手架或操作平台，并且设防护栏杆，严禁在同一垂直面上操作。

（27）安装与拆除5m以上的模板，应搭脚手架，并且设防护栏杆，严禁上下在同一垂直面操作。

（28）高空、复杂结构模板的安装与拆除，应先有切实的安全措施。

（29）遇六级以上的大风及大雨，应暂停室外的高空作业。雨后，应先清扫施工现场，略干不滑时再进行工作。

（30）安装和拆除柱、墙、梁、板的操作层，从首层以上各层应张挂安全平网。

（31）进行模板拆除作业时，应设置警示标牌。

（32）二人抬运模板时，要互相配合，协同工作。

（33）传递模板、工具应用运输工具或绳子系牢后升降，不得乱抛。

（34）组合钢模板装拆时，上下应有人接应。

（35）钢模板及配件，应随装拆随运送，严禁从高处掷下。

（36）高空拆模时，应有专人指挥，并且在下面标出工作区，并且用绳子、红白旗加以围栏，以及暂停人员过往。

（37）不得在脚手架上堆放大批模板等材料。

（38）支撑过程中，如果需要中途停歇，应将搭头、支撑、柱头板等钉牢。

（39）拆模间歇时，应将活动的模板、牵杠、支撑等运走或妥善堆放，防止发生踏空、扶空而坠落等事故。

（40）模板上有预留洞的情况，应在安装后将洞口盖好。

（41）混凝土板上的预留洞，应在模板拆除后即将洞口盖好。

（42）模板起吊前，应检查吊装用的卡具、绳索、每块模板的吊环是否完整有效。

（43）模板起吊前，先拆除一切临时支撑，经检查无误后才可起吊。

（44）模板起吊前，应将吊车的位置调整适当，做到稳起稳落，准确就位。

（45）大模板拆装区域周围，需要设置围栏，挂明显的标志，并且禁止非作业人员入内。

（46）组装平模时，应及时用卡具将相邻模板连接好，以防止倾倒。

（47）全现浇结构安装模板时，要把悬挑担固定，位置调整准备后，才可摘钩。外模安装后，要立即穿好销杆，螺栓紧固。

（48）安装外模板的操作人员，需要挂好安全带。

（49）模板组装或拆除时，指挥、拆除、挂钩人员，需要站在安全可靠的地方操作，严禁人员随大模板起吊。

（50）夜间施工必须有足够的照明，并且禁止使用夹式碘钨灯。

（51）风力超过六级或有影响安全施工的天气，应停止作业。

（52）施工垃圾、废弃物等不得乱抛乱丢，以防止环境污染。

（53）遇到有危险作业且无保证措施的作业或违章指挥时，有权拒绝施工，同时应立即报告有关部门。

（54）不违章操作，拒绝违章指令，不违反劳动纪律。

（55）严格执行安全管理制度、文明施工管理制度等。

6.2.3　模板工安全教育培训记录表

模板工安全教育培训记录表如图 6-1 所示。

模板工安全教育培训记录表

工程名称		施工单位	
作业班组		教育时间	年　　月　　日
安全教育培训内容：			
说明	1.安全教育的内容包括施工现场的安全管理制度、规定及现场注意事项； 2.针对施工项目的特点进行安全教育； 3.受教育人应对所受教育内容清楚并严格执行。		
受教育人亲笔签名			
安全教育人		学时	

图 6-1　模板工安全教育培训记录表

6.2.4　模板工安全生产风险告知书

模板工安全生产风险告知书参考模板如图 6-2 所示。

模板工安全生产风险告知书

工种：模板工

姓名：_____

你将从事模板支设、拆除工作，存在着高处坠落、坍塌、坠物伤人、物体打击、起重伤害等岗位危险，现予以告知。

你在作业时，务必遵守相关的规章制度、操作规程，并且熟记作业要点及其特性，掌握好相应的安全防范技能。

进入作业场所后，需要进行重新检查。如果发现异常情况和不安全因素，必须及时采取有效措施排除。

进入作业，要正确使用和佩戴劳动保护用品。做好自我防范的同时，认真贯彻联保互保。同时对以下针对性措施必须经常对照执行：

（1）使用刨板机、锯板机、圆盘锯等木工机械前，必须检查锯片、刀片的松紧程度、有无裂缝、有无损伤、运转是否正确等情况。

（2）检查安全防护装置是否有效，并且由有经验的人员进行操作。

（3）木模制作场地要有防火措施，锯末、木屑等要及时清理。

（4）基坑内支模时，应检查基坑有无塌方现象。正常情况下才可以操作。

（5）用人工搬运、支立较大模板时，应有专人指挥，并且所用的绳索要有足够强度，结实绑扎。

（6）支立模板时，底部固定后再行支立，以防止滑动倾覆。

（7）支立模板要根据工序来操作。当一块或几块模板单独竖立和竖立较大模板时，应设临时支撑，上下必须顶牢。整体模板合拢后，应及时用拉杆斜撑固定牢靠，模板支撑不得钉在脚手架上。

（8）临边作业要佩戴安全带。

（9）高处作业，应将所需工具装在工具袋内，传递工具不得抛掷或将工具放在平台上，更不能插在腰带上。

（10）用机械吊运模板时，应先检查机械设备、绳索的安全性与可靠性。起吊后下面不得站人或通行。当模板距人员 1m 时，作业人员方可靠近操作。

（11）拆除模板时，应制定安全措施，根据顺序分段拆除，不得留有松动或悬挂的模板。

（12）拆除模板时，严禁硬砸或用机械大面积拉倒。

（13）3m 以上模板拆除时，应用绳索拉住或用起吊设备拉紧，缓慢送下。

此告知书一式两份，一份交作业者本人留存，一份留项目部存档备查。

被告知者签字：

年　月　日

图 6-2　模板工安全生产风险告知书参考模板

6.2.5　模板工安全习题试题与参考答案

模板工安全习题试题与参考答案可扫描二维码获取。

扫码查看文件

模板工安全习题
试题与参考答案

6.3　脚手架工程的安全教育概述

6.3.1　脚手架搭设应注意的"十道关"

脚手架搭设应注意的"十道关"如下：

（1）材质关。即严格根据规程规定的质量、规格选择材料。

（2）尺寸关。即必须根据规定的间距尺寸搭设横杆、立杆、剪刀撑、栏杆等。

（3）铺板关。即架板必须满铺，不得有空隙、探头板，要牢固，并且经常清除杂物，保持平整。

（4）护栏关。即脚手架外侧、斜道两侧必须设 1m 高的栏杆与立网护围。

（5）连接关。即必须根据规定连墙杆、剪刀撑、支撑，使脚手架与建筑物间连接牢固，达到脚手架的整体稳定。

（6）承重关。即用于砌筑工程的脚手架均布荷载不得超过 270kgf/m^2，用于装修工程的均布荷载为 200kgf/m^2。其他特种脚手架必须经过计算和试验确定承重荷载安全使用。

（7）上下关。即脚手架必须有供工人上下的阶梯、斜道，严禁施工人员攀爬脚手架。

（8）雷电关。即金属脚手架应设避雷装置；遇附近有高压线必须保持大于 5m 或相应的水平距离，搭设隔离防护架。

（9）挑梁关。即吊篮式脚手架除吊篮应符合安全设计要求外，挑梁架设要平坦与牢固。

（10）检验关。即各种脚手架搭好使用前必须进行验收，合格后才能投入使用。使用期间遇台风、暴雨、使用期较长时要定期检查，及时整改发现的隐患，以确保安全。

6.3.2 移动脚手架使用须知

移动脚手架常见事故有脚手架倒塌、倾倒、物体打击、高空坠落等。移动脚手架使用须知如下：

（1）确保各部件齐全无破损，放置平稳，斜撑完善，护栏齐全。

（2）工作面必须是 2 块跳板。

（3）经过验收后挂牌使用，使用完毕放置到指定区域。

（4）使用时严禁移动，轮子必须锁定。

（5）移动时严禁放置材料，至少 2 人进行。

（6）验收后的脚手架不得随意更改和拆除。

6.3.3 脚手架工程重大危险源

脚手架工程主要涉及脚手架搭设、脚手架拆除等。脚手架工程常见事故有：脚手架坍塌、高处坠落等。

脚手架工程重大危险源标示内容有：

（1）搭设拆除：包括方案编制，基础及悬挑梁、拉结节点、剪刀撑等的验收，等等。

（2）运用阶段：包括平网、立网、小横杆、脚手板等状况。

脚手架工程重大危险源潜在的危险因素见表 6-7。

表 6-7 脚手架工程重大危险源潜在的危险因素

重大危险源潜在的危险因素	可能导致的事故	控制措施	受控时间	监控责任人
（1）脚手架搭设不符合要求。 （2）防护有缺陷或无防护。 （3）脚手板未满铺	（1）高处坠落。 （2）物体打击	（1）编制专项施工方案，并且根据程序审核审批。 （2）持有效证件上岗。 （3）安全技术交底。 （4）配备合格的个人防护用品等。 （5）规范操作	脚手架作业全过程	（1）架子工长。 （2）安全员

重大危险源潜在的危险因素	可能导致的事故	控制措施	受控时间	监控责任人
(1)架体基础及防护有缺陷，或无防护导致高处坠落。 (2)脚手板未满铺，或未铺可能导致脚踩空造成人员高处坠落伤害。 (3)脚手架搭设不符合要求，导致架体倒塌造成人员伤害	(1)高处坠落。 (2)物体打击	(1)编制专项施工方案，并且根据程序审核审批。 (2)持有效证件上岗。 (3)安全技术交底。 (4)由有资质的专业公司搭设。 (5)配备合格的个人防护用品等	施工全过程	(1)班组长。 (2)施工员。 (3)安全员
(1)搭设高度50m及以上落地式钢管脚手架工程。 (2)提升高度150m及以上附着式整体和分片提升脚手架工程。 (3)架体高度20m及以上悬挑式脚手架工程	(1)外架坍塌。 (2)高处坠落。 (3)物体打击	(1)有专项施工方案，并且经专家论证。 (2)根据方案实施，并且同步检查，及时消除隐患	施工全过程	(1)班组长。 (2)施工员。 (3)安全员。 (4)工人
(1)材料不符合要求。 (2)防护措施不到位。 (3)工人安全意识淡薄。 (4)脚手架结构强度不符合设计要求。 (5)检查验收落实不到位	(1)高处坠落。 (2)失稳垮塌。 (3)物体打击	(1)严格使用合格的材料。 (2)防护措施到位。 (3)对工人进行教育交底，并且要求持证上岗。 (4)严格根据审批后的施工方案进行施工。 (5)做好检查验收工作	施工全过程	(1)班组长。 (2)施工员。 (3)安全员。 (4)工人

脚手架搭设重大危险源与可能导致的事故见表 6-8。

表 6-8　脚手架搭设重大危险源与可能导致的事故

脚手架搭设重大危险源	可能导致的事故
操作人员不系安全带	人员伤亡
杆间距过大	人员伤亡、机具损坏
钢管扣件材料不合格	机具损坏
基础不实	人员伤亡、机具损坏
剪刀撑不规范	人员伤亡、机具损坏
脚手板没有绑扎	人员伤亡、机具损坏
扣件没有拧紧	人员伤亡
拉结点过少	人员伤亡、机具损坏
无垫板及无底座	人员伤亡、机具损坏
无防护栏杆	人员伤亡

脚手架拆除重大危险源与可能导致的事故见表 6-9。

表 6-9　脚手架拆除重大危险源与可能导致的事故

脚手架拆除重大危险源	可能导致的事故
拆除前没有进行加固	人员伤亡、机具损坏
拆除时没有设监护人	人员伤亡
恶劣天气进行施工	人员伤亡
拆除顺序不当	人员伤亡
上下同时作业	人员伤亡
多人施工配合不当	人员伤亡

6.4 脚手架工程检查项目与评分标准

6.4.1 扣件式钢管脚手架检查项目与评分标准

扣件式钢管脚手架检查评定保证项目常包括：施工方案、立杆基础、架体与建筑结构拉结、杆件间距与剪刀撑、脚手板与防护栏杆、交底与验收。

扣件式钢管脚手架一般项目常包括：横向水平杆设置、杆件连接、层间防护、构配件材质、通道。

扣件式钢管脚手架检查项目与评分标准见表 6-10。

表 6-10 扣件式钢管脚手架检查项目与评分标准

项目(共 100 分)	评分标准
层间防护(10 分)	(1)作业层与建筑物间没有根据规定进行封闭(扣 5 分) (2)作业层脚手板下没有采纳安全平网兜底或作业层以下每隔 10m 没有采纳安全平网封闭(扣 5 分)
杆件间距与剪刀撑 (10 分)	(1)剪刀撑没有沿脚手架高度连续设置或角度不符合规范要求(扣 5 分) (2)没有根据规定设置纵向剪刀撑或横向斜撑(每处扣 5 分) (3)剪刀撑斜杆的接长或剪刀撑斜杆与架体杆件固定不符合规范要求(每处扣 2 分) (4)立杆、纵向水平杆、横向水平杆间距超过设计或规范要求(每处扣 2 分)
杆件连接 (10 分)	(1)立杆除顶层顶步外采用搭接(每处扣 4 分) (2)扣件紧固力矩小于 40N·m 或大于 65N·m(每处扣 2 分) (3)杆件对接扣件的布置不符合规范要求(扣 2 分) (4)纵向水平杆搭接长度小于 1m 或固定不符合要求(每处扣 2 分)
构配件材质 (5 分)	(1)扣件没有进行复试或技术性能不符合标准(扣 5 分) (2)钢管变形、弯曲、锈蚀严重(扣 5 分) (3)钢管材质、直径、壁厚不符合要求(扣 5 分)
横向水平杆设置 (10 分)	(1)双排脚手架横向水平杆只固定一端(每处扣 2 分) (2)单排脚手架横向水平杆插入墙内小于 180mm(每处扣 2 分) (3)没有根据脚手板铺设的需要增加设置横向水平杆(每处扣 2 分) (4)没有在立杆与纵向水平杆交点位置设置横向水平杆(每处扣 2 分)
架体与建筑结构拉结 (10 分)	(1)搭设高度超过 24m 的双排脚手架,没有采用刚性连墙件与建筑结构牢靠连接(扣 10 分) (2)架体底层第一步纵向水平杆处没有根据规定设置连墙件或没有采用其他牢靠措施固定(每处扣 2 分) (3)架体与建筑结构拉结方式或间距不符合规范要求(每处扣 2 分)
交底与验收 (10 分)	(1)架体搭设完毕没有办理验收手续(扣 10 分) (2)架体搭设前没有进行交底或交底没有文字记录(扣 5~10 分) (3)验收内容没有进行量化或没有经责任人签字确认(扣 5 分) (4)架体分段搭设、分段运用没有进行分段验收(扣 5 分)
脚手板与防护栏杆 (10 分)	(1)架体外侧没有设置密目式安全网封闭或网间连接不严(扣 5~10 分) (2)脚手板规格或材质不符合规范要求(扣 5~10 分) (3)脚手板没有满铺或铺设不稳不牢(扣 5~10 分) (4)作业层防护栏杆不符合规范要求(扣 5 分) (5)作业层没有设置高度不小于 180mm 的挡脚板(扣 3 分)
立杆基础 (10 分)	(1)立杆基础不实、不平、不符合专项施工方案要求(扣 5~10 分) (2)没有根据规范要求设置纵向、横向扫地杆(扣 5~10 分) (3)没有实行排水措施(扣 8 分) (4)扫地杆的设置与固定不符合规范要求(扣 5 分) (5)立杆底部缺少垫板、底座或垫板的规格不符合规范要求(每处扣 2~5 分)

项目(共100分)	评分标准
施工方案 (10分)	(1)架体搭设超过规范允许高度,专项施工方案没有根据规定组织专家论证(扣10分) (2)架体搭设没有编制专项施工方案或没有根据规定审核、审批(扣10分) (3)架体结构设计没有进行设计计算(扣10分)
通道 (5分)	(1)没有设置人员上下专用通道(扣5分) (2)通道设置不符合要求(扣2分)

6.4.2 满堂脚手架检查项目与评分标准

满堂脚手架检查评定保证项目常包括:施工方案、架体基础、架体稳定、杆件锁件、脚手板、交底与验收。

满堂脚手架一般项目常包括:架体防护、构配件材质、荷载、通道。

满堂脚手架检查项目与评分标准见表6-11。

表6-11 满堂脚手架检查项目与评分标准

项目(共100分)	评分标准
杆件锁件 (10分)	(1)杆件接长不符合要求(每处扣2分) (2)架体搭设不牢或杆件节点紧固不符合要求(每处扣2分) (3)架体立杆间距、水平杆步距超过设计和规范要求(每处扣2分)
构配件材质 (10分)	(1)杆件弯曲、变形、锈蚀严重(扣10分) (2)钢管、构配件的规格、型号、材质或产品质量不符合规范要求(扣5~10分)
荷载 (10分)	(1)架体的施工荷载超过设计和规范要求(扣10分) (2)荷载堆放不匀称(每处扣5分)
架体防护 (10分)	(1)作业层脚手板下没有采用安全平网兜底或作业层以下每隔10m没有采用安全平网封闭(扣5分) (2)作业层防护栏杆不符合规范要求(扣5分) (3)作业层外侧没有设置高度不小于180mm挡脚板(扣3分)
架体基础 (10分)	(1)架体基础不平、不实、不符合专项施工方案要求(扣5~10分) (2)没有实行排水措施(扣8分) (3)架体底部没有根据规范要求设置扫地杆(扣5分) (4)架体底部没有设置垫板或垫板的规格不符合规范要求(每处扣2~5分) (5)架体底部没有根据规范要求设置底座(每处扣2分)
架体稳定 (10分)	(1)架体高宽比超过规范要求时没有实行与结构拉结或其他牢靠的稳定措施(扣10分) (2)架体四周与中间没有根据规范要求设置竖向剪刀撑或专用斜杆(扣10分) (3)没有根据规范要求设置水平剪刀撑或专用水平斜杆(扣10分)
交底与验收 (10分)	(1)架体搭设完毕没有办理验收手续(扣10分) (2)架体搭设前没有进行交底或交底没有文字记录(扣5~10分) (3)架体分段搭设、分段运用没有进行分段验收(扣5分) (4)验收内容没有进行量化,或没有经责任人签字确认(扣5分)
脚手板 (10分)	(1)脚手板规格或材质不符合要求(扣5~10分) (2)脚手板不满铺或铺设不牢、不稳(扣5~10分) (3)采纳挂扣式钢脚手板时挂钩没有挂扣在水平杆上或挂钩没有处于锁住状态(每处扣2分)
施工方案 (10分)	(1)专项施工方案没有根据规定审核、审批(扣10分) (2)没有编制专项施工方案或没有进行设计计算(扣10分)
通道 (10分)	(1)没有设置人员上下专用通道(扣10分) (2)通道设置不符合要求(扣5分)

6.4.3 附着式升降脚手架检查项目与评分标准

附着式升降脚手架检查评定保证项目常包括:施工方案、安全装置、架体构造、附着支座、架体安装、架体升降。

附着式升降脚手架一般项目常包括：检查验收、脚手板、架体防护、安全作业。

附着式升降脚手架检查项目与评分标准见表 6-12。

表 6-12　附着式升降脚手架检查项目与评分标准

项目(共 100 分)	评分标准
安全装置 (10 分)	(1)防坠落装置没有设置在竖向主框架处并与建筑结构附着(扣 10 分) (2)防坠落装置与升降设备没有分别独立固定在建筑结构上(扣 10 分) (3)没有采用防坠落装置或技术性能不符合规范要求(扣 10 分) (4)没有安装防倾覆装置或防倾覆装置不符合规范要求(扣 5～10 分) (5)没有安装同步限制装置或技术性能不符合规范要求(扣 5～8 分) (6)升降或运用工况,最上和最下两个防倾装置之间的最小间距不符合规范要求(扣 8 分)
安全作业 (10 分)	(1)作业人员没有经培训或没有定岗定责(扣 5～10 分) (2)操作前没有向有关技术人员和作业人员进行安全技术交底或交底没有文字记录(扣 5～10 分) (3)荷载不匀称或超载(扣 5～10 分) (4)安装拆除单位资质不符合要求或特种作业人员没有持证上岗(扣 5～10 分) (5)安装、升降、拆除时没有设置安全警戒区及专人监护(扣 10 分)
附着支座 (10 分)	(1)升降工况没有将防倾、导向装置设置在附着支座上(扣 10 分) (2)运用工况没有将竖向主框架与附着支座固定(扣 10 分) (3)没有根据竖向主框架所覆盖的每个楼层设置一道附着支座(扣 10 分) (4)附着支座与建筑结构连接固定方式不符合规范要求(扣 5～10 分)
架体安装 (10 分)	(1)架体立杆底端没有设置在水平支承桁架上弦杆件节点处(扣 10 分) (2)主框架及水平支承桁架的节点没有采用焊接或螺栓连接(扣 10 分) (3)架体外立面设置的连续式剪刀撑没有将竖向主框架、水平支承桁架和架体构架连成一体(扣 8 分) (4)水平支承桁架的上弦及下弦之间设置的水平支撑杆件没有采用焊接或螺栓连接(扣 5 分) (5)竖向主框架组装高度低于架体高度(扣 5 分) (6)各杆件轴线没有交会于节点(扣 3 分)
架体防护 (10 分)	(1)脚手架外侧没有采用密目式安全网封闭或网间连接不严(扣 5～10 分) (2)作业层防护栏杆不符合规范要求(扣 5 分) (3)作业层没有设置高度不小于 180mm 的挡脚板(扣 3 分)
架体构造 (10 分)	(1)架体的水平悬挑长度大于 2m 或大于跨度 1/2(扣 10 分) (2)架体悬臂高度大于架体高度 2/5 或大于 6m(扣 10 分) (3)架体全高与支撑跨度的乘积大于 110m²(扣 10 分) (4)架体高度大于 5 倍楼层高(扣 10 分) (5)直线布置的架体支承跨度大于 7m 或折线、曲线布置的架体支撑跨度大于 5.4m(扣 8 分) (6)架体宽度大于 1.2m(扣 5 分)
架体升降 (10 分)	(1)升降工况架体上有施工荷载或有人员停留(扣 10 分) (2)两跨以上架体升降采用手动升降设备(扣 10 分) (3)升降工况附着支座与建筑结构连接处混凝土强度没有达到设计和规范要求(扣 10 分)
检查验收 (10 分)	(1)架体搭设完毕没有办理验收手续(扣 10 分) (2)架体提升后、运用前没有履行验收手续或资料不全(扣 2～8 分) (3)分区段安装、分区段运用没有进行分区段验收(扣 8 分) (4)架体提升前没有检查记录(扣 6 分) (5)主要构配件进场没有进行验收(扣 6 分) (6)验收内容没有进行量化,或没有经责任人签字确认(扣 5 分)
脚手板 (10 分)	(1)脚手板规格、材质不符合要求(扣 5～10 分) (2)脚手板没有满铺或铺设不严、不牢(扣 3～5 分) (3)作业层与建筑结构之间空隙封闭不严(扣 3～5 分)
施工方案 (10 分)	(1)专项施工方案没有根据规定审核、审批(扣 10 分) (2)脚手架提升超过规定允许高度,专项施工方案没有根据规定组织专家论证(扣 10 分) (3)没有编制专项施工方案或没有进行设计计算(扣 10 分)

6.4.4 悬挑式脚手架检查项目与评分标准

悬挑式脚手架检查评定保证项目常包括：施工方案、悬挑钢梁、架体稳定、脚手板、荷载、交底与验收。

悬挑式脚手架一般项目常包括：杆件间距、架体防护、层间防护、构配件材质。

悬挑式脚手架检查项目与评分标准见表 6-13。

表 6-13 悬挑式脚手架检查项目与评分标准

项目（共 100 分）	评分标准
施工方案 （10 分）	（1）专项施工方案没有根据规定审核、审批（扣 10 分） （2）没有编制专项施工方案或没有进行设计计算（扣 10 分） （3）架体搭设超过规范允许高度，专项施工方案没有根据规定组织专家论证（扣 10 分）
悬挑钢梁 （10 分）	（1）钢梁锚固处结构强度、锚固措施不符合设计和规范要求（扣 5～10 分） （2）钢梁截面高度没有根据设计确定或截面型式不符合设计和规范要求（扣 10 分） （3）钢梁固定段长度小于悬挑段长度的 1.25 倍（扣 5 分） （4）钢梁间距没有根据悬挑架体立杆纵距设置（扣 5 分） （5）钢梁外端没有设置钢丝绳或钢拉杆与上一层建筑结构拉结（每处扣 2 分）
架体稳定 （10 分）	（1）没有在架体外侧设置连续式剪刀撑（扣 10 分） （2）纵横向扫地杆的设置不符合规范要求（扣 5～10 分） （3）没有根据规定设置横向斜撑（扣 5 分） （4）架体没有根据规定与建筑结构拉结（每处扣 5 分） （5）承插式立杆接长没有实行螺栓或销钉固定（每处扣 2 分） （6）立杆底部与悬挑钢梁连接处没有实行牢靠固定措施（每处扣 2 分）
脚手板 （10 分）	（1）脚手板没有满铺或铺设不严、不牢、不稳（扣 5～10 分） （2）脚手板规格、材质不符合要求（扣 5～10 分） （3）每有一处探头板（扣 2 分）
荷载 （10 分）	（1）脚手架施工荷载超过设计规定（扣 10 分） （2）施工荷载堆放不匀称（每处扣 5 分）
交底与验收 （10 分）	（1）架体搭设完毕没有办理验收手续（扣 10 分） （2）架体搭设前没有进行交底或交底没有文字记录（扣 5～10 分） （3）架体分段搭设、分段运用没有进行分段验收（扣 6 分） （4）验收内容没有进行量化，或没有经责任人签字确认（扣 5 分）
杆件间距 （10 分）	（1）没有在立杆与纵向水平杆交点处设置横向水平杆（每处扣 2 分） （2）没有根据脚手板铺设的需要增加设置横向水平杆（每处扣 2 分） （3）立杆间距、纵向水平杆步距超过设计或规范要求（每处扣 2 分）
架体防护 （10 分）	（1）架体外侧没有采用密目式安全网封闭或网间不严（扣 5～10 分） （2）作业层防护栏杆不符合规范要求（扣 5 分） （3）作业层架体外侧没有设置高度不小于 180mm 的挡脚板（扣 3 分）
层间防护（10 分）	（1）架体底层没有进行封闭或封闭不严（扣 2～10 分） （2）架体底层沿建筑结构边缘，悬挑钢梁与悬挑钢梁之间没有实行封闭措施或封闭不严（扣 2～8 分） （3）作业层脚手板下没有采用安全平网兜底或作业层以下每隔 10m 没有采用安全平网封闭（扣 5 分） （4）作业层与建筑物之间没有进行封闭（扣 5 分）
构配件材质 （10 分）	（1）型钢、钢管、构配件弯曲、变形、锈蚀严重（扣 10 分） （2）型钢、钢管、构配件规格及材质不符合规范要求（扣 5～10 分）

6.4.5 承插型盘扣式钢管脚手架检查项目与评分标准

承插型盘扣式钢管脚手架检查评定保证项目常包括：施工方案、架体基础、架体稳定、杆件设置、脚手板、交底与验收。

承插型盘扣式钢管脚手架一般项目常包括：架体防护、杆件连接、构配件材质、通道。

承插型盘扣式钢管脚手架检查项目与评分标准见表 6-14。

表 6-14　承插型盘扣式钢管脚手架检查项目与评分标准

项目(共 100 分)	评分标准
杆件连接 (10 分)	(1)剪刀撑的斜杆接长不符合要求(扣 8 分) (2)立杆竖向接长位置不符合要求(每处扣 2 分)
杆件设置 (10 分)	(1)双排脚手架的每步水平层,当无挂扣钢脚手板时没有根据规范要求设置水平斜杆(扣 5～10 分) (2)架体立杆间距、水平杆步距超过设计或规范要求(每处扣 2 分) (3)没有根据专项施工方案设计的步距在立杆连接盘处设置纵、横向水平杆(每处扣 2 分)
构配件材质 (10 分)	(1)钢管弯曲、变形、锈蚀严重(扣 10 分) (2)钢管、构配件的规格、型号、材质或产品质量不符合规范要求(扣 5 分)
架体防护 (10 分)	(1)架体外侧没有采用密目式安全网封闭或网间连接不严(扣 5～10 分) (2)作业层防护栏杆不符合规范要求(扣 5 分) (3)作业层脚手板下没有采用安全平网兜底或作业层以下每隔 10m 没有采用安全平网封闭(扣 5 分) (4)作业层外侧没有设置高度不小于 180mm 的挡脚板(扣 3 分)
架体基础 (10 分)	(1)没有根据规范要求设置纵、横向扫地杆(扣 5～10 分) (2)架体基础不平、不实、不符合专项施工方案要求(扣 5～10 分) (3)没有实行排水措施(扣 8 分) (4)架体立杆底部缺少垫板或垫板的规格不符合规范要求(每处扣 2 分) (5)架体立杆底部没有根据要求设置底座(每处扣 2 分)
架体稳定 (10 分)	(1)连墙件没有采用刚性杆件(扣 10 分) (2)斜杆或剪刀撑没有沿脚手架高度连续设置或角度不符合 45°～60°的要求(扣 5 分) (3)没有根据规范要求设置竖向斜杆或剪刀撑(扣 5 分) (4)架体与建筑结构没有根据规范要求拉结(每处扣 2 分) (5)架体底层第一步水平杆处没有根据规范要求设置连墙件或没有采用其他牢靠措施固定(每处扣 2 分) (6)竖向斜杆两端没有固定在纵、横向水平杆与立杆汇交的盘扣节点处(每处扣 2 分)
交底与验收 (10 分)	(1)架体搭设完毕没有办理验收手续(扣 10 分) (2)脚手架搭设前没有进行交底或交底没有文字记录(扣 5～10 分) (3)脚手架分段搭设、分段运用没有进行分段验收(扣 5 分) (4)验收内容没有进行量化,或没有经责任人签字确认(扣 5 分)
脚手板 (10 分)	(1)脚手板规格或材质不符合要求(扣 5～10 分) (2)脚手板不满铺或铺设不牢、不稳(扣 5～10 分) (3)采纳挂扣式钢脚手板时挂钩没有挂扣在水平杆上或挂钩没有处于锁住状态(每处扣 2 分)
施工方案 (10 分)	(1)没有编制专项施工方案或没有进行设计计算(扣 10 分) (2)专项施工方案没有根据规定审核、审批(扣 10 分)
通道 (10 分)	(1)没有设置人员上下专用通道(扣 10 分) (2)通道设置不符合要求(扣 5 分)

6.4.6　碗扣式钢管脚手架检查项目与评分标准

碗扣式钢管脚手架检查评定保证项目常包括：杆件间距与剪刀撑、架体与建筑结构拉结、交底与验收、脚手板与防护栏杆、立杆基础、施工方案。

碗扣式钢管脚手架一般项目常包括：层间防护、杆件连接、构配件材质、横向水平杆设置、通道。

碗扣式钢管脚手架检查项目与评分标准见表 6-15。

表 6-15　碗扣式钢管脚手架检查项目与评分标准

项目(共 100 分)	评分标准
杆件间距与剪刀撑 (10 分)	(1)剪刀撑没有沿脚手架高度连续设置或角度不符合规范要求(扣 5 分) (2)没有根据规定设置纵向剪刀撑或横向斜撑(每处扣 5 分) (3)立杆、纵向水平杆、横向水平杆间距超过设计或规范要求(每处扣 2 分) (4)剪刀撑斜杆的接长或剪刀撑斜杆与架体杆件固定不符合规范要求(每处扣 2 分)
架体与建筑结构拉结 (10 分)	(1)搭设高度超过 24m 的双排脚手架,没有采用刚性连墙件与建筑结构牢靠连接(扣 10 分) (2)架体底层第一步纵向水平杆处没有根据规定设置连墙件或没有采用其他牢靠措施固定(每处扣 2 分) (3)架体与建筑结构拉结方式或间距不符合规范要求(每处扣 2 分)
交底与验收 (10 分)	(1)架体搭设完毕没有办理验收手续(扣 10 分) (2)架体搭设前没有进行交底或交底没有文字记录(扣 5~10 分) (3)验收内容没有进行量化,或没有经责任人签字确认(扣 5 分) (4)架体分段搭设、分段运用没有进行分段验收(扣 5 分)
脚手板与防护栏杆 (10 分)	(1)脚手板规格或材质不符合规范要求(扣 5~10 分) (2)脚手板没有满铺或铺设不稳不牢(扣 5~10 分) (3)架体外侧没有设置密目式安全网封闭或网间连接不严(扣 5~10 分) (4)作业层防护栏杆不符合规范要求(扣 5 分) (5)作业层没有设置高度不小于 180mm 的挡脚板(扣 3 分) (6)每有一处探头板(扣 2 分)
立杆基础 (10 分)	(1)没有根据规范要求设置纵、横向扫地杆(扣 5~10 分) (2)立杆基础不平、不实、不符合专项施工方案要求(扣 5~10 分) (3)没有实行排水措施(扣 8 分) (4)扫地杆的设置和固定不符合规范要求(扣 5 分) (5)立杆底部缺少底座、垫板或垫板的规格不符合规范要求(每处扣 2~5 分)
施工方案 (10 分)	(1)架体搭设超过规范允许高度,专项施工方案没有根据规定组织专家论证(扣 10 分) (2)架体结构设计没有进行设计计算(扣 10 分) (3)架体搭设没有编制专项施工方案或没有根据规定审核、审批(扣 10 分)
层间防护(10 分)	(1)作业层与建筑物间没有根据规定进行封闭(扣 5 分) (2)作业层脚手板下没有采用安全平网兜底或作业层以下每隔 10m 没有采用安全平网封闭(扣 5 分)
杆件连接 (10 分)	(1)立杆除顶层顶步外采用搭接(每处扣 4 分) (2)纵向水平杆搭接长度小于 1m 或固定不符合要求(每处扣 2 分) (3)扣件紧固力矩小于 40N·m 或大于 65N·m(每处扣 2 分)
构配件材质 (5 分)	(1)钢管弯曲、变形、锈蚀严重(扣 10 分) (2)钢管直径、壁厚、材质不符合要求(扣 5~10 分) (3)扣件没有进行复试或技术性能不符合标准(扣 5 分)
横向水平杆设置 (10 分)	(1)没有根据脚手板铺设的需要增加设置横向水平杆(每处扣 2 分) (2)单排脚手架横向水平杆插入墙内小于 180mm(每处扣 2 分) (3)没有在立杆与纵向水平杆交点处设置横向水平杆(每处扣 2 分) (4)双排脚手架横向水平杆只固定一端(每处扣 2 分)
通道 (5 分)	(1)没有设置人员上下专用通道(扣 5 分) (2)通道设置不符合要求(扣 2 分)

6.4.7　门式钢管脚手架检查项目与评分标准

　　门式钢管脚手架检查评定保证项目常包括：施工方案、架体基础、架体稳定、杆件锁臂、脚手板、交底与验收。

门式钢管脚手架一般项目常包括：架体防护、构配件材质、荷载、通道。

门式钢管脚手架检查项目与评分标准见表 6-16。

表 6-16　门式钢管脚手架检查项目与评分标准

项目(共 100 分)	评分标准
杆件锁臂 (10 分)	(1)没有根据规范要求设置纵向水平加固杆(扣 10 分) (2)没有根据规定组装或漏装杆件、锁臂(扣 2～6 分) (3)扣件与连接的杆件参数不匹配(每处扣 2 分)
构配件材质 (10 分)	(1)门架局部开焊(扣 10 分) (2)杆件变形、锈蚀严重(扣 10 分) (3)构配件的规格、型号、材质或产品质量不符合规范要求(扣 5～10 分)
荷载 (10 分)	(1)施工荷载超过设计规定(扣 10 分) (2)荷载堆放不匀称(每处扣 5 分)
架体防护 (10 分)	(1)脚手架外侧没有设置密目式安全网封闭或网间连接不严(扣 5～10 分) (2)作业层防护栏杆不符合规范要求(扣 5 分) (3)作业层脚手板下没有采用安全平网兜底或作业层以下每隔 10m 没有采用安全平网封闭(扣 5 分) (4)作业层没有设置高度不小于 180mm 的挡脚板(扣 3 分)
架体基础 (10 分)	(1)架体基础不实不平、不符合专项施工方案要求(扣 5～10 分) (2)没有实行排水措施(扣 8 分) (3)架体底部没有根据规范要求设置扫地杆(扣 5 分) (4)架体底部没有设置垫板或垫板的规格不符合要求(扣 2～5 分) (5)架体底部没有根据规范要求设置底座(每处扣 2 分)
架体稳定 (10 分)	(1)没有根据规范要求设置剪刀撑(扣 10 分) (2)门架立杆垂直偏差超过规范要求(扣 5 分) (3)交叉支撑的设置不符合规范要求(每处扣 2 分) (4)架体与建筑物结构拉结方式或间距不符合规范要求(每处扣 2 分)
交底与验收 (10 分)	(1)架体搭设完毕没有办理验收手续(扣 10 分) (2)脚手架搭设前没有进行交底或交底没有有文字记录(扣 5～10 分) (3)脚手架分段搭设、分段运用没有办理分段验收(扣 6 分) (4)验收内容没有进行量化,或没有经责任人签字确认(扣 5 分)
脚手板 (10 分)	(1)脚手板规格或材质不符合要求(扣 5～10 分) (2)脚手板没有满铺或铺设不稳不牢(扣 5～10 分) (3)采纳挂扣式钢脚手板时挂钩没有挂扣在横向水平杆上或挂钩没有处于锁住状态(每处扣 2 分)
施工方案 (10 分)	(1)架体搭设超过规范允许高度,专项施工方案没有组织专家论证(扣 10 分) (2)没有编制专项施工方案或没有进行设计计算(扣 10 分) (3)专项施工方案没有根据规定审核、审批(扣 10 分)
通道 (10 分)	(1)没有设置人员上下专用通道(扣 10 分) (2)通道设置不符合要求(扣 5 分)

6.5　架子工安全技能与安全教育要点

6.5.1　架子工安全技术操作规程

架子工安全技术操作规程主要内容如下:

(1)对搭设脚手架的材料、构配件质量,应根据进场批次分品种、规格进行检验,检验合格后才可使用。

(2)脚手架材料、构配件质量现场检验,应采用随机抽样的方法进行外观质量、实测实量检验。

（3）附着式升降脚手架支座，防倾、防坠、荷载控制装置，悬挑脚手架悬挑结构件等涉及架体使用安全的构配件应全数检验。

（4）钢管有严重锈蚀、弯曲、压扁、裂纹的不得使用，扣件有脆裂、变形、滑丝的禁止使用。

（5）钢管脚手架的立杆应垂直稳放在金属底座与垫木上。

（6）钢管脚手架的立杆间距应小于2m，大横杆间距应小于1.2m。

（7）钢管脚手架钢管立杆、大横杆接头应错开，并且要用扣件连接，螺栓要拧紧，不准用铁丝绑扎。

（8）抹灰、勾缝、油漆等外装修用的脚手架，宽度应小于0.8m，立杆间距应小于2m，大横杆间距应小于1.8m。

（9）单排脚手架的大横杆伸入墙内不得少于24cm，伸出大横杆不得少于10cm。

（10）单排脚手架通过门窗口和通道时，大横杆的间距不小于1m的应绑吊杆；间距不小于2m时，吊杆下需加设顶撑。

（11）18cm的砖墙、空斗墙、砂浆强度等级在M1.0以下的砖墙，不得用单排脚手架。

（12）脚手架的质量不能超过270kg/m^2。如果负荷量必须加大，则应根据施工方案进行架设。

（13）翻脚手板应两人由里往外按次序进行，在铺第一块或翻到外一块脚手板时，必须挂牢安全带。

（14）凡是承载机械或者超过15m高的脚手架，必须先经设计，并且经工程技术负责人批准后才可搭设。

（15）脚手架性能应符合下列规定：应满足承载力设计要求；不应发生影响正常使用的变形；应满足使用要求，并且应具有安全防护功能；附着或支承在工程结构上的脚手架，不应使所附着的工程结构或支承脚手架的工程结构受到损害。

（16）脚手架搭设、拆除作业以前，应根据工程特点编制脚手架专项施工方案，并且应经审批后实施。脚手架专项施工方案应包括的主要内容如图6-3所示。

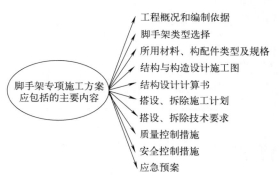

图6-3 脚手架专项施工方案应包括的主要内容

（17）脚手架搭设过程中，应在下列阶段进行检查（检查合格后方可使用；不合格应进行整改，整改合格后方可使用）：

① 基础完工后及脚手架搭设前。

② 首层水平杆搭设后。

③ 作业脚手架每搭设一个楼层高度。

④ 附着式升降脚手架支座、悬挑脚手架悬挑结构搭设固定后。

⑤ 附着式升降脚手架在每次提升前、提升就位后，以及每次下降前、下降就位后。

⑥ 外挂防护架在首次安装完毕、每次提升前、提升就位后。

⑦ 搭设支撑脚手架，高度每2～4步或不大于6m。

（18）脚手架使用过程中，不应改变其结构体系。脚手架专项施工方案需要修改时，修改后的方案应经审批后实施。

（19）脚手架所用杆件和构配件应配套使用，并且应满足组架方式及构造要求。

（20）脚手架材料与构配件应有产品质量合格证明文件。

（21）脚手架结构是根据承载能力极限状态和正常使用极限状态进行设计的。

（22）脚手架地基需要符合的规定：应平整坚实，应满足承载力和变形要求；应设置排水措施，搭设场地不应积水；冬期施工应采取防冻胀措施。

（23）脚手架承受的荷载，应包括永久荷载和可变荷载。

（24）脚手架受弯构件容许挠度具体见表 6-17。

表 6-17　脚手架受弯构件容许挠度

构件类别	容许挠度/mm
脚手板、水平杆件	$L/150$ 与 10 取较小值
作业脚手架悬挑受弯杆件	$L/400$
模板支撑脚手架受弯杆件	$L/400$

注：L 为受弯构件的计算跨度，对悬挑构件为悬伸长度的 2 倍。

（25）脚手架构造措施应合理、齐全、完整，并且应保证架体传力清晰、受力均匀。

（26）脚手架杆件连接节点，应具备足够强度、转动刚度。脚手架架体在使用期内节点应无松动。

（27）脚手架立杆间距、步距应通过设计确定。

（28）脚手架底部立杆，应设置纵向和横向扫地杆。扫地杆应与相邻立杆连接稳固。

（29）悬挑脚手架立杆底部应与悬挑支承结构可靠连接；应在立杆底部设置纵向扫地杆，并应间断设置水平剪刀撑或水平斜撑杆。

（30）临街作业脚手架的外侧立面、转角处，应采取有效防护措施。

（31）支撑脚手架独立架体高宽比不应大于 3。

（32）落地作业脚手架、挑脚手架的搭设应与主体结构工程施工同步，一次搭设高度不应超过最上层连墙件 2 步，并且自由高度不应大于 4m。

（33）剪刀撑、斜撑杆等加固杆件，应随架体同步搭设。

（34）构件组装类脚手架的搭设，应自一端向另一端延伸，应自下而上按步逐层搭设，并且应逐层改变搭设方向。

（35）每搭设完一步距架体后，应及时校正立杆间距、步距、垂直度及水平杆的水平度。

（36）连墙件的安装，应随作业脚手架搭设同步进行。

（37）作业脚手架操作层高出相邻连墙件 2 个步距及以上时，在上层连墙件安装完毕前，应采取临时拉结措施。

（38）悬挑脚手架、附着式升降脚手架在搭设时，悬挑支承结构、附着支座的锚固应稳固可靠。

（39）脚手架安全防护网、防护栏杆等防护设施，应随架体搭设同步安装就位。

（40）脚手架作业层上的荷载不得超过荷载设计值。

（41）严禁将支撑脚手架、缆风绳、混凝土输送泵管、卸料平台、大型设备的支承件等固定在作业脚手架上。严禁在作业脚手架上悬挂起重设备。

（42）支撑脚手架在浇筑混凝土、工程结构件安装等施加荷载的过程中，架体下严禁有人。

（43）脚手架使用期间，严禁在脚手架立杆基础下方及附近实施挖掘作业。

（44）附着式升降脚手架在升降作业时或外挂防护架在提升作业时，架体上严禁有人，架体下方不得进行交叉作业。

（45）附着式升降脚手架在使用过程中不得拆除防倾、防坠、停层、荷载、同步升降控制装置。

（46）在脚手架内进行电焊、气焊和其他动火作业时，应在动火申请批准后进行作业，并应采取设置接火斗、配置灭火器、移开易燃物等防火措施，同时应设专人监护。

（47）对下述情况应定期进行检查并形成记录：场地应无积水，立杆底端应无松动、无悬空；主要受力杆件、剪刀撑等加固杆件和连墙件应无缺失、无松动，架体应无明显变形；安全防护设施应齐全、有效，应无损坏缺失；附着式升降脚手架支座应稳固，防倾、防坠、停层、荷载、同步升降控制装置应处于良好工作状态，架体升降应正常平稳；悬挑脚手架的悬挑支承结构应稳固。

图 6-4 应对脚手架进行检查并形成记录，确认安全后方可继续使用的情况

（48）当遇到下列情况之一时，应对脚手架进行检查并形成记录，确认安全后方可继续使用，如图 6-4 所示。

（49）脚手架在使用过程中出现安全隐患时，应及时排除；当出现下列状态之一时，应立即撤离作业人员，并应及时组织检查处置，如图 6-5 所示。

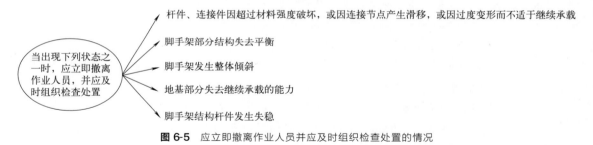

图 6-5 应立即撤离作业人员并应及时组织检查处置的情况

（50）脚手架拆除前，应清除作业层上的堆放物。

（51）作业脚手架分段拆除时，应先对未拆除部分采取加固处理措施后，再进行架体拆除。

（52）架体拆除作业应统一组织，并应设专人指挥，不得交叉作业。

（53）严禁高空抛掷拆除后的脚手架材料与构配件。

（54）同层杆件和构配件，应按先外后内的顺序拆除。剪刀撑、斜撑杆等加固杆件，应在拆卸至该部位杆件时拆除。

（55）作业脚手架连墙件，应随架体逐层、同步拆除，不应先将连墙件整层或数层拆除后再拆架体。

（56）作业脚手架拆除作业过程中，当架体悬臂段高度超过 2 步时，应加设临时拉结。

6.5.2　架子工安全习题试题与参考答案

架子工安全习题试题与参考答案可扫描二维码获取。

扫码查看文件

架子工安全习题试题与参考答案

第**7**章 其他工种的安全技能与安全教育

7.1 吊篮工种安全技能与安全教育要点

7.1.1 吊篮操作人员安全操作规程

吊篮操作人员安全操作规程主要内容如下：

（1）吊篮操作人员有权与用人单位订立劳动合同。

（2）吊篮操作人员有权了解其作业场所和工作岗位存在的危险因素、防范措施、事故应急措施。

（3）发现直接危及人身安全的紧急情况时，有权停止作业或者在采取可能的应急措施后撤离作业场所。

（4）吊篮操作人员登篮作业前应当做到"五个必须"：必须持证上岗、必须熟悉吊篮、必须确保安全、必须做好防护、必须身体力行。

（5）高处作业吊篮操作人员应进行"三查"：实地查看吊篮与《吊篮使用说明书》是否相符，检查吊篮各部件是否完好无损；检查吊篮的操作环境是否符合安全操作基本要求；检查周边工作环境。

（6）登篮作业时，必须精神集中，不准做有碍操作安全的事情。

（7）不准将吊篮作为垂直运输设备使用。

（8）施工人员必须在地面进出吊篮，严禁在吊篮内使用梯、凳、搁板等登高工具，也严禁在吊篮中打闹、奔跑、纵跳，不得在两平台间跨越，严禁酒后上篮作业。

（9）吊篮使用范围10m内不得有架空线。如果靠近架空线或有接触架空线危险时，则必须与有关部门联系，并且采取可靠的安全措施后才可以安装使用。

（10）尽量使载荷均匀分布在悬吊平台上，避免偏载。

（11）运行过程中，悬吊平台发生明显倾斜时，应及时进行调平。

（12）悬吊平台运行时，必须注意观察运行范围内有无障碍物。

（13）钢丝绳悬挂必须符合安装要求，钢丝绳不得有油污、死弯、松散、断丝、带有玻璃胶等现象。

（14）提升机钢丝绳入口严禁砂石、螺钉、螺母、钢丝等杂物入内，以免提升机咬死切断钢丝绳造成危险。

（15）应经常检查电动机和提升机是否过热，当其温升超过 65K 时，应暂停使用提升机。

（16）作业中，突遇大风或雷电雨雪时，应立即将悬吊平台降到地面，切断电源，绑牢平台。有效遮盖提升机、安全锁、电控箱后，方准离开。

（17）运行中发现设备异常，应立即停车检查。故障不排除，不准开车。

（18）电源电缆线必须固定牢靠，防止插头处接线受力。

（19）安全锁工作时，应处于开启状态，无须人工操作。

（20）安全锁锁绳后需要重新打开安全锁时，应点动吊篮上升，使安全锁稍松后，方可扳动开启手柄，打开安全锁。

（21）吊篮移位（或接长时），必须在吊篮安装人员指导下进行，严禁操作人员私自移位或拆装。

（22）运行过程不得进行任何保养、调整、检修工作。

（23）登篮作业的 12 项严禁行为（12 项禁令）：

① 严禁一人单独上篮操作。

② 操作人员必须从地面进出悬吊平台。在未采取安全保护措施的情况下，严禁从窗口、楼顶等其他位置进出悬吊平台。

③ 严禁超载作业。

④ 严禁在悬吊平台内用梯子或其他装置取得较高的工作高度。

⑤ 在悬吊平台内进行电焊作业时，严禁将悬吊平台或钢丝绳当作接地线使用，并应采取适当的防电弧飞溅灼伤钢丝绳的措施。

⑥ 严禁在悬吊平台内猛烈晃动或做"荡秋千"等危险动作。

⑦ 严禁固定安全锁开启手柄，人为使安全锁失效。

⑧ 严禁在安全锁锁闭时，开动提升机下降。

⑨ 严禁在安全钢丝绳绷紧的情况下，硬性扳动安全锁的开启手柄。

⑩ 悬吊平台向上运行时，严禁使用上行程限位开关停车。

⑪ 严禁在大雾、雷雨或冰雪等恶劣气候条件下进行作业。

⑫ 运行中提升机发生卡绳故障时，应立即停机排除。此时严禁反复按动升降按钮强行排险。

（24）登篮作业结束前的工作：

① 切断电源，锁好电控箱。

② 检查各部位安全技术状况。

③ 清扫悬吊平台各部。

④ 妥善遮盖提升机、安全锁和电控箱。

⑤ 将悬吊平台停放平稳，必要时进行捆绑固定。

⑥ 认真填写交接班记录及设备履历书。

（25）日常吊篮检查"五步上篮法"：提升 1m 查异常、检查左右安全锁、两端铃响能限位、急停装置起作用、系好生命保险绳。

7.1.2　吊篮安全技术交底表

吊篮安全技术交底表如图 7-1 所示。

吊篮安全技术交底表		编号	
工程名称			
施工单位		交底工种	
交底提要			
交底内容：			
交底人		职务	交底时间
接受人签字			

图 7-1　吊篮安全技术交底表

7.1.3　电动吊篮使用安全教育表

电动吊篮使用安全教育表如图 7-2 所示。

工程名称			
施工单位		教育工种	
教育单位			
教育提要			
教育内容：			
主讲人		监讲人	

图 7-2　电动吊篮使用安全教育表

7.1.4 吊篮施工危险源

吊篮施工危险源见表7-1。

表 7-1 吊篮施工危险源

行为、设备、环境等	危险危害因素	可能导致的事故	控制措施	责任部门
作业前没有进行安全技术交底	监护错误	人员伤害	作业前必须对所有参与作业的人员进行安全技术交底	(1)工程部。 (2)安全部
作业前没有对吊篮及绳索进行检查	指挥错误、监护错误	高处坠落	(1)每天使用前检查。 (2)不合格吊篮挂醒目标识,严禁使用,并且在电源开关处上锁	(1)工程部。 (2)安全部。 (3)材料设备部
没有对吊篮顶部的吊索固定装置进行检查确认	(1)识别功能缺陷。 (2)监护错误	高处坠落	作业前对吊篮顶部的吊索固定装置进行检查	(1)工程部。 (2)安全部。 (3)材料设备部
没有安装吊篮限位器或其已失效	(1)设备、设施缺陷。 (2)防护缺陷	高处坠落	(1)安装有效的限位器。 (2)每天作业前检查	(1)工程部。 (2)安全部。 (3)材料设备部
吊篮使用前没有进行负载试验	(1)设备、设施缺陷。 (2)防护缺陷	高处坠落	吊篮使用前进行负载试验,合格后才能够投入使用	(1)工程部。 (2)安全部。 (3)材料设备部
(1)吊篮作业没有设防坠落安全绳。 (2)作业人员没有配备五点式安全带	(1)设备、设施缺陷。 (2)防护缺陷、监护错误	高处坠落	(1)设立防坠安全绳。 (2)作业人员必须佩戴五点式安全带	(1)工程部。 (2)安全部。 (3)材料设备部
作业人员跨出吊篮作业,没有防坠落措施	(1)设备、设施缺陷。 (2)监护错误	高处坠落	跨出吊篮作业应有可靠的防坠落措施	(1)工程部。 (2)安全部
恶劣天气进行吊篮作业	(1)识别功能缺陷。 (2)指挥错误	高处坠落	极端恶劣天气严禁从事吊篮作业	(1)工程部。 (2)安全部
作业平台临边、空洞没有防护	(1)识别功能缺陷。 (2)监护错误	高处坠落	作业面洞口、临边应及时围护	(1)工程部。 (2)安全部
高处作业没有合适的通道与方便系挂安全带的条件	(1)防护缺陷。 (2)监护错误	高处坠落	(1)设置合适的上下通道。 (2)应有便于系挂安全带的条件	(1)工程部。 (2)安全部
高处作业吊篮	(1)恶劣天气影响。 (2)构配件安装不符合要求。 (3)构配件强度达不到设计要求。 (4)人员操作不当。 (5)检查监督、验收不到位	(1)高处坠落。 (2)物体打击	(1)严格根据施工组织设计进行安装。 (2)严格执行验收监测程序。 (3)要求持证上岗。 (4)监督操作工人正确佩戴安全防护用品。 (5)对工人进行安全教育交底。 (6)加强现场检查	(1)工程部。 (2)安全部。 (3)班组

7.2　其他工地常见工种安全技能与安全教育要点

7.2.1　一般工人安全操作规程

一般工人安全操作规程主要内容如下：

（1）进入施工现场需要戴好安全帽，系好安全带。

（2）高处作业必须系牢安全带。

（3）正确使用个人防护用品。

（4）施工现场内，严禁穿高跟鞋、拖鞋或光脚作业。

（5）施工现场内，严禁穿裙子和喇叭裤。

（6）施工现场内，严禁爬架子和乘坐吊盘上下。

（7）不准随意拆除、斩断脚手架的软硬拉结。

（8）不准随意拆除脚手架上的安全设施，如果阻碍施工，则必须经同意后，才可以拆除阻碍部位。

（9）不准在门窗、管道等器物上靠设脚手板。

（10）阳台部位粉刷，外侧需要挂设安全网。

（11）严禁踩踏脚手板的护身栏杆、阳台栏板进行操作。

（12）高空作业要搭设脚手架或操作台，上、下要使用梯子，不许站立在墙上工作。

（13）不准在梁底模上行走。

（14）操作人员严禁穿硬底鞋与有跟的鞋作业。

（15）施工中的"四口""五临边"，必须有严密、牢固的安全防护设施，任何人不许改动和破坏。

7.2.2　瓦工安全操作规程

瓦工安全操作规程主要内容如下：

（1）必须戴好安全帽，严格遵守高处作业安全规程。

（2）使用合适的工具、技术进行瓦片的处理，避免使用损坏瓦片、磨损瓦片等。

（3）搬运瓦片时，使用正确的姿势，避免负荷过重对身体造成伤害。

（4）毛石、片石的砌筑中，要注意石方的搬运，以防止砸伤碰伤。

（5）地沟、坑井要用围栏围住或用盖板盖牢。

（6）搭建工作平台时，应确保平台结构牢固，并且能够承受瓦工、工具的重量。工作平台上，还应设置防滑垫、设置护栏，以提供额外的安全保障。

（7）上下脚手架应走斜道，严禁站在砖墙上做砌筑、画线（勒缝）、检查大角垂直度和打扫墙面等工作。

（8）砌砖使用的工具，应放在稳妥的地方。

（9）使用锋利的瓦工工具时，要小心，以避免切割身体部位。

（10）使用电动工具时，要确保工具线路安全，避免发生电击事故。

（11）使用梯子或其他升降设备时，要稳固地放置，并且确保其符合安全等要求。

（12）高空作业时，要保持平衡，以避免突然的移动或不稳定的姿势。

（13）切割砌块的手锯，应安全可靠。

（14）砖、砂、浆等物料要堆放整齐，坚持道路畅通，沟、坑边缘不准堆放材料。

（15）砂浆搅拌机，必须由专人负责开。

（16）砂浆搅拌机，应有安全防护罩。砂浆搅拌机转动时，严禁将手、脚、锹伸入搅拌筒内。

（17）斩砖应面向墙面。

（18）砌筑工作完毕，应妥善清理脚手板和砌筑的碎砖、灰浆，以防止掉落伤人。

（19）山墙砖砌筑完毕后，应立即安装桁条或加临时支撑，以防止倒塌。

（20）上脚手架前，首先检查脚手架搭设是否稳定，架板是否满铺、是否稳定，有无探头板。

（21）上脚手架前，需要检查防护栏杆、安全网有无不严密、没有固定好等情况。如果发现异常，则应及时处理。

（22）同一脚手板上不容许两人同步操作。

（23）不准用不稳固的工具或物体在脚手板面垫高操作，更不准在未经加固的状况下，在一层脚手架上随意垫加一层。

（24）不准随意抽出脚手板或松动脚手架。屋面或脚手板上堆放砖瓦、材料、物件时，应堆放平稳。

（25）脚手架上推车时，要平稳慢行，以防小车翻倒落地伤人。

（26）拉线时，禁止将线绑在砖上，然后放在墙角施工。

（27）瓦工砌筑作业不得在高度超过胸部的墙体上进行，以免将墙碰撞倒塌，或者失稳坠落，或者砌块失手掉下引发事故。

（28）砌墙时，必须站在脚手板上进行，禁止堆砖块垫脚或用其他物料垫脚。

（29）砌筑二楼以上的间壁时，需要在铺筑楼板后进行操作。

（30）砌山墙时，应及时架设檩条或支撑，以加强抗风能力。

（31）砌筑门窗上部站墙时，应将托底板顶支牢固后，才能够施工。

（32）脚手架上堆料不得超过规定荷载，堆砖高度不得超过三皮侧砖。

（33）起重机吊运砖时，需要使用砖笼，严禁用推车或砂浆灰盘吊运砖块。

（34）起重机吊运砖时，吊臂回转范围内，下方严禁人员行走或停留，并且严禁将砖笼直接吊放在脚手架上。

（35）冬期施工时，脚手板上如有冰霜、积雪，则应先清除后才能在架子上进行施工。

（36）砌筑围檐，应事先做好临时支撑。灰浆没有凝固、屋面没有铺好前，不得拆掉临时支撑。

（37）砌筑大于墙身厚度 30cm 的屋檐时，应用吊篮在外部砌筑。

（38）钢梁和组合式钢筋混凝土檐板上砌筑屋檐时，应根据制定的工艺进行作业。

（39）房面坡度大于 40°时，应系好安全带或安全绳。

（40）碰到雨雪霜冻天气时，坡度房面施工前，应先清扫后再工作。

（41）房面施工行走时，脚应踏在瓦片接缝位置，并且眼睛不要正视太阳。蹲下工作后起身时，应慢慢站起来，以免眼花头晕。

（42）多人传递砖瓦时，每次不能超过一定重量，并且要手接手传递，不能投递。

（43）单人搬运砖瓦时，每人每次也不得超过一定重量，并且行走时不要抢道。

（44）铺设大面积轻型屋面时，不要顶风立起，以免风压太大发生事故。

（45）铺设大面积轻型屋面时，行走或作业应踏在檩木上或设置的专用脚手板上。

（46）对石方加工凿面时，要戴防护眼镜，以防止石渣石屑飞溅伤害眼睛或伤害皮肤。

（47）在没有望板的屋面上安装石棉瓦，要在屋架下弦设安全网或其他安全设备，并且运用有防滑条的脚手板，钩挂牢靠才可以操作，禁止在石棉瓦上行走。

（48）钉房檐板，必须站在脚手架上，禁止在屋面上探身操作。

7.2.3　抹灰工安全操作规程

抹灰工安全操作规程主要内容如下：

（1）结构工程全部完成，并且经有关验收达到合格标准后，才可以考虑抹灰。

（2）淋灰、筛灰时，石灰池四周应有防护措施。取灰时，应在有防滑条的站板上操作，不准直接站在灰膏上面。

（3）灰浆内含有毒的化学成分时，需要做好相应保护措施。

（4）立体交叉作业，必须有严密可靠的防护措施。上方与下方的人员禁止在同一垂直方向上作业，并且上方的作业人员需要注意防止料具坠落伤人。

（5）室内粉刷应使用木制或钢木组合的活动脚手架。架上材料不得过于集中，同一跨内不宜超过两人。

（6）室内粉刷，采用马凳搭设脚手架的距离不超过 2m。马凳下禁止垫砖、石、木等物。

（7）室内抹灰使用的木凳、金属支架，应搭设平稳牢固，并且脚手板跨度应小于 2m。

（8）使用木凳、铁脚凳搭设的非承重架子上，不得堆料。

（9）用木凳、铁脚凳搭设脚手架时，凳子一端应靠墙放置，并且支平垫稳，凳脚间应设斜撑拉牢，并且在光滑地面上凳脚需要采取防滑措施。

（10）室内抹灰使用的木凳、金属支架上堆放材料不得过于集中，在同一跨内不应超过两人。

（11）顶棚抹灰，应搭设满堂脚手架。有风时，应顺风向工作，以免灰浆伤眼。

（12）不准在门窗、暖气片、洗脸池、洗面盆等器物上搭设脚手板。

（13）在楼梯间进行工作时，禁止使用靠梯，并且不许将工作梯放在楼梯或斜坡上进行作业。

（14）阳台部位粉刷，外侧必须挂设安全网。严禁踩在脚手架的护身栏杆和阳台栏板上进行操作。

（15）贴面使用预制件、大理石、瓷砖等，应堆放整洁平稳，并且随用随运。

（16）安装要稳拿稳放，等灌浆凝固稳定后，才可以拆除临时支撑。

（17）所有工具，要放牢靠，以防掉落伤人。

（18）使用磨石机，应戴绝缘手套、穿胶鞋，电源线不得破皮漏电，金刚砂块安装要牢固，并且经试运转正常，才可以操作。

（19）外装饰为多工种立体交叉作业，要设置可靠的安全防护隔离层。交叉作业时，必须戴好安全帽。

（20）机械喷灰喷涂，抹灰工应戴防护用品。

（21）机械喷灰喷涂，压力表、安全阀应灵敏可靠，输浆管各部接口要拧紧卡牢。管路摆放要顺直。

（22）作业过程中，遇有脚手架与建筑物间拉结，未经同意，严禁拆除，必要时由架子工负责采取加固措施后，才可拆除。

（23）作业过程中，发现架子高度不够时，不得在架子上再放置木凳、梯子等，应由架子工重新搭设脚手架，并且符合安全要求后才能够再进行操作。抹灰作业人员，不得自行拆改或搭设脚手架。

（24）使用磨地机，要戴绝缘手套，穿绝缘胶鞋。电缆线不得破皮漏电，也不准拖地。

（25）金刚砂块安装要牢固。

（26）机械试运转正常后，才可以操作。

（27）使用机械喷浆机输浆时，应严格根据规定压力进行。超压、管道堵塞，应卸压检修。

（28）在光线不足的房间或地下室抹灰施工时，应使用安全电压照明设备。

（29）室外粉刷，必须搭外脚手架或设专用跳板。

（30）外墙抹灰或饰面工序，应由上而下进行。如果需上下层同时操作，则应在脚手架与墙身的空隙部位采用遮隔等防护措施。

（31）在坡度较陡的屋面上抹灰、找平时，需要采取防滑措施，必要时挂好安全带。

7.2.4　油漆工安全操作规程

油漆工安全操作规程主要内容如下：

（1）挥发性油料应装入密闭容器内，并且妥善保管。

（2）各类油漆和其他易燃、有毒材料，应寄存在单独设置的专用库房内，不得与其他材料混放，并且仓库通风要良好，库内温度不得过高。仓库建筑需要符合国家防火等级规定。

（3）油漆、稀释剂应设专人保管。

（4）油漆涂料凝固时，不准用火烤。

（5）易燃性原材料应隔离储存。

（6）易挥发性原料应用密封好的容器储存。

（7）库房应通风良好，不准住人，并且设置消防器材和"严禁烟火"明显标志。

（8）库房与其他建筑物应保持一定的安全距离。

（9）为避免静电积聚引起事故，罐体应接地。

（10）熬制胶、油、蜡等采用明火时，应履行动火审批手续。

（11）严禁酒后作业，严禁在作业层上嬉笑、打闹。

（12）高浓度有毒油料环境中工作时，应戴好防毒面具，穿戴好防护用品，并且在手及皮肤暴露部分涂抹防护油膏，以及禁止用汽油洗手。

（13）用喷砂除锈，喷嘴接头要牢固，不准对人。如果喷嘴堵塞，应停机消除压力后，才可以进行修理、更换等工作。

（14）使用煤油、松香水、汽油、丙酮等调配油料，应戴好防护用品，严禁吸烟。工作场所严禁携带打火机、火柴等物品。

（15）沾染油漆的破布、棉纱、油纸等废物，应收集寄存在有盖的金属容器内，并且及时处理。

（16）工作场所的照明灯、开关，必须采用防爆装置。

（17）油漆、稀释剂，必须妥善保管，不得放在门口与有人经常活动的地方。

（18）调配好的油漆，必须加盖，严禁暴晒。

（19）进入油漆房间时，应先排出有害气体，再打开照明灯进行操作。

（20）室内进行涂刷或喷涂作业时，应采用安全电压照明。

（21）在室内或容器内喷涂，要保持通风良好，并且喷漆作业周围不准有火种。

（22）室内喷涂人员作业时，如果出现头晕恶心，则应停止作业，到户外通风处换气。如果较为严重者，则要立即送往医院检查。

（23）涂刷或喷涂有毒性的涂料时，需戴防毒口罩、密封式防护眼镜，穿好工作服，扎好领口、袖口、裤脚等处，皮肤不得暴露。喷刷含铅、苯、乙烯、铝粉等的涂料时，则需要留意防止铅、苯中毒。

（24）喷涂硝基漆或其他具有挥发性、易燃性溶剂稀释的涂料时，不得使用明火，不准吸烟。

（25）涂刷大面积场地油漆，或室内油漆时，照明与电气设备必须执行防爆等级规定。

（26）采用静电喷漆，为了防止静电积聚，喷漆室（棚）应有接地保护装置。

（27）刷外开窗扇，应将安全带挂在牢固的地方。

（28）刷封檐板、刷水落管等，应搭设脚手架或吊架。

（29）使用喷灯，则加油不得过满，打气不应过足，使用时间不宜过长。

（30）使用喷灯，点火时火嘴不准对着人。

（31）使用喷浆机，手上沾有浆水时，不准开关电闸，以防触电。

（32）使用喷浆机，喷嘴堵塞，疏通时不准对着人。

（33）喷砂除锈，应进行人员安全防护与环境保护，喷嘴接头要牢固，不得对人。喷嘴堵塞，应停机消除压力后，才可以进行修理或更换。

（34）浸擦过油漆、稀释剂等的丝团、棉丝、擦手布，不得随便乱丢。作业后，要及时清理现场遗留物，并且运到指定位置寄存，以防止因发热引起自燃火灾。

（35）用化学方法除掉旧漆时，应将清扫下来的物质妥善处理。

（36）下班后，应洗手与清洗皮肤暴露部分。洗手前，不要触摸皮肤或食品，以防刺激引起过敏反应与中毒。

（37）工作服、防护用品应勤洗勤换。

7.2.5　保温工安全操作规程

保温工安全操作规程主要内容如下：

（1）根据施工图纸、设计要求，确认保温材料的类型、规格、数量。

（2）检查施工现场的环境、设备是否符合要求，以确保施工安全。

（3）清理施工表面的灰尘、油污等杂质，以确保保温材料的黏结性。

（4）使用适当的黏结剂，将保温材料粘贴在施工表面上。

（5）确保保温材料与施工表面的贴合度、平整度。

（6）检查脚手架和所用工具，如果发现不安全的地方，应妥善处理。

（7）不许踩脚手架探头进行工作，也不准两人站在一块独板上工作，或传递脚手板。另外，也不要以骑马式站在脚手板上，传递脚手板最好由两人传递。

（8）在脚手架立杆上拴绑滑轮运输材料时，每次吊运重量不要超过要求规定，并且拉绳人要在滑轮下方的 3m 以外，拉绳不要过猛，接料时要等物体停稳后再接。

（9）紧固铁丝或拉铁丝网时，用力不得过猛，并且也不得站在保温材料上操作或行走。

（10）从事矿渣棉、玻璃纤维棉（毡）等作业，袖口、衣领、裤脚应扎紧，同时要戴好口罩。

（11）缝扎矿渣棉席时，对面两人应错开站立，以防钢针刺伤对方。

（12）接触矿渣棉、玻璃棉、岩棉时，工作后应洗澡。

（13）装运热沥青不准使用锡焊的金属容器，并且装入高度不得超过容器深度的四分之三。

（14）汽油、苯应缓慢倒入黏结剂内并同时搅拌。调制时，距明火不少于 10m。

（15）进行焊接操作时，应注意采取防火防爆措施，确保施工现场的安全。

（16）管道保温时，应经确认管道无泄漏后，方可进行。特殊情况，应采取足够措施，并且有专人监护。管道保温工作中，不要乱动各种阀门。高温蒸汽管道及炉壁保温时，要采取隔热措施，以防止烫伤。

（17）地下管道保温时，应检查是否存在有毒有害气体与酸液。工作时，要根据设备、管道要求，采取可靠安全措施。

（18）保温工程完成后，要及时清理施工现场，清除杂物与废料，保持施工环境整洁。

（19）保温工作人员要定期进行身体检查。

7.2.6　木工安全技术操作规程

7.2.6.1　木工机械操作规程

木工机械操作规程见表 7-2。

表 7-2　木工机械操作规程

机械	操作规程
平刨机	(1)平刨机应有安全防护装置,否则严禁使用。 (2)刨料时,应保持身体稳定,双手操作。 (3)刨大面时,手要按在料上面。 (4)刨小面时,手指高度不低于料高的二分之一,并且不得少于 3cm。 (5)严禁手在料后推送。 (6)刨削量每次一般不得超过 1.5mm。 (7)进料速度保持均匀,并且通过刨口时用力要轻,严禁在刨刃上方回料。 (8)刨削厚度小于 1.5cm,长度小于 30cm 的木料,必须用手压板或推棍推料,禁止用手推料。 (9)遇节疤、戗槎要减慢推料速度,并且禁止手按在节疤上推料,另外刨旧料必须将泥砂、铁钉等清除干净。 (10)换平刨机刀片时,应拉闸断电或摘掉皮带后,安全情况下才能够操作。 (11)同一台刨机的刀片重量、厚度必须一致,刀架、夹板必须吻合。 (12)不准使用刀片焊缝超过刀头和有裂缝的刀具。 (13)紧固刀片的螺钉,应嵌入槽内,并且离刀背不少于 10mm
开榫机	(1)开榫机要侧身操作,不要面对刀具。 (2)开榫机的进料速度要均匀,不得猛推。 (3)开榫机短料开榫,必须加垫板夹牢,严禁用手握料。长度 1.5m 以上的木料,必须两人操作,并且注意安全。 (4)发现刨渣片或木片堵塞,可以用木棍推出,严禁手掏

机械	操作规程
打眼机	(1)打眼必须使用夹料器,不得直接用手扶料。 (2)长度 1.5m 以上长料必须使用托架,调头时,双手持料,并且注意周围人与物的安全。 (3)操作中如果遇凿芯被木渣挤塞,则应立即抬起手把。 (4)深度超过凿渣出口,则应在安全情况下勤拔钻头。 (5)清理凿渣要用刷子或吹风器,严禁手掏
圆盘锯	(1)圆盘锯操作前,应进行检查,锯片不得有裂口,螺钉要上紧。 (2)操作前,要戴防护眼镜,并且站在锯片一侧,严禁站在与锯片同一直线上,以及手臂不得跨越锯片。 (3)进料必须紧贴靠山,不得用力过猛。遇硬节,则应慢推。接料要待料出锯片 15cm 以上时,不得用手硬拉。 (4)短窄料应用推棍,接料使用刨钩。 (5)超过锯片半径的木料,严禁上锯

7.2.6.2 木工技术操作规程

木工技术操作规程见表 7-3。

表 7-3 木工技术操作规程

技术	操作规程
木料(模板)运输与码放	(1)检查使用的运输工具是否存在隐患,检查合格后才可使用。 (2)安全梯不得缺档,不得垫高。 (3)成品、半成品木材,应堆放整齐,不得任意乱放。 (4)木工场、木质材料堆放场地严禁烟火,并且根据消防部门的要求配备消防器材。 (5)作业前,应对运输道路进行平整,保持道路坚实畅通。便桥应支搭牢固。桥面宽度,应比小车宽至少 1m,并且便桥两侧需要设置防护栏与挡脚板。 (6)用架子车装运材料,应两人以上配合操作,保持架子车平稳,拐弯示意,车上不得乘人。 (7)拼装、存放模板的场地,需要平整坚实,不得积水。 (8)地上码放模板的高度,不得超过 1.5m,架子上码放模板不得超过 3 层。 (9)不得将材料堆放在管道的检查井、电信井、消防井内。 (10)不得随意靠墙堆放材料。 (11)运输木料、模板时,需要绑扎牢固,保持平衡
木模板制作、支模、拆模操作	(1)作业前,检查使用的工具是否存在隐患,合格后才可使用。 (2)高处作业时,材料必须码放平稳、整齐。 (3)作业时,扳手应用小绳系在身上。使用的铁钉,不得含在嘴里。 (4)作业的安全梯,不得缺档,不得垫高。 (5)使用手锯时,锯条必须调紧适度。下班时要放松,以防止再使用时突然断裂伤人。 (6)作业中,应随时清扫刨花、木屑等杂物,并且送到指定地点堆放。 (7)木工场、木质材料堆放场地严禁烟火,并根据消防部门的要求配备消防器材。 (8)使用旧木料前,应清除水泥黏结块、钉子等。 (9)支、拆模板作业高度在 2m 以上(含 2m)时,需要搭设脚手架,根据要求系好安全带。 (10)模板支撑不得用腐朽、扭裂的木材,不得腐蚀严重、变形、开裂的钢管。 (11)模板顶撑要垂直,底端要平整坚实,并且加垫木,木楔要钉牢,并且顺拉杆和剪力撑拉牢。 (12)采用桁架支撑时应严格检查,发现严重变形、螺栓松动等应及时修复。 (13)必须根据模板设计、安全技术交底的要求支模,不得盲目操作。 (14)槽内支模前,需要检查槽帮、支撑,确认无塌方危险。向槽内运料时,应使用绳索缓放,并且操作人员要互相呼应。支模作业时,应随支随固定。 (15)使用支架支撑模板时,需要平整压实地面,并且底部垫 5cm 厚的木板。 (16)操作人员上、下架子,必须走马道或安全梯,严禁利用模板支撑攀登上下。 (17)搬运模板时,应稳拿轻放。 (18)支架支撑竖直偏差,必须符合要求。支搭完成后,验收合格后才可以进行支模作业。 (19)模板的立柱顶撑,应设牢固的拉杆,不得与门窗等不牢固、临时物件相连接。 (20)支独立梁模应临时设工作台,不得站在柱模上操作和在梁底模上行走。 (21)模板安装中,不得间歇。搭头、柱头、立柱顶撑、拉杆,必须安装牢固成整体后,作业人员才可以离开。

技术	操作规程
木模板制作、支模、拆模操作	(22)模板安装中,暂停作业时,要检查,确认所支模板、撑杆、连接稳固后,才可以离开现场。 (23)配合吊装机械作业时,要服从信号工的统一指挥,并且与起重司机协调配合。另外,机臂回转范围内不得有无关人员。 (24)钢模板、支架等构件就位后,必须立即采取撑、拉等措施,固定牢靠,才可以摘钩。 (25)基础、地下工程模板安装前,要检查基坑土壁边坡的稳定状况,并且基坑上口边沿 1m 内不得堆放模板及材料。 (26)向槽(坑)内运送模板构件时,严禁抛掷。使用溜槽或起重机械运进,下方操作人员要远离危险区。 (27)组装立柱模板时,四周必须设牢固支撑。 (28)在浇筑混凝土过程中,必须对模板进行监护。发现异常时,要及时采取稳固措施。 (29)模板变位较大,可能倒塌时,必须立即通知现场作业人员离开危险区域,并且及时报告上级。 (30)拆模板作业高度在 2m 以上(含 2m)时,必须搭设脚手架,以及系好安全带。 (31)拆除大模板,必须设专人指挥。 (32)拆除模板,必须满足拆除时所需的混凝土强度,不得因拆模而影响工程质量。 (33)应根据先支后拆、后支先拆的顺序,先拆非承重模板,后拆承重模板及支撑。拆除用小钢模支撑的顶板模板时,严禁将支柱全部拆除后,一次性拉拽拆除。已经拆活动的模板,必须一次连续拆完,方可停歇,严禁留下安全隐患。 (34)严禁使用大面积拉、推的方法拆模。 (35)拆模板作业时,必须设置警戒区。 (36)拆除电梯井、大型孔洞模板时,下层必须支搭安全网等可靠的防坠落安全措施。 (37)严禁使用吊车直接吊出没有撬松动的模板。 (38)使用吊装机械拆模时,必须服从信号工统一指挥。 (39)应随时清理拆下的物料,并边拆、边清、边运、边按规格码放整齐。 (40)拆木模时,应随拆随起筏子。 (41)楼层高处拆除的模板,严禁向下抛掷。 (42)暂停拆模时,必须将活动件支稳后才可以离开现场。 (43)撤除薄腹梁、吊车梁、桁架等预制构件的模板,要随拆随加顶撑支牢,以防止构件倾倒。 (44)木屋架应在地面拼装。必须在上面拼装的,则应连续进行。如果中断时,则应设临时支撑。屋架就位后,要按时安装背檩、拉杆或临时支撑。 (45)吊运木屋架材料所用索具要性能良好,绑扎要牢固。 (46)不准直接在板条天棚或隔声板上通行、堆放材料。必须通行时,则应在大楞上铺设脚手板

7.2.6.3　木工大模板的安装与拆除安全技术操作规程

木工大模板的安装与拆除安全技术操作规程如下:

(1)安装与拆除大模板,吊车司机与安装人员应密切配合,做到稳起、稳落、稳就位,以防止大模板大幅度摆动,碰撞其他物体,导致发生倒塌等事故。

(2)模板安装、拆除时,指挥、挂钩、安装人员应常检查吊环,对筒模要先调整好重心。起吊时应用卡环与安全吊钩,不得斜牵起吊,严禁操作人员随模板起落。

(3)大模板安装时,应先内后外对号就位。

(4)大模板安装时,单面模板就位后,用钢筋三角支架插入板面螺栓眼中支撑牢固。

(5)大模板安装时,双面模板就位后,用拉杆与螺栓固定,未就位固定前不得摘钩。

(6)吊运大模板时,如果有防止脱钩装置,可吊运同一房间的两块,但是严禁隔着墙同步吊运模板,即严禁在墙的两面各吊运一块模板。

(7)有平台的大模板起吊时,平台上严禁寄存任何物体。里外角模、临时摘挂的板面与大模板必须连接牢固,以防止脱开与断裂坠落。

（8）分开浇灌纵横墙混凝土时，可在两道横墙的模板平台上搭设临时走道或采取其他安全措施。严禁操作人员在外墙上行走。

（9）拆模板，应先拆穿墙螺栓和铁件等，并且使模板面与墙面脱离，才可以慢速起吊。

（10）打扫模板、刷隔离剂时，必须将模板支撑牢固，两板中间保留宽度不少于60cm的走道。

（11）大模板放置时，下面不得压有电线、气焊管线。

（12）采用电热养护混凝土时，必须将模板串联并与避雷网接通，以防止漏电。

7.2.7　钳工安全操作规程

钳工安全操作规程主要内容如下：

（1）钳工必须接受相关安全培训，了解并熟悉钳工安全操作规程等。

（2）钳工应经常洗手，保持个人卫生，避免感染与传播疾病。

（3）操作前，应根据规定穿戴好劳动保护用品。

（4）操作前，女工的发辫必须纳入帽内。

（5）操作前，如果使用电动设备工具，则根据规定检查接地线，并且采用绝缘措施。

（6）严禁使用带毛刺、有裂纹、手柄松动等不合规定的工具，并且需要严格遵守常用工具安全操作规程。

（7）钳工工作区域，应具备良好的通风条件，以防止有害气体积聚。

（8）使用卡钳测量时，卡钳一定要与被测工件的表面垂直或平行。

（9）使用千分表时，应使表与表架稳固于表座上，以免造成倾斜、摆动。

（10）使用游标卡尺、千分尺等精密量具，测量时均应轻而平稳，不可在毛坯等粗糙表面上测量，也不可测量发热的工件，以免卡脚摩擦损坏。

（11）不得将螺钉预紧力很大的工件拿在手上用螺钉旋具松紧螺钉，以防打滑，戳伤手指。

（12）所使用扳手的开口，应和螺母尺寸大小相符，不允许使用加长扳手。

（13）使用扳手时，应注意可能碰到的障碍物，以防止碰伤操作者的手部。

（14）使用扳手时，不准用手锤敲打扳手，不准把扳手当手锤使用，以及禁止在活动扳手上套接加力管。

（15）钻孔、打锤不准戴手套。

（16）工件钻孔时，要用夹具夹牢，禁止手持工件进行钻孔。

（17）使用锤子等敲击工具时，要确保目标物稳固，以防止反弹伤人。

（18）锤子木柄应坚实无裂纹，钢质锤子淬火不能太硬（30～50HRC）。

（19）锤子卷边、起毛刺时，应打磨掉再使用。

（20）锤子的木柄应安装牢固。手锤木柄头一定要加楔，不准使用有缺口的手锤，也不准用手锤代替垫铁使用。

（21）打手锤时，拿手锤的手不准戴手套，也不准用手指指要打的位置。

（22）使用手锤铲工件时，要先环顾左右、后面，确认身后1m左右范围内无人时，才可以开始工作。

（23）使用大锤铲工件时，要排除周围障碍物，身后2m范围内不准有人。

（24）使用大锤时，不准戴手套，手上不准有油污，也不准两人对面打锤，并且要注意周围情况。

（25）使用手锤时，手锤的锤头要安装牢固，以免甩头伤人。

（26）使用锉刀时，要装木把，禁止使用无木柄或木柄松动的锉刀，锉刀也不允许作锤子或撬棍使用。铲活时，对面不准有人。

（27）操作中除了锉圆面外，锉刀不得上下摆动，应重推，轻拉回，并且保持水平运动。另外，锉刀不得沾油，存放时不得互相叠放。

（28）使用錾子，注意铁屑飞溅方向，以免伤人。

（29）錾子尾端不能太硬，錾子也不能用整体淬火材料制作。

（30）錾子尾端出现飞边、毛刺时，要修磨后使用。

（31）使用錾子錾削工件时，禁止对面站人。如果对面有人操作，则应在前方装设屏障或挡板。

（32）攻螺纹、铰孔时，丝攻与铰刀中心要与孔中心一致，用力要均匀，按先后顺序进行。

（33）攻、套螺纹时，应注意反转，并且根据材料性质，必要时加润滑油，以免损坏板牙、丝锥。

（34）铰孔时不准反转，以免刀刃崩坏。

（35）使用电动工具时，要戴好防护眼镜和手套。

（36）使用电动工具时，应确保电源线不会绊倒人或损坏。

（37）使用手持砂轮机时，要戴防护眼镜，并且砂轮正面不得站人。

（38）高空作业时，钳工要使用安全带，并且确保安全带可靠牢固地连接在安全支架上。

（39）使用钻床钻孔时，需要遵守钻床安全操作规程等规定。

（40）使用刮刀时，不可用力过猛，姿势要得当，以防止失去重心后碰伤。

（41）使用三角刮刀时，不可用手拿工件直接刮削。

（42）清理刮刀、锉刀、锯、钻等作业产生的铁屑必须采用铁刷等工具清理，严禁用手拿或用嘴吹。

（43）剔、铲工件时，正面不得有人。

（44）固定的工作台上剔、铲工件前面，应设挡板或铁丝防护网。

（45）大活、长活上台虎钳时必须配有支架。

（46）卡圆活，直径不得超过钳口的开度，并且钳口应有垫板。

（47）台虎钳必须装在正式的工作台上。夹紧工件时，禁止敲打台虎钳手柄。

（48）台虎钳上锉、铲工件时，加工部件应夹在钳口中心，以免钳口歪斜与工作物掉落。

（49）台虎钳工作台前应设防护网，以防铁屑飞出伤人。虎钳使用完毕，应清理干净，并且将钳口松开。

（50）使用锯弓锯削工件时，必须把工件夹紧。

（51）锯条安装应松紧适中。当工件快锯断时，不可用力过大，并且要防止没有被夹持端工件掉下，砸伤操作者足部。

（52）严禁使用三角胶皮带吊运工件。

（53）工作中应注意周围人员安全和自身安全，以防止工件脱落、工具脱落、铁屑飞溅伤人伤己，两人以上工作时要有一人负责指挥。

（54）操作过程中，钳工要保持注意力集中，严禁在操作中分心或开玩笑。

（55）进行禁油零件的安装修理时，手、工具应无油脂。接触氧气的设备、管道及其他零件装入设备前要脱脂。软水系统的管件，应除油。

（56）检修有腐蚀性设备时，应采取防腐蚀措施。

（57）有压力的容器或管道上工作时，不能随意卸或紧固螺丝，应在无压力的情况下进行。

（58）支撑大件时，严禁将手伸入工件下面，必要时要用支架或吊车吊起。

（59）支撑大件如当日不能完工，则应做好防护。

（60）进行设备检修前，需要办理安全检修票。进入设备内检修，必须事先办理进入设备、容器作业许可证等。进入有易燃易爆物的设备内检修时，必须先办理动火许可证等。

（61）进行设备检修作业时，要办理设备检修停送电联络单，并且由电工进行停送电，以及根据规定采用安全措施。检修时，停车、断电后，闸刀开关处应加锁，或者在闸刀开关处挂上"严禁合闸"的标示牌，必要时应设专人监护。

（62）检修遇有皮带传动的设备，在修理前应将皮带摘下。

（63）多工种检修同一台设备需交叉作业时，应加强联系，注意协调。

（64）清洗设备工件时，不准采用苯、汽油、丙酮等挥发性强的可燃液体清洗。如果必须使用时，则应有必要的防火措施。

（65）检修收尘器时，必须与岗位工、中控室联系，确认断电，并且经放电、验电、打闭锁后，才能够进入收尘器内作业，以及外面应有专人监护。

（66）检修中拆下的零件，不得由高处向下乱抛。

（67）潮湿地点、阴雨天气使用电气设备时，必须经由电工检查合格后才能够使用。

（68）刮研操作时，工件必须卡紧稳固，刮刀不准对着人操作。

（69）研磨大型曲拐轴、甩头瓦时，应设保险装置或垫木，或采用合适的安全措施。

（70）使用清管器时，需要检查蛇皮管、软轴、电气接地、清管器连接等情况。清管时，不准戴手套。

（71）画线时，工件要安放平稳，严禁在转动的工件上画线。

（72）画线平台周围要保持整洁，1m内严禁堆放物件。所用千斤顶，必须底平、顶尖、螺纹口松紧合适。严禁使用滑丝千斤顶。起重千斤顶不准倾斜，底部要垫平，随起随垫枕木。

（73）工件画线应支牢。支撑大件时，严禁将手伸入工件下面，必要时要用支架或吊车吊扶。当日不能竣工的，则应做好防护。

（74）画线所用紫色酒精，在3m内不准有明火，并且严禁放在暖气、气炉上面烘烤。

（75）套螺纹时，工件要夹牢，用力要均匀，严禁用手推作业。

（76）使用捯链、千斤顶等小型起重设备时，必须遵守起重安全操作规程等规定。

（77）用人力移动物件时，应统一指挥，稳步前进，口号要一致。

（78）检查拆卸或装配工作中间停止或休息时，零件必须放稳妥。

（79）高处作业、使用梯子作业时，应遵守高处作业安全操作规程、使用梯子安全注意事项等规定。高处作业时，应检查梯子、脚手架是否紧固可靠。梯子与地面须有防滑措施，必要时设专人监护。人字梯中部要有拉紧固定装置，工件画线应支牢。

（80）现场检修，要使用36V以下低压行灯照明。在窄小、潮湿的地方或金属容器内作业时，必须使用12V的行灯或手电。

（81）机器设备试车前，应先检查机器设备各部是否完好。检修人员撤离现场后，应办理停送电联络手续。

（82）机器设备试车中，不准调整、接触转动部位。

（83）工作完毕或因故离开岗位，必须停车断电。

（84）高空作业，应办理高处作业证，并且作业所用工具，必须用绳拴住或设其他防护措施，以免失手掉落伤人。

（85）交叉作业、多层作业时，必须戴好安全帽，带好工具包，防止落物伤人。

（86）交叉作业、多层作业时，必须注重统一指挥。

（87）进入容器内检修时，要特别注意容器内气体成分、温度、湿度、通风措施等，容器外要设专人监护。

（88）钳工操作产生的废弃物，应及时清理，放置到指定的垃圾桶中。

（89）检修结束时，应将所检修的设备清理干净，不得有妨碍设备运转的物品遗落在设备内外，并且将现场清理干净。暂放现场的大型零部件要放牢。拆下来的零件与其他废品，一般不准存放现场。

（90）设备在安装、检修过程中，应做好安装、检修的相关数据记录。

（91）钳工在发现火灾、泄漏等紧急情况时应立即向上级报警，并且根据现场情况采取适当的紧急处理措施。

（92）钳工应熟悉逃生通道、熟悉灭火器位置。遇到突发事故时，能够迅速反应与采取应急措施。

（93）钳工安全操作规程，应定期复习与更新，以适应新工艺、新设备等的要求。

7.2.8　管工安全操作规程

管工安全操作规程主要内容如下：

（1）用车辆运送管材、管件，要绑扎牢固，并且起落要一致。

（2）运送管材、管件，通过沟、坑、井时，要搭好马道，不得负重跨越。

（3）用滚杠运送管材、管件，要防止压脚，并不准用手直接调整滚杠。管子滚动前方，不得有人。

（4）管工应能熟练使用各种电动机械，熟知工艺流程及管道规格、材质等。

（5）紧固螺丝时，用力不要过猛，在活动扳手上使用套管应当小心用力，防止脱落或断裂。

（6）在易燃、易爆、有毒地点施工时，要遵照施工安全操作规程执行。

（7）工作开始前，要检查用具与材料、设备等是否良好，对有毛病的工具不得使用。

（8）用锯弓、锯床、切管器、砂轮切管机切割管子，要垫平卡牢，用力不得过猛，临近切断时，用手或支架托住。

（9）砂轮切管机的砂轮片应完好。操作时，应站在砂轮切管机的侧面，不得站在其前方。

（10）用机械敲打管子时，下面不得站人。人工敲打时，应上下错开。管子加热时，管口前不得有人。

（11）套螺纹工作要支平夹牢，工作台要平稳。如果两人以上操作，则动作应协调，并且防止柄把打人。

（12）管子串动和对口时，动作要协调，并且手不得放在管口与法兰的接合处。

（13）翻动工件时，应防止倾倒伤人等情况。

（14）沟内施工，遇有土方裂缝、松动、渗水等情况，应及时加设固壁支撑。另外，严禁用固壁替代上扶梯、下扶梯、吊装支架。

（15）人工往沟槽内下管，所用索具、地桩必须牢固，并且沟槽内不得有人。

（16）用风枪、电锤、錾子打透眼时，板下、墙后不得有人靠近。

（17）热煨弯管时，禁止在平台上及周围乱放工具，操作者不得站在管子堵头的地方，管子出炉及煨弯时，要相互配合，以免造成烫、砸伤等事故。

（18）用火烤管子或用气焊切割管子时，要检查管内有无爆炸及易燃物质。

（19）装管时，要仔细检查管子内有无杂物，并清洗干净，以免在切割时或生产中发生危险。

（20）施工过程中，管子吊运时，必须有专职人员挂钩指挥吊运。

（21）管道吊装时，捯链应完好可靠。吊件下方严禁站人，管子就位卡牢后，才可以松捯链。

（22）用酸、碱液清洗管子，应穿戴防护用品。酸、碱液容器必须加盖，并且设有明显标志。

（23）管道试压，应使用经校验合格的压力表。操作时，要分级缓慢升压。停泵稳压后，才可以进行检查。非操作人员不得在法兰、焊口、盲板、螺纹口处停留。

（24）管道吹扫、冲洗时，应缓慢启动阀门，以免管内物料冲击，产生水锤、气锤等现象。

（25）密闭狭小舱室施工时，必须做到通风、专人监护，注意防止触电事故发生。

（26）地沟、阴沟等地下作业时，应取气样分析，必要时要进行置换，同时采取适当的安全措施，以及详细检查沟壁是否有塌方危险。

7.2.9　起重司索工安全操作规程

起重司索工安全操作规程主要内容如下：

（1）熟悉起吊工器具的基本性能，最大容许负荷，报废原则，工件的捆绑、吊挂规定，指挥信号，并且需要严格执行本工种的安全技术操作规程规定。

（2）其他人员不得私自从事起重司索工的捆绑、挂钩指挥工作。

（3）工作前，应检查工具、设备是否良好。如果发现钢丝绳、麻绳、工夹吊具已达到报废程度，则严禁使用。

（4）工作前应穿戴好防护用品。

（5）起重司机、指挥信号工、挂钩工在作业前，应共同交底，统一信号。

（6）必须根据物件形状、重量体积、种类采用合适的起重措施。

（7）多人操作时，必须有专人负责指挥。

（8）吊运物件时，物件重心应平稳。起运大型物件，必须有明显标志，即白天挂红旗，晚上悬红灯。多种物件起重前，应进行试吊，确认可靠后才可吊运。

（9）使用三脚架，应绑扎牢固，杆距相等，杆脚固定牢固，不可斜吊。使用千斤顶，须上下垫牢，随起随垫，随落随抽垫木。

（10）使用滚杠，两端不宜超过工件底面过长，以防止压伤手脚。滚动时，应设监护人员。人不准在重力倾斜方向一侧操作。

（11）钢丝绳穿越通道，应挂有明显标志。

（12）吊运重物时，尽量不要离地面太高。

（13）任何状况下，严禁超重吊运。

（14）起重司索工必须服从信号工的指挥。

（15）从人员上空越过，所有人员不准在重物下停留或行走，不得将物件长时间悬吊在空中。

（16）使用起重机应和司机密切配合，严格执行起重机"十不吊"规定。

（17）使用新购置的吊索具前应检查其合格证并试吊，确认安全。

（18）工作时，应事先讲清起吊地点、运行通道上的障碍物，招呼逗留人员避让，自己也应选择恰当的上风位置与随物护送的线路。

（19）工作中，严禁用手直接校正已被重物张紧的绳子，例如钢丝绳、链条等。如果吊运中，发现捆缚松动或吊运工具发生异样、怪声，则应立即停车进行检查，不可有侥幸心理。

（20）翻转大型物体，应事先放好旧轮胎或木板等衬垫物，并且操作人员应站在重物倾斜方向的对面，严禁面对面倾斜方向站立。

（21）选用的钢丝绳或链条长度需要符合规定，并且钢丝绳等的夹角要合适，最大不能超过120°。

（22）吊运物件如有油污，应将捆缚处油污擦净，以防滑动。

（23）指挥多台起重机共同起吊一重物（只限于吨位相似的起重机械）时，应在企业重要技术负责人直接领导下进行。重量分布不得超过起重机械的额定负荷，并且要保证两台起重机械之间有一定相隔距离，不得碰撞。

（24）吊运大型设备或产品，需要由两人操作，并且由一人负责指挥。卸到运送车辆上时，要观测重心是否平稳，确认松绑后不致倾斜，才可以松绑卸物。

（25）任何状况下，严禁用人身重量来平衡吊运物件或以人力支撑物件起吊，更不容许站在物件上同步吊运。

（26）吊运成批零星物件，必须使用专用吊篮、吊斗等吊具，同步吊运两件以上重物，要保持物件平稳，不使互相碰撞。

（27）卸下吊运物件，需要垫好衬木，不规则物件要加支撑，以保持平稳，不得将物件压在电气线路与管道上面，也不得堵塞通道，物件堆放要平稳整洁。

（28）如果有其他人员协同起重挂钩作业时，则由起重挂钩工负责安全指挥、吊运。

（29）工作结束后，需要将所用工具油垢擦净，做好保养维护，妥善保管保存。

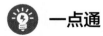 **一点通**

起重机的"十不吊"：

（1）超过额定负荷不吊。

（2）指挥信号不明、重量不明、光线暗淡不吊。

（3）吊索和附件捆缚不牢，不符合安全规定不吊。

（4）行车吊挂重物直接进行加工时不吊。

（5）歪拉斜挂不吊。

（6）工件上站人或工件上放有活动物件的不吊。

（7）氧气瓶、乙炔发生器等有爆炸性危险的器具不吊。

（8）带棱角物件尚未垫好（防止钢丝绳磨损或割断)不吊。

（9）埋在地下的物体未采用措施不拔吊。

（10）违章指挥不吊。

 **一点通**

凡有下列情况之一的钢丝绳不得继续使用：

（1）断股或使用时断丝速度增大。

（2）在一个节距内的断丝数量超过总丝数的 10%。

（3）出现拧扭死结、波浪形、钢丝外飞、压扁、股松明显、死弯、绳芯挤出、断股等现象。

（4）钢丝绳直径减少 7%～10%。

（5）钢丝绳表面钢丝磨损或腐蚀程度，达到表面钢丝直径的 40% 以上，或钢丝绳被腐蚀后，表面麻痕清晰可见，整根钢丝绳明显变硬。

7.2.10　起重指挥工安全操作规程

起重指挥工安全操作规程主要内容如下：

（1）吊运指挥人员，必须 18 周岁以上（含 18 周岁），身体健康，视力（包括矫正视力）在 0.8 以上，无色盲症，听力能够满足工作条件的规定。

（2）指挥人员必须经安全技术培训，考核合格，将证上岗。

（3）指挥人员必须与起重机司机联络时做到精确无误。

（4）指挥人员应熟知《起重机械安全规程》《起重机械吊具与索具安全规程》等规定。

（5）指挥人员对所指定的起重机械，必须熟悉技术性能才可以指挥。

（6）指挥人员不能干涉起重机司机对手柄或旋钮的操作。

（7）起重机司机、指挥信号工、挂钩工在作业前，应共同交底，统一信号。

（8）作业时，指挥人员不得擅自离开工作岗位，不得兼任挂钩工。

（9）轮式或履带式起重机作业时，必须确定吊装区域，并且设警戒标志，必要时派人监护。

（10）指挥人员应佩戴鲜明的标志和特殊颜色的安全帽。

（11）指挥人员在发出吊钩或负载下降信号时，应有保护负载降落地点的人身、设备安全措施。

（12）开始指挥起吊负载时，用微动信号指挥。等负载离开地面 100～200mm 时，停止起升，进行试吊，确认安全可靠后，才可以用正常起升信号指挥重物上升。

（13）指挥起重机在雨、雪天气作业时，应先试吊，检查制动器敏捷可靠后，才可以进行正常的起吊作业。

（14）高处指挥时，指挥人员应严格遵守高处作业安全规定。

（15）指挥人员选择指挥位置时：

① 应保证与起重机司机之间视线清晰。

② 在所指定的区域内，应能清晰地看到负载。

③ 指挥人员应与被吊运物体保持安全距离。

④ 当指挥人员不能同步看见起重机司机和负载时，应站到能看见起重机司机的一侧，并增设中间指挥人员传递信号。

 一点通

信号工应正确选择位置，不准站在吊物易碰难躲和无防护措施的危险部位。

7.2.11　起重司机安全操作规程

起重司机安全操作规程主要内容如下：

（1）起重司机应经培训考试合格获证后，凭证操作。严禁无证开机，并且严禁非驾驶人员进入驾驶室内。

（2）起重机应标明机械性能指示，以及根据需要设卷扬限制器、载荷控制器、联锁开关等装置，并且使用前应检查试吊。

（3）钢丝绳在卷筒上必须排列整齐，尾部卡牢，工作中最少保留三圈。

（4）开机前，应认真检查钢丝绳、吊钩、吊具有无磨损裂纹和有无损坏现象，各部电器元件是否良好，线路连接是否安全可靠，传动连接部位螺栓是否松动，传动部分、润滑部位是否正常。

（5）开机前，应进行空运转，等一切正常后才可以使用。

（6）行走式塔吊作业前，应检查轨道是否平直、是否无沉陷。轨道螺栓应无松动，并且排除轨道上的障碍物。

（7）工作时，应服从指挥，坚守岗位，集中精力，仔细操作。

（8）严禁吊钩有重物时离开驾驶室。

（9）两机或多机抬吊时，必须有统一指挥，动作配合协调，吊重还应分配合理，不得超过单机允许起重量的80%。

（10）操作中，应做到二慢一快：起吊慢、下落慢、中间快。

（11）下降吊钩或吊物时，如果发现吊物下面有人或吊钩前面有障碍物时，应立即发出信号，服从指挥人员信号指挥。

（12）操纵控制器时，应从停止点转动到第一挡，再依次转级增加速度，严禁越挡操作。

（13）倡导文明开机，开机时由慢到快，停机时由快到慢。

（14）开机时，机未停妥严禁变换行驶方向。

（15）起吊重物严禁自由下落，重物下落应用手刹或脚刹控制缓慢下降。

（16）驾驶员必须服从指挥员的信号指挥，操作前应先鸣号后开机。

（17）吊运重物时，应高于前进方向所有障碍物2m。

（18）起吊在满负荷或接近满负荷时，严禁降落臂杆或同时进行两个动作。

（19）遇有下列状况严禁起吊（十不吊）：

① 起重指挥信号不明或乱指挥不吊。

② 超负荷不吊。

③ 紧固不牢不吊。

④ 吊物上有人不吊。

⑤ 安全装置不灵不吊。

⑥ 工件埋在地下不吊。

⑦ 斜拉工件不吊。

⑧ 光线阴暗看不清不吊。

⑨ 小配件或短料盛过满不吊。

⑩ 棱角物件没有采用包垫等护角措施不吊。

（20）操作时，发现塔吊工作不正常、安全装置失灵等异常情况，应立即停止操作，切断电源，汇报相关部门与人员检修，等正常后才可以使用。

（21）高空修理时，必须戴好安全带。

（22）起重机停止作业时，应将起吊物件放下，刹住制动器，操纵杆放在空挡，并且关门上锁。

（23）下班前，各操作处应在断开位置，并且切断电源。离开驾驶室，必须关门上锁。

（24）自升式起重机吊运物件时，平衡重必须移动到规定位置。

（25）顶升时，应把起重小车与平衡重移进塔帽，并且将旋转部分刹住，塔帽严禁旋转放置。

7.2.12 起重安装工安全操作规程

起重安装工安全操作规程主要内容如下：

（1）凡参加起重安装、拆除、拔桩的人员，必须进行起重安装的安全技术学习，等熟悉操作规程与考核获证后，才能够参加操作。

（2）进行起重安装工程前，应根据施工与操作的场地、工程的大小与复杂程度、天气状况、具备条件等因素设计出施工与操作的方案、平面布置图、安全防护措施、应急措施，以及向参与人员进行安全技术交底。

（3）起重安装使用的工具、材料等均需要是正规厂家生产并有合格证明的，损坏、残缺、性能变差的工具、材料不得用于起重安装。

（4）起重安装工程地处交通通道，应划出危险区，加设栏杆，并且设专人看守，必要时中断交通。

（5）起重安装人员，应根据施工环境，使用相应的防护用品，采取安全预防措施，以防高空坠落与机械伤害事故。

（6）安装场所用的脚手架应符合强度与稳定性能要求。

（7）起重机安装后，在无载荷状况下，塔身与地面的垂直度偏差不得超过 0.4%。

（8）塔吊的电动机和液压装置部分，应根据电动机和液压装置的有关规定执行。

（9）塔吊作业时，应有足够的工作场地，塔吊起重臂杆起落和回转半径内无障碍物。

（10）作业前，必须对工作现场周围环境、行驶道路、架空电线、建筑物、建筑构件重量与分布等状况进行全面了解。

（11）无论安装任何构件，在构件未安装到位前，不得摘钩。

（12）进行塔吊回转、变幅、行走、吊钩升降等动作前，操作人员应鸣声示意。

（13）检查电源电压与其变动范围是否正常。送电前，检查金属构造部分无漏电才可上机。

（14）塔吊的指挥人员，必须通过培训获得合格证后，才可担任指挥。作业时，应与操作人员密切配合。操作人员严格执行指挥人员的信号。如果信号不清或错误时，则操作人员应拒绝执行。如果由于指挥失误而导致事故，则应由指挥人员负责。

（15）操纵室远离地面的塔吊在正常指挥发生困难时，可设高空、地面两个指挥人员，或者采用有效联络措施进行指挥。

（16）如果遇有六级大风或大雨、大雪、大雾等恶劣天气时，则应停止塔吊作业。

（17）塔吊的小车变幅和动臂变幅限位器、行走限位器、力矩限位器、吊钩高度限位器、多种行程限位开关等安全保护装置，需要齐全完整、敏捷可靠，不得随意调整与随意拆除。

（18）严禁用限位装置替代操纵机构。

（19）塔吊作业时，重物下方不得有人停留或通过。

（20）严禁用塔吊载运人员。

（21）塔吊机械必须根据规定的塔吊性能作业，不得超载荷，不得起吊重量不明的物件。

（22）在特殊状况下需超荷使用时，必须有保证安全的技术措施，并且经技术负责人同意，有专人在现场监护，才可起吊，但是不得超过限载的 10%。

（23）严禁使用塔吊进行斜拉、斜吊。

（24）用四根绳扣吊装时，应在绳扣间加铁扁担等调节其松紧度。

（25）使用开口滑车必须扣牢。禁止人员跨越钢丝绳和停留在钢丝绳可能弹及的地方。

（26）现场浇筑的混凝土构件或模板，必须在松动后才可以起吊。

（27）起吊重物时，应绑扎平稳牢固，不得在重物上堆放或挂零星物件。

（28）起吊重物时，零星材料和物件，必须用吊笼或钢丝绳绑扎牢固后，才可起吊。

（29）起吊重物时，标有绑扎位置或记号的物件，应根据标明位置绑扎。绑扎钢丝绳与夹角不得小于 30°。

（30）起吊有尖锐边缘的构件时，应在绳索和构件接触处加以垫衬，以防止绳索断裂发生事故。

（31）雨雪天气时，应先试吊，确认制动器敏捷可靠后才可以进行作业。

（32）塔吊在起吊满载荷，或靠近满载荷时，应先将吊物吊离地面 20～50cm 后停止提高，检查制动器的可靠性、起重机的稳定性、重物的平稳性、绑扎的牢固性。确认无误后，才可继续提升。

（33）起重物的堆积与捆扎必须稳妥牢固，堆积物不能过高，不能上大下小。

（34）起吊重物时，对于有晃动的重物，必须拴拉绳。

（35）重物提高与降落速度要均匀，严禁忽慢忽快、忽然制动。

（36）起吊重物时，左右回转动作要平稳。当回转未停稳前，不得作反向动作。

（37）非重力下降式塔吊，严禁带载自由下降。

（38）龙门起重机在运输重物时，重物上不得站人，以防止行车时的震动导致跌落而发生事故。

（39）塔吊不得靠近架空输电线路作业，如果限于现场条件，必须在线路旁作业时，则应采用安全保护措施，并且塔吊与架空输电导线的安全距离需要符合规定。

（40）塔吊基础土壤承载能力必须严格满足原厂使用规定要求，或符合下列要求：

① 中型塔为 $8\sim12t/m^2$；

② 重型塔为 $12\sim16t/m^2$。

（41）每道附着装置的撑杆布置方式、相互间隔、附墙距离应根据原厂规定。自制撑杆，应有设计计算书。

（42）风力达四级以上时，不得进行顶升、安装、拆卸作业。顶升前，必须检查液压顶升系统各部件连接状况。顶升时，严禁回臂杆与其他作业。

（43）安装梁、板等构件，在构件的两端必须拴牵引绳索，控制被吊物的晃动，以防止吊物与其他部件发生碰撞或造成起重机倾覆。

（44）塔吊的安装、拆卸作业，应由获得安拆资质的单位与人员进行。

（45）塔吊应设置避雷装置。

（46）起重安装工其他安全操作要点见表 7-4。

表 7-4　起重安装工其他安全操作要点

项目	安全操作要点
起重桅杆	(1)组装桅杆时,应注意对好孔。高空拧紧和拆卸螺丝应用固定扳手,如果用活动扳手,则应系安全带。 (2)捆转向滑车或定滑车,捆绕数不宜多,并且须排列整齐、受力均匀。 (3)捆绑定滑车应有防滑措施,但是起重量大的定滑车应用吊环。 (4)缆风绳应合理布置,松紧均匀。缆风绳与桅杆顶应用卡环连接。缆风绳与地锚连接后,应用绳卡轧死。 (5)缆风绳跨越马路时,架空高度应不低于7m。 (6)缆风绳与高压线间应有可靠的安全距离。如果需跨过高压线,应采取停电、接地、搭设防护架等安全措施。 (7)定点桅杆应设5根缆风绳,移动式桅杆缆风绳不得少于8根,禁止设多层缆风绳。 (8)当采用间歇法移动时,桅杆移动的倾斜幅度不宜超过桅杆高度的1/5。当采用连续法移动时,则应为桅杆高度的1/20～1/15。相邻缆风要交错移位
结构吊装	(1)装运易倒构件应用专用架子,卸车后应放稳搁实,支撑牢固。 (2)起吊屋架由里向外起板时,应先起钩配合降伸臂。由外向里起板时,应先起伸臂配合起钩。 (3)就位的屋架,应搁置在道木或方木上,两侧斜撑一般不少于3道。禁止斜靠在柱子上。 (4)使用抽销卡环吊钩件时,卡环主体和销子必须系牢在绳扣上,并且将绳扣收紧,严禁在卡环下方拉销子。 (5)引柱子进杯口,撬棍应反撬。临时固定柱的楔子每边各需2只,松钩前应敲紧。 (6)无缆风绳校正柱子,应随吊随校。但是偏心较大、细长、杯口深度不足柱子长度的1/20或不足60cm时,禁止无缆风绳校正。 (7)禁止将物体放在板形构件上起吊。 (8)吊装不易放稳的构件,应用卡环,不得用吊钩

项目	安全操作要点
设备吊装	(1)三脚架(三木塔)下脚应相对固定,捯链应挂在正中,移动时应防止倾倒。 (2)装运重心高、偏心大、易滚动的设备等,应合理搁置,并且采取稳固措施。 (3)用顶升法装车,托梁应有足够的长度与强度。顶升速度应一致,前后应交错进行,高差不宜过大。 (4)用滚动法装卸车时,滚道的坡度不得大于20°,滚道的搭设应平整坚实、接头错开。滚动的速度不宜太快。必要时应设溜绳。在滚道一侧的车体下面应用枕木垫实。 (5)使用管子(滚杠)拖动设备,管子的粗细应一致,其长度应比托板宽度长50cm。填管子时大拇指应放在管子的上表面,其他四指伸入管内,严禁戴手套和一把抓管子。 (6)旋转法起吊时,设备的中心线、桅杆、基础中心应在同一平面内。采用多根主缆风绳时,应有调节受力的装置。在滑车组的相反方向应有制动措施。 (7)采用人字桅杆起板法吊装时,桅杆两腿间的夹角不大于45°,受力方向应在两腿的中间。桅杆的高度应为设备和长度的1/2.5~1/2。桅杆两腿与设备绞座应放在一起

7.2.13　中小机械操作工安全操作规程

中小机械操作工安全操作规程主要内容如下:

(1) 中小机械操作工在操作机械时,应保证自己和他人的安全,并且遵守安全操作规程,做到安全无事故、效率高。

(2) 中小机械操作工在操作过程中,应保持清醒的状态,不得在疲劳、酒后、药物影响下进行机械操作。

(3) 中小机械操作工需根据机械设备操作规范进行操作,不能擅自改动机械操作程序。

(4) 现场施工机械必须根据施工平面图布置。如果需移动,则必须经现场施工负责人同意。

(5) 现场机械安装要稳固,带有胶轮胎的机械应将轮胎拆下并垫离地面,保养好。

(6) 一切机械、电器设备的金属外壳与行车轨道,要接零、接地,阻值不大于10Ω。在同一供电系统中不准有的设备接零、有的设备接地。

(7) 所有的施工机械都应安装漏电保护器。移动型机具不安装漏电保护器的不得使用。

(8) 实行一机一闸制,所有机械都应设独立的开关箱,并且箱内不得存放杂物。

(9) 开关距所控设备水平距离不宜超过3m。

(10) 中小机械操作工应做到"四懂三会":懂构造、懂原理、懂性能、懂用途、会操作、会维修保养、会排除故障。

(11) 中小机械操作工,有权拒绝违反安全规程的操作指令。

(12) 操作旋转机械时严禁戴手套。女工要戴女工帽,长发不得外露。

(13) 机械设备使用前,应检查各部位的配件、防护装置、离合器、制动器、限位器等是否齐全有效,并且进行试运转,以确认安全后才可使用。

(14) 使用移动型机具,应根据规定设辅助人员。两人以上共同作业时,必须有从有主,统一指挥。多机同时作业应设监护人。

(15) 机械不准超载运行,运行中发现异响、电机过热等情况时,应停机检修或降温。另外,严禁在运行中检修、保养机械。

(16) 按时做好各种机械的维修、保养工作。严禁机械带病运转。机械运转中途停电,则应切断电源。

(17) 中小机械操作工应严格执行交接班制度。下班(或工作完毕)后,应切断电源,关箱加锁，以及做好"十字"作业（即：清洁、润滑、调整、紧固、防腐）。

一些具体的中小机械安全操作规程主要内容见表7-5。

表 7-5　一些具体的中小机械安全操作规程

中小机械名称	安全操作规程
混凝土、砂浆搅拌机	(1)搅拌机必须安顿在坚实的地方，并且用支架或支脚筒架稳，不准以轮胎替代支撑。 (2)开动搅拌机前应检查制动器、离合器、钢丝绳等是否良好，滚筒内不得有异物。 (3)料斗升起时严禁任何人在料斗下通过或停留。工作完毕后，应将料斗固定好。 (4)运转时，严禁将工具伸进滚筒内。 (5)现场检修时，应固定好料斗，切断电源。进入滚筒时，外面应有人监护
卷扬机	(1)卷扬机应安装在平整坚实、视野良好的地点，机身和地锚必须牢固。 (2)卷扬筒与导向滑轮中心线应垂直对正。 (3)卷扬机距离滑轮一般应不小于15m。 (4)作业前，应检查网丝绳、制动器、保险棘轮、离合器、传动滑轮等，确认安全可靠，才可以操作。 (5)钢丝绳在卷筒上必须排列整齐，作业中至少需保留三圈。 (6)作业时，不准跨越卷扬机的钢丝绳。 (7)吊运重物需在空中停留时，除使用制动器外，并应用棘轮保险卡牢。 (8)操作时，严禁私自离开岗位。 (9)工作中要听从指挥人员的信号，信号不明时，应暂停操作，等弄清状况后方可继续作业。 (10)作业中忽然停电，应立即拉开闸刀，将运送物件放下
蛙式打夯机	(1)蛙式打夯机手把上应装按钮开关，并且包绝缘材料。 (2)操作蛙式打夯机时，应戴绝缘手套。 (3)打夯机电源电缆必须完好无损。 (4)作业时，严禁夯击电源线
捯链	(1)捯链的链轮盘、链条，如果有变形、扭曲，则严禁使用。 (2)操作时，不准站在捯链正下方。 (3)重物需要在空中停留时间较长时，则要将小链拴在大链上
千斤顶	(1)操作千斤顶时，千斤顶应放在平整坚实的地方，并且用垫木垫平。 (2)丝杆、螺母如果有裂纹，则严禁使用。 (3)使用油压千斤顶，严禁站在保险塞对面，并且不准超载。 (4)千斤顶提升最大工作行程不应超过丝杆或齿条全长的75%

7.2.14　场内机动车司机安全操作规程

场内机动车司机安全操作规程主要内容如下：

（1）司机必须持证上岗。

（2）启动前，应将离合器或将变速机放在空挡位置。

（3）机械周围无人与无障碍时，才可启动。

（4）装卸机向前倾斜时严禁提高物件。

（5）升降机尚未完全向后倾斜时不准开车。

（6）翻斗车司机向坑槽或混凝土集料斗卸料时，应保持安全距离并放置挡墩，以防翻车。

（7）车上严禁带人。

（8）转弯时应减速，注意来往行人。

（9）严禁酒后驾驶场内机动车。

7.2.15　机械维修工安全操作规程

机械维修工安全操作规程主要内容如下：

（1）工作中精力要集中，不准开玩笑，不准打闹，不准睡觉，不做与本职无关的事。

（2）工作环境应干燥整洁，不得堵塞通道。

（3）多人操作的工作台，中间应设防护网，并且对面方向时应错开。

（4）清洗用油、润滑油脂、废油脂，需要在指定地点寄存。

（5）废油、废棉纱不准随地乱丢。

（6）扁铲、冲子等尾部不准淬火。

（7）维修过程中要求负责人员时刻对对讲机内容进行监听，并且保证信息的准确性、时效性。

（8）机械解体，要用支架，并且架稳垫实，有回转机构的要卡死。

（9）修理机械，应选择平坦坚实地点停放，并且支撑要牢固、要楔紧。

（10）修理机械，使用千斤顶时，必须采用支架垫稳。

（11）不准在处于发动状态的车辆下面操作。

（12）架空试车，不准在车辆下面工作或检查，也不准在车辆前方站立。

（13）检修中的机械，应挂"正在修理，严禁开动"的标志示警，并且非检修人员一律不准发动或转动。

（14）检查机械中，不准将手伸进齿轮箱或用手指找正对孔。

（15）机械维修所需的电、气焊加工制作，应由持证的正式电、气焊人员进行，维修工、电工、钳工等根据工种区别共同完成维修任务，禁止超越工种界限操作。

（16）不具备通风条件或不采取安全通风措施的情况下，禁止焊接。

（17）维修人员如需动机，要与司机配合，配合之前需通过对讲机将维修内容通报值班长，严禁维修人员动机。

（18）进行危险性较大的机械维修时，应根据业主要求进行维修，不得在未通知有关负责人、业主的情况下，私自进行操作机器进行维修。

（19）试车时，应随时注意多种仪表、声响等。当发现异常状况，应立即停车。

（20）维修结束后，维修人员须及时通知现场巡视、司机等人员。

（21）维修人员在结束维修工作后，须对动火部位进行详细检查，并且嘱咐巡视人员定时进行复查。

7.2.16　打桩工安全操作规程

打桩工安全操作规程主要内容见表7-6。

表 7-6　打桩工安全操作规程主要内容

项目	安全操作规程
一般规定	（1）作业场地应平整、无障碍物。 （2）软土地基地面上，应加垫路基箱或厚钢板，并且在基础坑或围堰内要有足够的排水设施。 （3）起重用钢丝绳、卡环等器具，需要符合安全规定，不得超载使用。 （4）打桩时，桩基处严禁无关人员靠近。 （5）打桩时，操作与监护人员、装锤油门绳操作人员应站在规定距离以外，并且打桩区域需要设置安全警示标志。 （6）吊运桩必须避开桩基驾驶室。 （7）移动桩架或停止作业时，需要将桩锤放在最低位置（即落在地面或柱上）。 （8）送桩、拔出或打桩结束移开桩后，地面孔洞必须回填或加盖。 （9）作业时，应有专人指挥，统一行动，并且指挥信号要明确。 （10）作业时，桩基工要严格执行指挥信号，不得各行其是

项目	安全操作规程
桩基的运送	(1)桩机不适宜带尾部配重上、下拖车。桩机前部只容许带底节导杆同主机一起运送。 (2)拖车跳板或斜桥的挂钩或销轴连接必须牢固,跳板或斜桥上要垫置防滑木板或胶带,其坡度不得大于20°。 (3)桩机在拖车上,需要牢固稳固
桩机的拆装与移动	(1)用扒杆安装塔式桩架时,升降扒杆动作要协调,到位后要接紧缆风绳,绑扎底脚。组装时,需要用工具找正螺孔,严禁将手指伸入孔内。 (2)安装(拆卸)履带式、轨道式桩机,连接(拆卸)多种杆件需要放在支架上进行。竖立(或放下)导杆时,必须锁住履带或轨钳夹紧,并且设置溜绳。 (3)导杆升到75°时,必须拉紧溜绳。导杆竖直装好撑杆后,才可以拆除溜绳。 (4)移动塔式桩架时,严禁跨越滑轮组。 (5)直式装架横移时,左右缆风绳要有专人松紧。纵向移动时,应将走管上扎钩滑轮和木棒取下,牵引钢丝绳与其滑轮组要与桩架底盘平行
履带式打桩机的操作	(1)打桩机的安装、拆卸,应根据说明书规定程序进行。用伸缩式履带的打桩机,应将履带扩张后方可安装。履带扩张应在无配重情况下进行,上部回转平台应转到与履带成90°的位置。 (2)立柱底座安装完毕,应水平微调液压缸进行试验,确认无异常时,再安装立柱。 (3)吊装时,正前方吊桩距离不超过4m,不得偏心吊桩,宜采用边提锤边喂桩的措施。 (4)桩未在地面插牢,桩未喂进桩帽,桩、桩帽、桩锤三者不在同一垂直线上时,严禁开锤施打。 (5)操作人员在工作过程中,需要时刻保持杆的准确位置,并且注意锁好离合器、保险栓、卷扬制动器。 (6)机下施工人员在工作时,需要避开桩有倾斜趋势的方向和桩锤的正下方。扶桩、稳桩时,严禁站在桩与前叉架间。 (7)拆卸应根据与安装时相反程序进行。放倒立柱时,应使用制动器使立柱缓缓放下,并且用缆风绳控制,不得不加控制地快速下降。 (8)使用双向立柱时,应等立柱转向到位,并且用锁销将立柱与基杆锁住后,才可以起吊。 (9)在斜坡上行走时,应将打桩机重心置于斜坡的上方,斜坡的坡度不得大于50°,在斜坡上不得回转
液压静力压桩机的操作	(1)不得带病操作、不得疲劳操作、严禁酒后操作。 (2)压桩机组装后,应对各部位、系统进行检查、调试,并且经有关人员验收合格后才可以使用。 (3)压力表、水平仪等仪器必须根据规定时间进行鉴定和考核。 (4)各类液压安全阀、电气保护装置,应由专业人员调整、铅封。 (5)对设备性能不熟悉的非桩机操作人员禁止操作。 (6)操作时,应常常注意压力表、电流表、电压表数值。如果发现异常与紧急状况,则必须首先断开电磁卸压阀,再关闭电机,停机检查,绝对不容许先关电机。 (7)满桶或半桶液压油必须倾斜存放,油桶盖必须盖上遮雨布,以防止雨水渗入。 (8)前方地下基础不明(防暗沟、泥塘、空洞等)时严禁移机。 (9)上下坡度太大,支腿油缸机身配重不能调水平、处于倾斜状态时严禁上下坡。 (10)没有专人指挥,指挥信号不明,遇到错误指挥等情况禁止移机。 (11)停止作业时,将所有开关手柄回到零位,并且将夹头箱降到最低位置,垫好枕木。 (12)拆卸装运时,所有油缸活塞缩回油缸,拆卸活动软管,及时将堵塞盖戴上
柴油机的操作	(1)桩机轨道铺设,需要符合说明书等规定。 (2)检查螺栓紧固状况,不得松动、不得缺件。 (3)导板与导杆的间隙不小于7mm时应更换。 (4)挺杆后仰时,严禁提高桩锤。打斜桩时,应将桩吊入门架固定稳当,再行后仰挺杆。 (5)检查起落架工作状况,并且加以润滑。采用自动油泵润滑,活塞下落而气缸未燃爆时,起落架不落下。 (6)筒式桩锤采用清洁的软水冷却,严禁在无水状况下作业。 (7)桩帽中的填料不得偏斜。作业时,桩机回转制动要缓慢。 (8)作业后桩机应停放在轨道中部,卡紧轨钳。放倒挺杆时,卷筒制动要牢固,并且在挺杆两侧拴好拉绳,缓缓放倒。拉绳要保持张紧,挺杆不应有摆动

项目	安全操作规程
螺旋钻孔机的操作	(1)钻机应装有钻深限位的报警装置,并且安装前仔细检查各部位。10m以上的钻杆,不得在地面上接好后一次吊起安装。 (2)钻机应旋转平衡、坚实。 (3)汽车式钻机应支好支腿,自动微调或用线锤调整挺杆,保持垂直。 (4)钻头先对准桩位,接触地面才能转动。 (5)钻机发出下钻限位报警时应停钻,稍稍提高钻杆,等报警信号解除,才可继续下钻。 (6)钻孔时,如果遇卡钻,则应立即停机断电,未查明原因前不得强行启动。如果遇机架摆晃、钻声异常、移位、螺丝松动等情况,则应立即停机处理。 (7)钻孔时,严禁用手清除螺旋片上的泥土。 (8)作业完毕,应清除钻杆与螺旋片的泥土,并且令钻机下降接触地面,各部制动住,操纵杆放空挡位置,以及切断电源。
桩的连接和切割	(1)混凝土桩连接时,所用的胶泥盛器,不准用锡焊。胶泥浇注后,上节桩需要缓慢放下。 (2)钢管桩等金属连接,可以采用电焊或气体保护焊,但是需要由焊工来操作。 (3)钢管桩的切割,可以采用等离子切割机进行。 (4)钢管桩切割、焊接时,操作人员必须戴好防护面罩、帽子、电焊手套、滤模防尘口罩、隔声耳罩,并且人站在上风操作。 (5)不戴防护镜的人员不得直接观测等离子弧,裸露的皮肤不得靠近等离子弧。 (6)切割时,严禁触摸割嘴等带电体。 (7)使用的钍、钨电极,应有专门的寄存的地方。磨削电极时,应戴口罩。 (8)切割、焊接的废渣,应常常进行湿式打扫,妥善处理
使用人工成孔作业时的规定	(1)使用人工成孔作业的孔口,应保持洁净,周围2m内不得有堆放物和上空不得有悬挂物,从孔内取出的土应运到孔口2m以外。 (2)孔壁应做护壁保护,可以用红砖做护壁,并且壁厚不得小于24cm。用钢筋混凝土护壁,不得小于15cm。每节护壁的高度不得小于1m。挖孔进入扩头时,其护壁高度不得小于0.5m。 (3)如果遇土质差,红砖护壁不能稳固孔壁时,则用支护板打钢筋混凝土护壁。如果遇流沙、淤泥土质时,则护壁高度每段不得超过0.5m。 (4)人员进入孔内作业,必须戴好安全帽,并且应随时注意观测孔壁变化状况,并且要与地面人员保持联络。 (5)人员进入孔内作业,如果发现异常状况应及时离开孔内。等处理完后,才能继续进入孔内作业。 (6)取土、下料的提高器具,必须稳固牢固,不得凑合使用。 (7)人工提土或下料时,提高绳上应打好"力点结"。 (8)提土或下料时,孔内应停止作业,人员应站靠孔壁,观测吊物升降状况并做好防坠落物的准备。 (9)孔内渗水严重,则应深挖积水坑,并且配合泵抽水,保持作业面无积水。 (10)孔内光线不好时,应用36V以下的行灯做照明。 (11)照明、水泵、通风等线路必须绝缘可靠,不得互相缠绕。 (12)电气设备应有良好的接地或接零。 (13)注意检查、检测孔洞内有无易燃、有毒气体,并且需要经处理确认对人体不会有伤害后,才可继续进行孔内工作。 (14)孔口提高用的三脚架,必须牢固。架杆各方长度,距离必须一致,并且连接牢固,杆与地形成的夹角不得大于70°。另外,架杆底部必须垫设木板,以防三脚架下塌或偏倒导致事故。 (15)移动三脚架时,必须6人抱架杆,在统一指挥下移动,移动时要保持各方面的角度、距离

7.2.17 通风工安全操作规程

通风工安全操作规程主要内容如下:

(1)操作用火时,应清除周围易燃物,配足消防器材,并且有专人看火。

(2)使用切断机剪切时,工件要压实。剪切窄小钢板,要用工具卡牢。调整或校正刀具时,必须停机。

（3）折方时，应互相配合，并且与折方机保持距离，以免被翻转的钢板与配重击伤。

（4）操作卷扬机、压缝机，手不得抱送工件。

（5）下料所裁的铁皮边角余料，应随时清理，并且堆放至指定地点，做到"活完料净场地清"。

（6）用车运输局部通风机时，应有专人负责，并和信号工、摘钩工取得联系。装卸车时，要相互协作，稳起稳落，以防止损坏装备和碰伤装卸人员。

（7）操作前，应检查所用的工具。

（8）使用錾子剔法兰或剔墙眼时，应戴防护眼镜。錾子毛刺应及时清理掉。

（9）在风管内操作铆法兰和腰箍冲眼时，管内操作人员应配合一致，里面的人面部必须避开冲孔。

（10）组装风管时，法兰孔应用尖冲撬正，严禁用手指触摸。

（11）人力搬抬风管、设备时，需要注意路面上的洞、孔、沟、坑、其他障碍物。

（12）人力搬抬风管、设备时，通道上部有人施工，通过时应先停止作业，两人以上操作要统一指挥，互相呼应。

（13）抬设备或风管时，应轻起慢落，严禁任意抛扔。

（14）吊装风管所用的索具要牢固，吊装时应加溜绳稳住，并且与电线保持一定安全距离。

（15）往脚手架或操作平台搬运风管和设备时，不得超过脚手架或操作平台容许荷载。

（16）在楼梯上抬运风管时，应步调一致，前后呼应，并且防止跌倒或碰伤。

（17）搬抬铁板必须戴手套，并且应用破布或其他物品垫好。

（18）安装使用的脚手架，使用前必须经检查验收，合格后才可以使用。

（19）非架子工不得任意拆改。

（20）使用高凳或高梯作业，底部应有防滑措施，并且有人扶梯监护。

（21）高空安装风管、水漏斗、气帽等，必须搭设脚手架，并且所用工具应放入工具袋内。

（22）在楼板洞口安装风管时，在拆除管子预留洞口的钢筋网或安全防护盖板前，应提出申请，办理洞口使用交接手续后，才可拆除。操作完毕，应将预留洞口安全防护盖板恢复好，盖严盖牢。

（23）在斜坡屋面安装风管、风帽时，操作人员应系好安全带，并且用索具将风管固定好。等安装完毕后，才可拆除索具。

（24）吊顶内安装风管，必须在龙骨上铺设脚手架，并且两端固定，严禁在龙骨、顶板上行走。

（25）安装玻璃棉、消声材料、保温材料时，操作人员必须戴口罩、戴风帽、戴风镜、戴薄膜手套，穿丝绸料工作服。

7.2.18　防水工安全操作规程

防水工安全操作规程主要内容如下：

（1）必须根据规定佩戴防护用品。

（2）高处作业时，必须支搭平台。

（3）使用喷灯作业时，遵守有关安全规定。

（4）在构筑物内部作业时，应保持空气流通，必要时采取强制通风措施。

（5）患有皮肤病、眼病、刺激过敏者，不得参加防水作业。施工过程中发生恶心、头晕、过敏等，应停止作业。

（6）患皮肤病、眼结膜病等以及对沥青严重敏感的工人，不得从事沥青工作。

（7）装卸溶剂（如苯、汽油等）的容器，必须配软垫，不准猛推猛撞。使用容器后，其容器盖必须及时盖严。

（8）防水卷材采用热熔黏结，使用明火（如喷灯）操作时，应申请办理用火证，并且设专人看火，以及配有灭火器材，周围 30m 以内不准有易燃物。

（9）沟、槽、坑内作业必须经常检查沟、槽、坑壁的稳定状况，上下沟、槽、坑必须走坡道或梯子。

（10）沥青作业每班应适当增加间歇时间。

（11）装卸、搬运、熬制、铺涂沥青，必须使用规定的防护用品，皮肤不得外露。

（12）装卸、搬运碎沥青，必须洒水，以防止粉末飞扬。

（13）熔化桶装沥青时，应先将桶盖和所有气眼打开，用铁条穿通后，方可烘烤，并且常常疏通放油孔和气眼。严禁火焰与油直接接触。

（14）熬制沥青地点不得设在电线的垂直下方。

（15）熬油前，应清除锅内杂质和积水。

（16）熬油必须随时测量控制油温，熬油量不得超过油锅容量的 3/4，下料应慢慢溜放，严禁大块投放。下班熄火，封闭炉门，熄灭炉火。

（17）装运沥青的勺、桶、壶等工具，不得用锡焊。

（18）运送热沥青时，应使用带盖的提桶，并且桶盖必须严密，装油量不得超过桶容积的 3/4。

（19）两人抬运热沥青时，应协调一致。

（20）沥青刷手柄长度不宜小于 50cm。

（21）屋面铺贴卷材，四面应设置 1.2m 高围栏，靠近屋面四面沿边施工时，应注意安全。

（22）地下室、基础、池壁、容器内等处进行有毒、有害的涂料防水作业，应定期轮换间歇，通风换气。

（23）使用液化气喷枪、汽油喷灯点火时，火嘴不准对人。汽油喷灯加油不得过满，打气不能过足。

（24）用热玛蹄脂粘铺卷材时，浇油和铺毡人员，应保持一定距离。浇油时，檐口下方不得有人行走或停留。

（25）下班清洗工具。未用完的溶剂，必须装入容器，并且将盖盖严。

7.2.19 混凝土工操作规程

混凝土工操作规程主要内容如下：

（1）车子向料斗倒料，应有挡车措施，不得用力过猛与撒把。

（2）用井架运送时，小车把不得伸出笼外，车轮前后要挡牢，做到稳起稳落。

（3）浇灌混凝土使用的溜槽、串筒节间必须连接牢固。

（4）浇灌混凝土操作部位，应有护身栏杆，不准直接站在溜槽帮上操作。

（5）用输送泵输送混凝土，管道接头、安全阀要完好。

（6）用输送泵输送混凝土，管道的架子要牢固。

（7）用输送泵输送混凝土，输送前，要试送。检修时，必须卸压。

（8）浇灌框架、梁、柱混凝土，应有操作平台，不得直接站在支撑上操作。

（9）浇筑拱形构造，应自两边拱脚对称同步进行。

（10）浇圈梁、浇雨篷、浇阳台，应设临时脚手架，以防人员下坠。

（11）不得在混凝土养护窑（池）边上站立、行走。

（12）浇混凝土时，注意窑盖板与地沟孔洞，以防失足坠落。

（13）预应力灌浆，应严格根据规定压力进行，并且输浆管道要畅通，阀门接头要严密牢固。

（14）使用振动棒时，应穿胶鞋、戴绝缘手套。

（15）使用振动棒时，湿手不得接触开关。

（16）使用的振动棒电源线不得破皮漏电。

7.2.20 电焊工安全操作规程

电焊工安全操作规程主要内容如下：

（1）工作前，应戴好规定的个人防护用品，所用面罩不得漏光。

（2）工作场地，应通风良好。电焊机不准放在潮湿或高温处工作。

（3）电焊机外壳应接地良好，并且其电源的装拆应由电工进行。

（4）电焊机要设单独的开关，开关应放在防雨的闸箱内。拉合时，应戴绝缘手套，并且侧向操作。合闸后，不准任意拔掉控制箱通往变压器与焊接机头的插销。

（5）焊钳与把线必须绝缘良好，并且连接牢固。

（6）更换焊条时应戴好绝缘手套。

（7）潮湿地点工作时应站在绝缘胶板或木板上。

（8）严禁在带压力的容器或管道上施焊，焊接带电的设备必须先切断电源。

（9）把线、地线，严禁与钢丝绳接触，更不得用钢丝绳或机电设备替代零线。

（10）所有地线接头，必须连接牢固。

（11）焊接场地不准存放易燃易爆物品。焊机与焊接场地离乙炔瓶＞10m，离氧气瓶＞5m。

（12）更换场地移动把线时，应切断电源，并且不得手持把线爬梯登高。

（13）清除焊渣时，应戴防护眼镜或面罩。

（14）雷雨时，应停止露天焊接作业。

（15）施焊场地周围，应清除易燃物品，或进行覆盖、隔离。

（16）在打弧前必须先戴好面罩，避免弧光刺眼，换焊条时必须戴好手套。

（17）不准赤手或身体的其他部位接触导线部分。

（18）脚不得踏在电线上，或其他圆形棒、管子上工作。

（19）3m以上高空作业时，必须系安全带或采取其他防护措施。

（20）电焊电缆线与地线不准乱成一团，破皮露线应及时更换或用胶皮包扎好，方可作业。

（21）翻转搬动笨重大型焊接件时，应与挂钩工密切配合，严格遵守挂钩工安全操作规程，并且人应站在焊接件的两端，不准站在翻转的一方。

（22）不准在有压力的容器上进行作业，焊接储存油类的筒体必须彻底清除油渍，并且用压缩空气吹干后方可进行焊接。

（23）在容器里工作时，必须注意以下几点：

① 必须有足够的照明，且应采用 12V 以下安全照明。

② 要有绝缘垫板，并将内部易燃易爆物品清理干净。

③ 在工作中，应有人在外面监视容器内的工作情况。

④ 在焊接时，必须打开孔盖，采取适当的通风措施，禁止在易燃易爆物品容器内进行焊接作业。

（24）多台焊机一起集中施焊时，焊接平台或焊件必须接零接地，并且有隔光板。

（25）雷雨时，应停止露天焊接。

（26）电焊着火时，应先切断焊机电源，再用二氧化碳、"1211"干粉灭火器等灭火，禁止使用泡沫灭火器。

（27）工作结束，应切断焊机电源，灭绝火种，放好手把线，并且检查操作地点，确认无起火危险后，方可离开。

（28）做好交接班工作，当班所发生的问题应向接班人员交代清楚，并且写入交接班记录本。

7.2.21 气焊工安全操作规程

气焊工安全操作规程主要内容如下：

（1）严禁无证人员从事焊、割作业。

（2）必须遵守焊、割设备一般安全规定与气焊设备安全操作规程。

（3）氧气瓶、乙炔瓶、氧气表、乙炔表、焊割工具上，严禁沾染油脂。

（4）乙炔发生器的零件和管路接头，不得采用紫铜制作。

（5）乙炔发生器不得放置在电线的正下方，不得横放，并且不得与氧气瓶放于一处，距易燃易爆物品和明火的距离，不得少于 10m。检验其是否漏气，可以用肥皂水检验，严禁用明火。

（6）乙炔气管用后需清除管内积水，胶管防回火的安全装置冻结时，可以用热水加热解冻，不准用火烤。

（7）在氧气瓶嘴上安装减压器前，瓶嘴应进行短时间吹除，以防止堵塞。

（8）严禁使用未装减压器的气瓶。

（9）氧气瓶、乙炔瓶嘴部和开瓶的扳手上不得有油污。

（10）氧气瓶、乙炔瓶应距明火 10m 以上，氧气瓶、乙炔瓶间的距离应在 5m 以上。

（11）氧气瓶、乙炔瓶不得在烈日下暴晒，不得靠近火源、其他热源。

（12）高压、中压乙炔发生器，应可靠接地，压力表、安全阀应定期检查。

（13）乙炔发生器必须设有防止回火的安全装置、保险链。

（14）乙炔瓶、氧气瓶应有防震圈，旋紧安全帽，防止暴晒。

（15）焊割炬点火前，应检查连接处与各气阀的严密性。

（16）新使用的焊炬、射吸式割炬，应检查其射吸能力。

（17）焊割炬点火时，应先开乙炔阀，后开氧气阀，并且嘴孔不得对着人。

（18）焊炬、割炬的焊嘴因持续工作过热而发生爆鸣时，应用水冷却。如果因堵塞而爆鸣，则应停用，等疏通后才可以继续使用。

（19）在易燃易爆生产区域内动火，应根据规定办理动火审批手续。

（20）气焊与电焊在同一地点作业时，气瓶应垫上绝缘物，以防止气瓶带电。

（21）工作完毕后，应将气瓶气阀关好，拧上安全罩，并且将胶管、焊枪、仪表收拾干净。

（22）检查操作地点，确认无起火危险后，才可以离去。

（23）氧气瓶、乙炔瓶须分开，贮放在通风良好的库房内。吊运时，应用吊篮。工地搬运时，严禁在地面上滚，应轻抬轻放。

（24）焊、割作业人员从事高处、水上等作业时，必须遵守相应的安全规定。

7.2.22 电工安全操作规程

电工安全操作规程主要内容见表 7-7。

表 7-7　电工安全操作规程主要内容

项目	安全操作规程
一般规定	（1）电气操作人员应注意力集中。 （2）所有绝缘、检查工具，应妥善保管，严禁他用，并且定期检查、校验。 （3）各项工作严禁以手代替工具，严格落实《手部伤害安全管理规定》等要求。 （4）现场施工用高压设备和线路，应根据施工组织设计、有关电气安全技术规程安装与架设。 （5）线路上严禁带负荷接电或断电，严禁带电操作。 （6）喷灯不得漏气、漏油、堵塞，不得在易燃、易爆场所点火与使用。 （7）工作完毕后，灭火放气。 （8）有人触电，应立即切断电源，进行急救。 （9）电器着火，应立即将有关电源切断，使用干粉灭火器或干砂灭火。 （10）所有配电箱均应标明其名称、用途，并且做出分路标记。 （11）所有配电箱门应上锁，配电箱、开关箱应由持证的电工负责使用管理。 （12）配电箱、开关箱内不得放置任何杂物，并且应保持经常维修和整洁。 （13）配电箱、开关箱内不得挂接其他临时用电设备，不准乱剪、乱接电源线。 （14）配电箱、开关箱的进线、出线不得承受外力。 （15）配电箱、开关箱的电线严禁挂晒衣服等生活用具，严禁与金属尖锐断口和强腐蚀介质接触。 （16）配电箱必须牢固、完整、严密。使用中的配电箱内禁止放置杂物。 （17）露天使用的电气设备，应有良好的防雨性能、可靠的防雨设施。 （18）使用测电笔时，要注意测试电压范围，禁止超出范围使用。 （19）电工人员一般使用电笔只许试 500V 以下的电压。 （20）使用摇表测量电气设备时，要断开电源。测量前要放电，测量终了也要放电。 （21）使用万用表测量电阻时，被测设备必须断电。 （22）万用表不使用时，不得停留在电阻挡位上。 （23）使用钳形电流表时，应当注意保持人体与带电体间的安全距离。测量高压时，不能用手直接拿着钳表进行，必须接上相应等级的绝缘杆后才能进行测量，并且要戴绝缘手套。 （24）雷雨或潮湿天气，禁止在室外用钳表测量。 （25）电流互感器使用中，为了防止高压窜入低压，互感器二次侧必须可靠接地。 （26）电流互感器二次回路力求连接可靠，不许装设开关、熔断器。在运行中的电流互感器上作业，必须将二次侧可靠短路后，才可以进行作业，禁止电流互感器开路。 （27）操作电气设备必须先确认带电部位，选择安全位置，操作时严肃认真，以防止触电。 （28）设备维护、保养、清扫时，须停电作业。 （29）设备运行过程中，严禁靠近打扫卫生、维修处理，以防止触电、碰伤、绞伤。 （30）生产中，严禁戴湿手套擦拭电气设备，以防止触电。 （31）应熟练掌握消防灭火器具的使用方法，熟悉电气、油品灭火知识，防止火灾事故扩大。 （32）应熟练掌握生产过程中的突发事故处理应急预案措施，防止火灾事故扩大。 （33）电气设备发生火灾时，应立即切断电源进行灭火。在不具备切断电源情况下进行带电灭火时，应采用二氧化碳灭火器或干粉灭火器，严禁使用泡沫灭火器和直接使用水灭火。 （34）手持式、便携式、移动式电气设备，必须采取保护接零措施。严禁保护接零线通过工作电流。 （35）动用电气设备前，必须熟悉了解电路的接线、负荷情况，严禁超负荷使用，严禁带负荷倒闸操作，以防止出现重大安全事故。 （36）高处作业时，要严格遵守高空作业安全规定，要选择好安全点，站好位置，系好安全带，充分保证能安全作业

项目	安全操作规程
设备与内线安装	(1)电工接受施工现场电气安装任务后,必须认真领会、贯彻临时用电安全施工组织设计(施工方案)、安全技术措施交底等内容,施工用电线路架设必须根据施工图规定进行。 (2)安装高压油开关、自动空气开关等有返回弹簧的开关设备时,应将开关置于断开位置。 (3)多台配电箱(盘)并列安装时,手指不得放在两盘(箱)的结合处,也不得触摸连接螺孔及螺栓。 (4)搬运配电柜时,应有专人指挥,并且步调一致。 (5)剔槽打眼时,锤头不得松动,锤子应无卷边、无裂纹,应戴好防护眼镜。 (6)楼板、砖墙打透眼时,板下、墙后不得有人靠近。 (7)人力弯管器弯管,应选好场地,并且防止滑倒、坠落。操作时,要避开面部。 (8)用于搣弯管子的砂必须烘干,装砂架子搭设要牢固,并且要设防护栏杆。 (9)用机械敲打管子搣弯时,下面不得站人,并且人工敲打上下要错开。 (10)管子加热时,管口前不得有人。 (11)管子穿带线时,不得对管口呼吸、吹气,以防止带线弹出勾眼。二人穿导线时,应互相配合,一呼一应,防止挤手。 (12)安装照明线路时,不准直接在板条天棚或隔声板上行走与堆放材料。必须通行时,则应在木楞上铺设脚手板。天棚内照明,应采用36V低压电源。 (13)线路敷设必须固定牢靠,不得使用裸线或接口处裸露,以防止漏电、短路或绝缘性不好造成触电。 (14)手提照明灯,要用不超过36V的安全电压。 (15)有限空间和潮湿地点手提照明灯应使用不超过12V安全电压,以防止触电。 (16)脚手架上作业,脚手板必须满铺,不得有空隙、探头板。 (17)安装线路时,使用的料具,应放入工具袋随身携带,不得投掷。 (18)钢索吊管敷设,在断钢索、卡固时,应防止钢索头扎伤。绷紧钢索应适度,以防止花篮螺栓折断。 (19)敷设槽板线路时,槽板必须固定牢靠,钉子不要钉在导线上,导线接口处要包扎好,以防止线路短路放炮,防止漏电触电。 (20)安装电焊机时,每台电焊机的电源线应装设独立的开关、短路保护装置。开关应装设在电焊机附近以便操作。电焊机电源线的长度一般不得大于5m。在进行电焊机端接线时,要保证电缆连接的牢固性、绝缘性能。采取保护接零方法,可以将电焊机壳与连接工件一端(二次侧线路)一起接保护零线。 (21)临时线路安装安全要点如下: ①临时线路电源应装设漏电保护装置。 ②临时电气设备的裸露部位,应装设在箱内屏护起来,在室外使用应装防雨装置。 ③临时线路应设有单独开关控制,不得从线路上直接引出,也不能用插销代替开关来合分电路。 ④临时线路应使用绝缘导线,室内临时线长度一般不宜超过10m,距地高度不得低于2.5m,室外应大于4m,跨越道路应大于6m。 ⑤严禁将导线缠绕在护栏、管道、脚手架上。 ⑥对必须搁置于地面的线路要穿钢管保护
电气调试	(1)进行耐压试验装置的金属外壳需要接地。被试验设备或电缆两端,如果不在同一地点,另一端应有人看守或加锁,并且对仪表、接线等检查无误。人员撤离后,才可升压。 (2)电力传动装置系统和各型开关调试时,应将有关的开关手柄取下或锁上,悬挂标示牌,以防止误合闸。 (3)用手摇表测定绝缘电阻,应防止有人触电。测定容性或感性设备、材料后,摇表必须放电。雷电天气时,严禁测定线路绝缘性能。 (4)电气互感器,严禁开路。电压互感器,严禁短路和以升压方式运行。 (5)电气材料或设备需放电时,应穿戴绝缘防护用品,并且用绝缘棒安全放电

项目	安全操作规程
施工现场变配电和维修	(1)现场变配电高压设备,不管带电与否,单人值班不准超越遮拦和从事修理工作。 (2)高压带电区域内电工作业时,人体与带电部分应保持安全距离,并且需要有人监护。 (3)用绝缘棒或传动机构拉、合高压开关,应戴绝缘手套。雨天室外操作时,除穿戴绝缘防护用品外,绝缘棒应有防雨罩,并且有人监护。严禁带负荷拉、合开关。 (4)定期和不定期对临时用电工程的接地、设备绝缘、漏电保护开关进行检测、维修,如果发现隐患及时消除,并且应进行检测维修记录。 (5)电气设备的金属外壳,必须接地或接零。同一供电网不容许有的接地有的接零。 (6)电气设备所用保险丝(片)的额定电流应与其负荷容量相适应。严禁用其他金属线替代保险丝(片)。 (7)电气设备夜间临时照明电线、灯具,高度应不低于2.5m。易燃、易爆场所,应用防爆灯具。 (8)照明开关、灯口、插座等,应正确接入火线或零线。 (9)所有配电箱、开关箱,应每月检查和维修一次。 (10)检查维修时必须根据规定穿戴绝缘鞋、手套,必须使用电工绝缘工具。 (11)对配电箱、开关箱进行检查、维修时,必须将其前一级相应的电源开头分闸断电,并且悬挂停电标志牌,严禁带电作业。 (12)所有配电箱、开关箱在使用过程中必须根据下述操作顺序进行操作。 ①送电操作顺序为:总配电箱,分配电箱,开关箱。 ②停电操作顺序为:开关箱,分配电箱,总配电箱(出现电气故障的紧急情况除外)。 (13)电气操作顺序:停电时应先断空气断路器,后断开隔离开关。送电时与上述操作顺序相反。 (14)严禁带电拉、合开关,拉、合开关前先将各负荷全部断电,再验电,应迅速拉、合,果断到位,并且必须戴绝缘手套,站在侧面拉、合开关。操作后,应检查开关接触是否良好(或是否断开)。 (15)施工现场停止作业一小时以上时,应将动力开关箱断电上锁,并且挂牌提示。 (16)停电时,应保证被隔离的电气设备有明显的断开点。 (17)验电时,应确保验电笔等的完好性,并且正确使用,不能光凭信号或表计的指示来判断设备是否带电,必须严格执行相关规程,停电、验电、放电、接地操作程序不得有误,以及应对电源进行上锁、挂牌。 (18)熔断器的熔体更换时,严禁使用不符合原规格的熔体或以铁丝、铜丝、铁钉等金属体代替使用。 (19)点检或电气维修前,必须先进行验电,严禁用手触摸、严禁带电接线、严禁带电更换设备,以防止触电。 (20)任何电气设备未经验电,一律视为有电,不准用手触碰。验电必须用合适的验电工具进行。 (21)电气设备停电后在未拉开闸刀或未做好安全防护工作前,应视为有电,不得触及设备,以防触电。在电容器回路工作时,必须将电容器逐个对地放电。 (22)电工在进行事故巡视检查时,应始终认为该线路处在带电状态。 (23)点检、巡检、处理问题需要进入危险运转区域和禁入区时,必须先通知岗位操作人员和进行审批,在有监护的情况下才可以进行作业,以防止出现人身安全事故。 (24)点检、巡检设备,任何人员不得碰触运行中的设备,电气设备外壳带电情况未经确认,不得触摸。 (25)一般情况下不允许带电作业。需要带电作业时,必须经批准,派人员进行监护。带电部分发生接地故障时,应及时通知电工处理。 (26)电压在安全电压以上,需带电作业时,必须穿绝缘鞋、戴绝缘手套,由一人操作,一人监护,以防止触电。 (27)严禁带电修理电动工具。 (28)严禁带电搬动用电设备。 (29)严禁拆开电器设备的外壳进行带电操作。 (30)严禁用手触摸转动的电机轴。 (31)工作中所有拆除的电线要处理好,不用的裸露线头应立即包好,以防发生触电。 (32)未确定电线是否带电的情况下,严禁用老虎钳或其他工具同时切断2根及以上电线。 (33)不得擅自离开工作岗位。检修时,要严格执行停送电制度、挂牌制度、联保制度、确认制度,以及在现场确认,以防止他人误操作。 (34)建筑工程竣工后,临时用电工程拆除时,应先断电源,后拆除。不得留有隐患

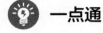一点通

（1）低压操作中，人体或其使用的工具与带电体间的最小距离不应小于 0.1m。

（2）高压无遮护操作中，人体或其使用的工具与带电体间的最小距离不应小于： 10kV 以下 0.7m， 20~35kV1.0m。

（3）作业中使用喷灯或气焊时，火焰不得喷向带电体，火焰与带电体的最小距离不应小于： 1kV 以下 1.0m， 10kV 以下 1.5m， 10kV 以上 3.0m。

（4）在架空线路附近起重作业时，起重机具（包括被吊物）与线路导线间的最小距离不应小于： 1kV 以下 1.5m， 1~35kV3.0m。

第**8**章 建筑工程安全技能与安全教育

8.1 建筑施工安全教育

8.1.1 建筑安全特点与要求

建筑施工行业具有项目位置固定、生产周期长、夏季高温、冬季寒冷、作业流动性大、露天作业、规则性差、劳动力密集、劳动强度大、产品变化大、露天高处作业多、手工操作多、施工机械品种繁多、从业人员构成成分复杂、安全意识普遍不高等特点。

建筑安全工作是一项重要的任务，直接关系到人们的生命安全与财产安全。为了确保建筑物的安全性，需要在各阶段采取措施，包括设计阶段、施工阶段、检查与维护阶段等，见表8-1。

建筑安全工作也是一项综合性的任务，需要各个环节密切配合。只有做好每个细节，才能够确保整个建筑物的安全性。

表8-1　建筑各阶段安全措施

项目	解说
建筑物的设计阶段	（1）建筑物的设计阶段，必须考虑各种安全因素。例如，建筑物的结构需要能够承受地震、风灾等自然灾害的影响，保证建筑物的防火性能。 （2）建筑物的设计阶段，还要考虑到建筑物的使用功能，合理布局各功能区域，以满足人员疏散通道畅通等要求
建筑物的施工阶段	（1）建筑物的施工阶段，必须严格根据施工规范进行操作。 （2）施工人员必须具备相关的专业知识与技能，严格执行施工方案，确保施工质量。 （3）加强施工现场的安全管理，设置警示标识，防止人员误入危险区域。 （4）高空作业和大型机械设备的使用，必须采取相应的安全措施，以保护施工人员的生命安全等
建筑物的检查与维护阶段	（1）建筑物的安全需要进行定期的检查、维护。 （2）定期安全检查中发现的潜在安全隐患，应及时进行修复。 （3）对建筑物的设备设施进行维护保养，以确保其正常运行。 （4）对老旧建筑物进行改造和加固，以提高其安全性能

建筑安全是保障人员生命财产安全的关键要素，合理使用规范和标准有助于减少建筑事故的发生。建筑安全规范要点见表8-2。

表 8-2　建筑安全规范要点

项目	要点
结构安全	(1)遵守建筑法规,以确保建筑物的结构、强度符合标准要求。 (2)保证建筑物的基础设计、施工过程符合工程科学原理,以及进行必要的检测与验证
防火安全	(1)使用符合标准的防火材料、设备,以确保建筑物的火灾安全性。 (2)定期检查、维护消防设备,以保证其正常功能
电气安全	(1)安装符合安全标准的电气设备、线路,以确保供电系统的安全可靠性。 (2)定期检查、维护电气设备,及时排除隐患
紧急疏散	(1)设置明确的疏散通道、紧急出口,以确保人员在紧急情况下能够快速有序地疏散。 (2)安装适当的紧急疏散指示标志,以提供清晰的疏散路径信息
设备安全	(1)使用经过合格检测与认证的设备,以确保设备的安全性与功能性。 (2)定期维护、检查设备,以确保设备的正常与安全

除了遵守相关的建筑安全规范,建筑安全管理也是确保建筑物安全的重要手段。建筑安全管理要点见表 8-3。

表 8-3　建筑安全管理要点

项目	要点
责任分工	(1)建筑项目中明确安全责任与分工,明确各个参与方的职责、义务。 (2)建立健全的安全管理机构、制度,以确保安全工作的有效实施
培训与教育	(1)对建筑管理人员、工作人员进行安全培训,以提高其安全意识与安全操作技能。 (2)定期开展安全教育宣传活动,提供必要的安全知识、应急预案培训
监督检查	(1)建立有效的监督检查机制,定期对建筑安全进行检查、评估。 (2)发现安全隐患、问题,及时采取措施进行整改与改进

建筑安全管理标准通常包括以下方面:安全生产责任制度、特殊工种培训与操作证的管理、安全生产考核、女工劳动保护、职工健康与休息保障制度、参与事故调查等,见表 8-4。

表 8-4　建筑安全管理标准常包括的内容

项目	内容
安全生产责任制度	安全生产责任制度要求建立与完善以项目经理为首的安全生产领导组织,有组织、有领导地开展安全管理活动,承担组织、领导安全生产的责任
特殊工种培训与操作证的管理	(1)特殊工种培训与操作证的管理要求单位内的特殊工种(例如起重工、架子工、电工、电焊工、机动车和公司内车辆驾驶员、塔吊司机等),需要经过培训考核取证后,才准上岗工作。 (2)特殊工种未经有关部门同意,不得随意调动工作
安全生产考核	安全生产考核,就是把安全生产作为职工技术考核的重要内容之一,并且列入职工转正、评奖、定级、升级的考核条件
女工劳动保护	(1)女工劳动保护,就是要关心女工,尽量不要安排不利于女工生理健康的工作。 (2)对女工应执行"四期"保护的规定。 (3)"四期"即:月经期、怀孕期、生育期、哺乳期
职工健康与休息保障制度	(1)职工健康与休息保障制度要求对不宜于高温或者有害物质处操作的工人,或因病确实不适宜原工作的职工,要及时适当调离,妥善安排工作。 (2)合理分配劳动力,注意职工的劳逸结合,严格控制加班加点,并且对节假日加班做好报批手续
参与事故调查	(1)参与事故调查,就是参与对重大事故的调查分析,工伤鉴定工作。 (2)发生职工死亡事故后,根据有关政策,参加死亡事故的善后处理

8.1.2　建筑工地施工"五大伤害"

建筑施工行业属于事故多发行业，建筑施工行业事故主要发生在机械伤害、物体打击、高处坠落、触电、坍塌等五个方面，即建筑工地施工五大主要伤害，见表8-5。

表8-5　建筑工地施工五大主要伤害

类别	常见原因	防治措施
机械伤害	机械伤害是指机械设备运动(静止)部件、工具、加工件直接与人体接触引起的绞、碾、割、刺、夹击、碰撞、剪切、卷入等形式的伤害。常见原因总结如下： (1)机械各类转动机械的外露传动部分与往复运动部分均有可能对人体造成机械伤害。 (2)机器的安全防护设施不完善,防震、防噪声、防毒、防尘、通风、照明、气象条件等安全卫生设施缺乏等诱发事故。 (3)旋转的机件具有将人体或物体从外部卷入的危险。 (4)作直线往复运动的部位存在着撞伤、挤伤的危险。 (5)风翅、叶轮有绞碾的危险。 (6)机床的卡盘、钻头、铣刀等,传动部件与旋转轴的突出部分有钩挂衣袖、裤腿、长发等而将人卷入的危险。 (7)机械的摇摆部位存在着撞击的危险。 (8)相对接触而旋转的滚筒有使人卷入的危险。 (9)剪切、冲压、锻压等机械的锤头、模具、刀口等部位存在着撞压、剪切等危险。 (10)机械的操纵点、控制点、取样点、检查点、送料过程等存在不同的潜在危险因素。 (11)存在起重伤害危险,即起重机在生产、检修、安装中引起的机械伤害事故	(1)仔细学习工程安全技术操作规程与安全技能。 (2)自觉遵守安全生产规章制度,严格根据交底要求施工。 (3)作业中应坚守岗位,遵守操作规程,不违章作业。 (4)实行定人定机制,不得擅自操作他人操作的机具。 (5)作业前,检查作业环境与运用的机具,并且做好作业环境、操作防护措施
物体打击	物体打击,就是由失控物体的重力或惯性力引起伤害的事故。常见原因总结如下： (1)交叉作业劳动组织不合理。 (2)起重吊装没有根据"十不吊"规定执行。 (3)拆除工程没有设置警示,周围没有设置护栏与搭防护隔离栅。 (4)脚手架上材料堆放过多、不稳、过高。 (5)地锚埋设不牢、缆风绳不符合规范要求。 (6)向上递工具、小材料。 (7)从高处往下抛掷杂物、建筑材料、垃圾	(1)加强施工管理人员、工人的安全防护意识。 (2)进入施工现场全部人员,均要戴好安全帽。 (3)施工现场要设置预防物体打击的警告牌。 (4)高处作业中所用的物料,应堆放平稳,不得置放在临边或者洞口边。 (5)高空作业中,严禁从高处向下抛物体,并且要用绳子系好后渐渐往下传送。 (6)施工作业场所,凡有坠落可能的任何物料,均要一律先清除或者加以固定,以防跌落伤人。 (7)对作业中的通道、走道等,应随时清扫干净。 (8)拆卸下的物体、剩余材料、废料,应加以清理、运走,不得从高处随意往下乱丢弃物体。 (9)传递物件时,不能抛掷。 (10)机具要定人定机

类别	常见原因	防治措施
高处坠落	凡在坠落高度基准面 2m 以上(含 2m)有可能坠落的高处进行的作业,均称为高处作业。 　　根据高处作业者工作时所处的部位不同,高处作业坠落事故分为: 　　(1)操作平台作业高处坠落事故。 　　(2)洞口作业高处坠落事故。 　　(3)交叉作业高处坠落事故。 　　(4)临边作业高处坠落事故。 　　(5)攀登作业高处坠落事故。 　　(6)悬空作业高处坠落事故。 　　其常见原因如下: 　　(1)指派无登高架设作业操作资格的人员从事登高架设作业。 　　(2)未经现场安全人员同意擅自拆除安全防护设施。 　　(3)安全防护设施不合格、装置失灵。 　　(4)劳动防护用品缺陷。 　　(5)注意力不集中。 　　(6)不按规定的通道上下进入作业面,而是随意攀爬阳台、吊车臂架等非规定通道。 　　(7)拆除脚手架、井字架、塔吊、模板支撑系统时,无专人监护且未按规定设置足够的防护措施等。 　　(8)转移作业地点时没有及时系好安全带或安全带系挂不牢。 　　(9)安装建筑构件时,作业人员配合失误。 　　(10)高空作业时不按劳动纪律规定穿戴好个人劳动防护用品。 　　(11)洞口、临边作业时踩空、踩滑。 　　(12)高处作业的安全防护设施的材质强度不够、安装不良、磨损老化	(1)高处作业时,要设置安全标志,张挂安全网,并且系好安全带。 　　(2)患有心脏病、高血压、精神病等人员不能从事高处作业。 　　(3)高处作业人员衣着要灵活,但不能赤身,也不能穿硬底鞋、不能穿带钉易滑的鞋靴。 　　(4)要严格遵守各项安全操作规程、劳动纪律。 　　(5)攀爬、悬空作业人员,应持证上岗。 　　(6)高处作业中所用的物料,应当堆放平稳,不得置放在临边、洞口边,也不得阻碍通行与装卸。 　　(7)严禁从高处往下丢弃物体。 　　(8)高处作业的防护设施,应常检查,并且应加强工人的安全教育,防患于未然
触电	触电事故,就是由于带电部分与人体接触或击穿绝缘层引起的事故。 　　根据触电造成的伤害,可以分为电流伤害、电击伤害	(1)加强管理人员及工人的用电安全教育。 　　(2)施工现场用电应采用"三相五线制"。 　　(3)各电器的安装、修理或拆除,应由电工完成。 　　(4)电气设备的金属外壳,需与专用保护零线连接,保护零线应由工程接地线、配电室零线和第一级漏电保护器电源侧的零线处引出。 　　(5)配电箱需实行防护措施,可以增设屏障遮拦、围护,并且悬挂醒目的警告标记牌。 　　(6)用电设备,应配备各自专用的开关箱,并且实行一机一闸一漏一箱。 　　(7)施工现场电工,每天上班前应检查一遍线路和电气设备的运行状况,如果发现问题,应及时解决

类别	常见原因	防治措施
坍塌	坍塌事故，就是建筑物、构造物、堆置物、脚手架、满堂架、土石方等因设计、堆置、摆放、施工不合理而发生倒塌造成的伤害事故。其常见原因总结如下： （1）雨季、冬季解冻期施工缺乏对施工现场的检查与维护。 （2）基坑施工未设置有效的排水措施。 （3）基坑（槽）、边坡、基础桩孔边不按规定随意堆放建筑材料。 （4）施工人员缺乏安全意识与自我保护能力，冒险蛮干。 （5）挖土作业时，有人员在挖土机施工半径内作业。 （6）模板支撑系统失稳，搭建不牢。 （7）拆除作业未设置禁区围栏、警示标志等安全措施。 （8）施工机械不根据规定作业与停放，距基坑（槽）边坡与基础桩孔太近	（1）任何人严禁在深坑陡坡下面休息。 （2）加强进场人员的安全教育，严防坍塌损害。 （3）模板安装后，要验收合格后才能够进入下道工序施工。 （4）开挖基坑深度超过 1.5m 时，要按土质与挖的深度按规定进行放坡，并且基坑应采用水泥砂抹灰护坡。 （5）基坑边 1m 以内不得堆土堆料与停放机具。 （6）基坑边 1m 以外堆放高度不超过 1.5m。 （7）开挖深度超过 2m 的坑边处，应设两道 1.2m 高坚固的栏杆与悬挂危急标记，并且夜间应挂红灯标记。 （8）土方施工中，应常留意边坡是否有裂缝、是否有滑坡等异常现象。一旦发现，则应当马上停止作业，等处理、加固后才能够进行施工

8.1.3 "进入施工区安全规则"牌的做法

建筑施工现场安全须知如下：

（1）进入施工现场前，必须接受入场安全教育，并且戴好安全帽，穿施工场地专用靴，携带必要的照明工具和通信用具。

（2）施工现场必须走安全通道。

（3）不随意进入危险场所。

（4）与机械设备保持距离，不要随意触碰电闸开关。

（5）不得随意拆除安全防护设施与安全标志。

建筑施工项目现场"进入施工区安全规则"公示牌尺寸，可以采用 0.8m×1.6m 等，样表如图 8-1 所示。

8.1.4 重大危险源公示牌的做法

施工项目现场重大危险源公示牌的尺寸采用宽 1.2m×高 2.4m、宽 1.8m×高 1.0m 等，底边距地不得低于 1.2m。

重大危险源公示牌常见的项目包括序号、作业项目、重大危险源、可能导致的事故、风险程度、控制措施、受控时间（施工开始时间～施工结束时间）、监控责任人、作业人数、现场监护责任人、联系电话，以及施工单位公示人与职务、公示时间、举报电话等，如图 8-2 所示。

监控责任人常见的有安全员、施工员、电工工长、设备工长、架子工长、班组长、木工工长、施工工长、安装

图 8-1 "进入施工区安全规则"牌

单位、使用单位等。

施工单位公示人职务常见的有安全主任、专业监理工程师、项目技术负责人、专职安全员等。

重大危险源公示牌可以采用可擦写的白板，固定文字采用蓝色电脑刻字粘贴，常常变动的文字可采用手写方式，但是字迹要清楚、字体要工整。

重大危险源公示牌设立在作业区人员出入口处等显著位置，要坚固、抗风、防雨。

_____工程重大危急源作业公示牌

施工单位：_____　　　监理企业：_____

序号	重大危急源	涉及危急源及不利环境因素	风险程度	控制措施	分包单位	作业人数	现场监护责任人	联系电话

项目经理：　　　　　项目技术负责人：　　　　　安全员：　　　　　现场监理：

填写人：　　　年　月　日　　　　　　　　　　　　　　　　　举报电话：

(a) 模板一

_____重大危险源公示牌

工程名称：_____　　　　　　　　　日期：_____

序号	分部分项工程	重大危险源	可能导致的事故	控制措施	受控时间	监控责任人
1	深基坑工程				基础施工全过程	班组长 施工员 安全员
2	临时用电				施工全过程	班组长 电工 安全员
3	脚手架工程				施工全过程	班组长 施工员 安全员
4	垂直运输机械				施工全过程	租赁单位 班组长 安全员
5	临边作业				施工全过程	班组长 施工员 安全员
6	模板工程				安装、拆除全过程	班组长 施工员 安全员
7	防火				施工全过程	班组长 施工员 安全员

(b) 模板二

图 8-2　工程重大危险源公示牌

8.2 重大危险源

8.2.1 临时用电作业项目重大危险源

临时用电作业项目重大危险源见表 8-6。施工临时用电工程涉及的危险可能导致的事故有：触电、火灾等。标示内容有：

（1）设计方案：根据《施工现场临时安全技术规范》规定进行评审等情况。

（2）施工阶段：线路标识、检查、修理、验收；消防器材配置等情况。

表 8-6　临时用电作业项目重大危险源

重大危险源	可能导致的事故	控制措施	受控时间	监控责任人
（1）未落实三相五线制供电。 （2）未做到"一机一闸一漏一箱"。 （3）未做到三级配电保护	（1）触电事故。 （2）火灾事故	（1）编制专项施工方案，并且根据程序审核、审批。 （2）配备合格的个人防护用品。 （3）进行安全技术交底。 （4）应电工持证上岗安装、检查、维护。 （5）操作规程把好关等	施工期间	电工工长、安全员
（1）未落实三相五线制供电。 （2）未做到一机一闸一漏一箱。 （3）未做到三级配电二级保护	触电事故	（1）编制专项施工方案，并且根据程序审核、审批。 （2）配备合格的个人防护用品。 （3）进行安全技术交底。 （4）应电工持证上岗安装、检查、维护	施工全过程	班组长、电工、安全员
（1）工人操作不当。 （2）使用不合格的配电设施。 （3）箱盘与线路设置不规范。 （4）保护接地、漏电保护器失灵。 （5）线路过载或线路损坏	（1）触电事故。 （2）火灾事故	（1）对工人进行安全教育交底，并且要求电工持证上岗。 （2）使用合格配电设施。 （3）严格根据专项方案布置临时用电。 （4）加强安全巡查	施工全过程	班组长、电工、安全员、其他相关人员

8.2.2 施工用电重大危险源

施工用电重大危险源见表 8-7。

表 8-7　施工用电重大危险源

行为、设备、环境等	危险因素	可能导致的事故	控制措施	责任部门
（1）开关箱无漏电保护器。 （2）漏电保护器失灵	（1）设备、设施缺陷。 （2）电危害	触电	现场检查与把关	工程部、安全部
用电设备没有执行"一机一闸一漏一箱"的规定	（1）设备、设施缺陷。 （2）电危害	触电	现场检查与把关	工程部、安全部

8.2.3 建筑工程可能导致人员触电重大危险源

建筑工程可能导致人员触电重大危险源见表 8-8。

表 8-8 建筑工程可能导致人员触电重大危险源

重大危险源	相关阶段
办公电器漏电	施工准备施工阶段、基础施工阶段、主体施工阶段、装饰阶段
变电室绝缘板老化	施工准备施工阶段、基础施工阶段、主体施工阶段、装饰阶段
操作人员没有穿绝缘鞋	施工准备施工阶段、基础施工阶段、主体施工阶段、装饰阶段
操作人员没有戴绝缘手套	施工准备施工阶段、基础施工阶段、主体施工阶段、装饰阶段
大型电动机械电线电缆老化	施工准备施工阶段、基础施工阶段、主体施工阶段、装饰阶段
大型电动机械电线电缆没有防护措施造成漏电	施工准备施工阶段、基础施工阶段、主体施工阶段、装饰阶段
大型电动机械没有防水措施造成漏电	施工准备施工阶段、基础施工阶段、主体施工阶段、装饰阶段
大型电动机械没有专人看管造成人员触电	施工准备施工阶段、基础施工阶段、主体施工阶段、装饰阶段
大型电动机械配电箱没有上锁	施工准备施工阶段、基础施工阶段、主体施工阶段、装饰阶段
电线电缆没有埋地、架空敷设到破坏	施工准备阶段
电线剐蹭钢筋漏电	基础施工阶段、主体施工阶段
非专业人员操作大型电动机械	施工准备施工阶段、基础施工阶段、主体施工阶段、装饰阶段
钢筋焊接时钢筋砸压电线造成漏电	施工准备施工阶段、基础施工阶段、主体施工阶段、装饰阶段
试块养护用振动台振捣时漏电	基础施工阶段、主体施工阶段
手持电动工具电线老化	施工准备施工阶段、基础施工阶段、主体施工阶段、装饰阶段
手持电动工具接地不规范	施工准备施工阶段、基础施工阶段、主体施工阶段、装饰阶段
手持电动工具漏电保护器失灵	施工准备施工阶段、基础施工阶段、主体施工阶段、装饰阶段
手持电动工具没有接地保护装置	施工准备施工阶段、基础施工阶段、主体施工阶段、装饰阶段

重大危险源	相关阶段
手持电动工具无插头、漏电	施工准备施工阶段、基础施工阶段、主体施工阶段、装饰阶段
手持电动工具一次线太长	施工准备施工阶段、基础施工阶段、主体施工阶段、装饰阶段
蛙式打夯机作业时无人扶线、造成砸线与搅线	基础施工阶段

8.2.4 临边洞口作业项目重大危险源

临边洞口作业项目重大危险源见表 8-9。

表 8-9 临边洞口作业项目重大危险源

重大危险源	可能导致的事故	控制措施	受控时间	监控责任人
(1)"四口""五临边"防护缺陷。 (2)"四口""五临边"无防护	(1)高处坠落。 (2)物体打击	(1)做好现场"四口""五临边"防护。 (2)安排专人进行"四口""五临边"防护的检查、维护。 (3)配备合格的个人防护用品	施工全过程	班组长、安全员、施工员
(1)防护设置不到位。 (2)防护设施固定不牢固。 (3)安全防护设施被拆除。 (4)防护材料强度不符合要求	(1)高处坠落。 (2)物体打击	(1)对工人进行安全教育。 (2)加强安全检查巡查力度。 (3)使用符合设计强度要求的防护材料。 (4)严格根据施工组织设计设置现场安全防护设施。 (5)安全防护设施严禁私自拆除		

 一点通

临边洞口作业项目重大危险源标示内容如下。

（1）安拆队伍资质，操作人员持证上岗状况。

（2）施工阶段：检查、拆除、验收状况。

8.2.5 爆破与拆除作业重大危险源

爆破与拆除作业重大危险源见表 8-10。

表 8-10 爆破与拆除作业重大危险源

重大危险源认定标准 (含在施工的、已完成施工的)	可能导致的事故	控制措施
采用爆破拆除的工程	(1)物体打击。 (2)炮烟中毒	
(1)桥梁、烟囱、高架、码头、水塔或拆除中容易引起有毒有害气(液)体或粉尘扩散的拆除工程。 (2)易燃易爆事故发生的特殊建筑物、构筑物的拆除工程	(1)物体打击。 (2)有毒有害气(液)体。 (3)高处坠落	(1)有专项施工方案，并且经专家论证。 (2)根据方案实施，同步检查，及时消除隐患
(1)可能影响交通、行人、电力设施、通信设施的拆除工程。 (2)文物保护建筑、优秀历史建筑工程。 (3)历史文化风貌区控制范围的拆除工程。 (4)其他建筑物、构筑物的拆除工程	(1)物体打击。 (2)其他伤害	

8.2.6 基坑、深基坑重大危险源

基坑、深基坑重大危险源标示内容有：

（1）设计方案：根据《深基坑工程管理规定》进行评审等情况。

（2）施工过程：开挖与支护及第三方监测等状况。

基坑工程重大危险源见表8-11。

表 8-11 基坑工程重大危险源

重大危险源	可能导致的事故	控制措施	受控时间	监控责任人
（1）基坑发生整体土体滑塌失稳 （2）基坑发生局部土体滑塌失稳	坍塌事故	（1）编制施工方案。 （2）根据规定进行专家论证。 （3）做好作业前安全技术交底。 （4）做好基坑变形监督。 （5）加强安全防护检查	基础施工全过程	班组长、施工员、安全员

深基坑重大危险源见表8-12。

表 8-12 深基坑重大危险源

重大危险源认定标准 （含在施工的、已完成施工的）	可能导致的事故	控制措施
开挖深度超过5m（含5m）的基坑（槽）的土方开挖、支护、降水工程	（1）基坑坍塌。 （2）高处坠落	（1）有专项施工方案，并且经专家论证。 （2）根据方案实施，进行基坑监测。 （3）同步检查，及时消除隐患
开挖深度虽未超过5m，但是地质条件、周围环境和地下管线复杂，或者影响毗邻建筑物、构筑物安全的基坑（槽）的土方开挖工程、支护工程、降水工程		
（1）降水处理不到位。 （2）坑壁形式不合理。 （3）土石方施工不规范。 （4）支护结构施工质量不符合设计要求	坍塌事故	（1）编制施工方案。 （2）对工人进行安全技术交底。 （3）进行专家论证。 （4）严格根据方案施工。 （5）做好基坑变形监督检测

8.2.7 土方工程重大危险源

土方工程主要包括机械挖土方工程、人工挖土方工程、地基处理工程、人工挖桩孔工程等。

机械挖土方工程重大危险源见表8-13。

表 8-13 机械挖土方工程重大危险源

重大危险源	可能导致的事故
不了解地下设施	人员伤亡、机具损坏
违章操作	人员伤亡、机具损坏
在机械回转半径内施工	人员伤亡

人工挖土方工程重大危险源见表8-14。

表 8-14　人工挖土方工程重大危险源

重大危险源	可能导致的事故
坑边无防护、无安全标志、无警示灯	人员伤亡
料具距坑边太近	人员伤亡、机具损坏
没有采取合理放坡、没有支护	人员伤亡、机具损坏
没有上下专用通道	人员伤亡
排水不畅	基槽坍塌、人员伤亡
土方坍塌	人员伤亡
夜间照明不够	人员伤亡

地基处理工程重大危险源见表 8-15。

表 8-15　地基处理工程重大危险源

重大危险源	可能导致的事故
打夯机漏电开关损坏	人员伤亡
操作打夯机不戴绝缘手套	人员伤亡

人工挖桩孔工程重大危险源见表 8-16。

表 8-16　人工挖桩孔工程重大危险源

重大危险源	可能导致的事故
护壁不到位	人员伤亡
孔内无通风	人员伤亡
使用机具不合格	人员伤亡、机具损坏

8.2.8　高处作业重大危险源

高处作业重大危险源见表 8-17。

表 8-17　高处作业重大危险源

重大危险源	可能导致的事故	控制措施
(1)天气因素影响。 (2)安全防护设施缺失。 (3)安全防护设施设置不规范。 (4)个人安全防护用品未正确佩戴。 (5)工人安全意识淡薄	高处坠落	(1)加强安全检查监督。 (2)做好安全教育。 (3)做好交底工作。 (4)严格要求工人正确佩戴安全防护用品。 (5)对现场洞口、临边进行防护

8.2.9　垂直运输机械作业项目重大危险源

垂直运输机械作业项目重大危险源见表 8-18。

表 8-18　垂直运输机械作业项目重大危险源

重大危险源	可能导致的事故	控制措施	受控时间	监控责任人
(1)限位装置失灵。 (2)指挥信号错误。 (3)防护措施失效。 (4)基础的缺陷	(1)高处坠落。 (2)物体打击。 (3)机械伤害。 (4)整体倾覆	(1)编制专项施工方案按程序审核审批。 (2)由有专业资质的企业安装、维护。 (3)有资质的检测机构检测合格。 (4)安全技术交底、持有效证件上岗、主管部门登记	安装、拆卸、维护全过程	设备工长、安全员 安装单位、使用单位、设备工长、安全员

8.2.10 吊装作业重大危险源

吊装作业重大危险源见表 8-19。

表 8-19 吊装作业重大危险源

类型	重大危险源	可能导致的事故
操作人员	司机无证上岗	人员伤害、机械损坏
	非本机型司机操作	
	指挥人员无证上岗	
	高处作业无信号传递	
钢丝绳与地锚	缆风绳损伤	
	滑轮不符合规定或使用开口滑轮	
	缆风绳安全系数小于 3.5	
	地锚埋设不符合设计要求	
起重机械	起重机无超高与力矩限制器	
	吊钩无保险	
	起重机安装后没有验收	
	扒杆组装不符合设计要求	
	扒杆使用前没有经试吊	
	吊点不符合设计规定位置	
	索具使用不当、绳径倍数不够	
塔吊安、拆	没有制定专项方案或没有按方案要求去做	
	施工队伍不具备资格	
	工具脱手、连接件坠落	
	路基不坚实、不平整、无排水措施	
	枕木铺设不符合要求	
	道钉与接头螺栓数量不足	
	轨距偏差超限	
	轨道无极限位置阻挡器	
	高塔基础不符合设计要求	
塔吊本身	没有力矩限制器	
	力矩限制器不灵敏	
	无超高、变幅、行走限位,或限位不灵敏	
	吊钩没有保险	
	卷扬机筒没有保险装置	
	上人爬梯无护圈或护圈不符合要求	
	塔吊高度超过规定没有安装附墙装置	
	附墙装置安装不符合要求	
	没有夹轨钳或有夹轨钳而不用	
	行走塔吊无卷线器或有卷线器但失灵	
	移动时吊物大于起重量的 2/3	
塔吊指挥	塔吊与架空线路小于安全距离,无防护措施	
	防护措施不符合要求	
	道轨无接地、无接零或有但不符合要求	
	司机无证上岗	
	指挥人员无证上岗	
	指挥人员不使用旗语或对讲机	
塔吊作业	两台以上塔吊作业无防碰撞措施	
	斜拉被吊物	
	六级以上大风作业	
	拉埋土、冻土中的物体	
	防碰撞措施不符合要求	

类型	重大危险源	可能导致的事故
其他	起重吊装作业无警示标志	人员伤害、机械损坏
	没有设专人进行监护	
	地面铺垫措施达不到要求	
	超载作业	
	作业前没有经试吊	
	没有进行漏电开关试验	
	没有进行安全抱闸试验	
	被吊物体重量不明	
	作业人员无可靠立足点,没有系安全带	
	人员上下没有专用爬梯、没有专用斜道	
	大型构件堆放无稳定措施	
	操作人员无证上岗	

8.2.11 浇筑混凝土重大危险源

浇筑混凝土重大危险源见表 8-20。

表 8-20 浇筑混凝土重大危险源

重大危险源	可能导致的事故
操作者不穿绝缘鞋、不戴绝缘手套、不戴防护眼镜	人身伤害
操作者没有可靠的立足点	
灰浆溅入眼中	
混凝土堆放过多	人员伤亡
振动器电源线随便乱拉	

8.2.12 砌砖、抹灰工程重大危险源

砌砖、抹灰工程重大危险源见表 8-21。

表 8-21 砌砖、抹灰工程重大危险源

类型	重大危险源	可能导致的事故
抹灰、贴砖	吊篮里不系安全带	人员伤亡
砌砖	材料堆放超重	人员伤亡、机具损坏
	沿墙行走	人员伤亡
	脚手板铺设不严、有探头板	人员伤亡、机具损坏
	无防护密目网、架体不稳、无防护栏杆	人员伤亡、机具损坏

8.2.13 混凝土浇筑防护作业项目重大危险源

混凝土浇筑防护作业项目重大危险源见表 8-22。

表 8-22 混凝土浇筑防护作业项目重大危险源

重大危险源	可能导致的事故	控制措施	受控时间	监控责任人
(1)车辆未冲洗导致城市道路污染。(2)防护措施缺陷	(1)污染。(2)噪声。(3)中毒	(1)根据排放标准控制。(2)规范操作。(3)配备合格的个人防护用品	施工期间	班组长、安全员

8.2.14　卸料平台重大危险源

卸料平台重大危险源见表 8-23。

表 8-23　卸料平台重大危险源

重大危险源	可能导致的事故	控制措施	受控时间	监控责任人
卸料平台支撑与脚手架楼板支撑系统相连	(1)高处坠落。 (2)物体打击。 (3)坍塌。	(1)制定脚手架、卸料平台搭设方案。 (2)对脚手架、卸料平台搭设人员进行安全交底,并且要求持证上岗。 (3)应经常检查拉结点,以确保稳固,并且需要采取卸荷措施	施工全过程	班组长、施工员、安全员

8.2.15　施工机械重大危险源

施工机械重大危险源见表 8-24。

表 8-24　施工机械重大危险源

机械	重大危险源	可能导致的事故	控制措施	受控时间	监控责任人
物料提升机、搅拌机、电渣压力机、塔式起重机	(1)未穿防护服、未戴绝缘手套、未穿胶鞋。 (2)塔吊作业时,吊点有人站立或行走。 (3)进料时伸头入料斗与机架间。 (4)有人进入筒内操作,无人监护。 (5)电渣压力机一次侧防护未经二级漏电保护。 (6)未根据标准进行安装及设置。 (7)设备老化	(1)机械伤害。 (2)触电。 (3)坍塌。 (4)物体打击。 (5)坠落。 (6)设备坍塌	(1)机械设备安装、拆除、使用有专项施工方案。 (2)对机械操作人员进行安全教育、技术交底。 (3)根据规定进行捆绑、装载。 (4)相关人员持证作业	施工全过程	班组长、施工员、安全员
垂直运输机械	(1)防护装置失灵。 (2)稳固措施失效。 (3)基础存在缺陷。 (4)保养、维护、检查不到位。 (5)操作人员违章作业或违章指挥	(1)倾覆垮塌。 (2)高处坠落。 (3)物体打击。 (4)机械伤害	(1)严格根据施工组织设计进行安装拆除。 (2)严格执行验收检测程序。 (3)对操作人员进行安全教育。 (4)要求持证上岗。 (5)加强平时的维修、保养、检查等工作		

 一点通

施工机械重大危险源标示内容有:

(1)安装拆除:安拆队伍资质、方案编制、检验验收等状况。

(2)运用阶段:限位保险装置,操作人员持证上岗等状况。

8.2.16 人货两用施工电梯重大危险源

人货两用施工电梯重大危险源见表8-25。

表 8-25 人货两用施工电梯重大危险源

重大危险源	可能导致的事故	控制措施
（1）操作人员无证操作。 （2）施工电梯没有经检测合格即投入使用。 （3）防坠安全器没有实行年度标定。 （4）防坠安全器出厂超过期限没有实施报废。 （5）其他严重安全隐患	（1）坍塌。 （2）高处坠落。 （3）机械伤害	同步检查，及时消除隐患

8.2.17 临时活动板房重大危险源

临时活动板房重大危险源见表8-26。

表 8-26 临时活动板房重大危险源

重大危险源	可能导致的事故	控制措施
宿舍、办公用房没有达到A级燃烧性能等级	火灾	同步检查，及时消除隐患

8.2.18 办公区、生活区电器使用重大危险源

办公区、生活区电器使用重大危险源见表8-27。

表 8-27 办公区、生活区电器使用重大危险源

行为、设备、环境等	危险危害因素	可能导致的事故	控制措施	责任部门
电器设备违章操作	（1）设备、设施缺陷。 （2）电危害。 （3）操作错误	（1）触电。 （2）火灾	（1）加强教育。 （2）执行操作规程	办公室、安全部
意外火灾	（1）防护缺陷。 （2）明火	火灾		

8.2.19 防火作业项目重大危险源

防火作业项目重大危险源见表8-28。

表 8-28 防火作业项目重大危险源

重大危险源	可能导致的事故	控制措施	受控时间	监控责任人
（1）电气操作。 （2）木工加工。 （3）电焊。 （4）电气起火等	火灾	（1）建立动火许可制度。 （2）宿舍严禁使用大功率电器。 （3）专人看护。 （4）严禁私拉乱接线路。 （5）配备灭火器材等	施工期间	施工工长、安全员
（1）电气焊作业引发火源。 （2）木工加工场是易燃场所。 （3）生活区使用大功率电器。 （4）线路、电器起火	火灾		施工全过程	班组长、施工员、安全员

8.2.20 火灾重大危险源

火灾重大危险源见表8-29。

表8-29 火灾重大危险源

重大危险源	可能导致的事故	控制措施
(1)现场消防器材配置不符合规范要求。 (2)现场动火作业未按规定操作。 (3)易燃易爆物品存放不符合要求。 (4)线路短路或过载	(1)火灾事故。 (2)爆炸事故	(1)加强现场检查巡查工作。 (2)严格根据施工组织设计设置现场灭火设施。 (3)动火作业要严格执行规定,并且有专人监督。 (4)易燃易爆物品要设置专门仓库,并且安排专人管理

8.2.21 季节性施工重大危险源

季节性施工重大危险源见表8-30。

表8-30 季节性施工重大危险源

重大危险源	可能导致的事故	控制措施
(1)工人持续在高温环境下工作。 (2)强降水导致土质结构失稳。 (3)寒冷天气下结构表面结冰	(1)中暑。 (2)基坑、脚手架坍塌。 (3)高处坠落	(1)编制季节性施工方案。 (2)合理安排作息时间。 (3)避开高温施工。 (4)加强降水工作。 (5)配备防暑茶水药物。 (6)加强安全教育。 (7)做好霜冰清理工作

8.2.22 现场管理重大危险源

现场管理重大危险源见表8-31。

表8-31 现场管理重大危险源

重大危险源	可能导致的事故
穿钉鞋、穿绸质衣服	引起爆炸、机械损坏
无禁火标识	引起火灾
易燃易爆	引起爆炸、机械损坏

8.2.23 建筑工程可能导致人员伤害重大危险源

建筑工程可能导致人员伤害重大危险源见表8-32。

表8-32 建筑工程可能导致人员伤害重大危险源

重大危险源	相关阶段
地基不平造成打孔机不稳砸伤人员	
基坑槽边无警示灯、无安全标志造成人员摔伤	
基坑防护不到位造成人员摔伤	
基坑夜间无照明设备造成人员摔伤	
施工机械离槽边太近造成塌方	
塔吊操作人员违章操作	(1)基础施工阶段。 (2)主体施工阶段
塔吊操作人员无证上岗,误操作	
塔吊非专业人员安装造成倾覆、倒塌	
塔吊违反"十不吊"操作规程	
塔吊指挥信号不清	
雨季施工无排水措施造成基坑塌方	

重大危险源	相关阶段
垂直运输机械倾覆、倒塌	(1)基础施工阶段。 (2)主体施工阶段。 (3)装饰施工阶段

8.2.24 建筑工程可能高空坠物伤人重大危险源

建筑工程可能高空坠物伤人重大危险源见表8-33。

表8-33 建筑工程可能高空坠物伤人重大危险源

重大危险源	相关阶段
材料离槽边太近易坠落槽底	(1)基础施工阶段。 (2)主体施工阶段
二次浇筑模板支护不牢	装饰阶段
基坑回填时基坑有人致使人员伤亡	(1)基础施工阶段。 (2)主体施工阶段
塔吊起吊时钢丝绳绑扎不牢	(1)基础施工阶段。 (2)主体施工阶段
卸料平台底板拼摆不严	(1)主体施工阶段。 (2)装饰阶段
卸料平台杂物过多不及时清理	(1)主体施工阶段。 (2)装饰阶段

8.2.25 建筑工程高空坠落重大危险源

建筑工程高空坠落重大危险源见表8-34。

表8-34 建筑工程高空坠落重大危险源

重大危险源	相关阶段
操作人员没有系安全带	
操作人员没有穿防滑鞋	
操作人员思想不集中	
脚手板断裂	
脚手板离墙大于20cm易造成人员跌落	
预留洞口没有铺盖板	
电梯井口没有设防护栏杆	
临边防护高度不够	(1)基础施工阶段。
临边无防护人员坠落的措施	(2)主体施工阶段。
卸料平台设计承载力不足,易造成平台倾覆	(3)装饰阶段
卸料平台保护绳强度不足,易造成平台倾覆	
卸料平台非培训人员安装,易造成平台倾覆	
作业人员思想不集中,易造成坠落	
非专业架子工从事架子搭设作业	
施工人员酒后作业	
没有根据规定设置安全网,保护不到位	
安全保护用品不合格	

8.2.26 建筑工程人员伤害重大危险源

建筑工程人员伤害重大危险源见表8-35。

表 8-35　建筑工程人员伤害重大危险源

重大危险源	相关阶段
基坑放坡不够造成塌方	(1)基础施工阶段。 (2)主体施工阶段
基坑护坡开裂造成塌方	
驾驶员酒后驾驶车辆	
驾驶员违章驾驶车辆	
驾驶员超速驾驶车辆	
驾驶员无证驾驶车辆	
驾驶员驾驶故障车	

8.2.27　建筑工程食物中毒重大危险源

建筑工程食物中毒重大危险源见表 8-36。

表 8-36　建筑工程食物中毒重大危险源

重大危险源	相关阶段
食用发霉的剩饭	施工全阶段
食用没有检验的肉类	
食用没有烧熟的菜	
食用有毒的菜	

8.2.28　建筑工程中毒重大危险源

建筑工程中毒重大危险源见表 8-37。

表 8-37　建筑工程中毒重大危险源

重大危险源	相关阶段
接触有毒材料	(1)施工准备阶段。 (2)基础施工阶段。 (3)主体施工阶段。 (4)装饰阶段
有毒材料挥发	
有毒材料存放不安全造成泄漏	
有毒材料遗撒	

8.2.29　建筑工程施工作业重大危险源

建筑工程施工作业重大危险源见表 8-38。

表 8-38　建筑工程施工作业重大危险源

类型	重大危险源	可能导致的事故
高处作业	使用锤、錾、铲等工具	物体打击
	高处切割	
	高处焊接	
	工作对面无防护网	
滤油机作业	没有消防器材	引起火灾
	没有专人值班	机具损坏
	没有接零保护	人员伤亡
喷灯作业	作业过程中使用蜡油	引起火灾
	加油过量	人员伤亡、引起火灾
喷砂作业	不戴防护用具	人员伤亡
油漆作业	不通风、有明火	引起火灾

8.2.30　建筑工程施工机具重大危险源

建筑工程施工机具重大危险源见表 8-39。

表 8-39　建筑工程施工机具重大危险源

施工机具	重大危险源	可能导致的事故
捯链	没有进行负荷试验	人员伤害、设备损坏
	超载使用	人员伤害
电焊机	未戴防护面罩	眼睛受伤
	焊把线绝缘老化	引起火灾
	没有安装二次降压保护器	机械损坏
钢筋机械	传动部位没有防护罩	人员伤亡
	冷拉作业区没有防护	
	对焊作业区没有防护	
机械操作	无证上岗	人员伤害、设备损坏
	酒后上岗	
搅拌机	无保险挂钩或挂钩不使用	机械损坏
	传动部位没有防护罩	
	作业平台不稳	人员伤亡、机具损坏
	离合器、制动器失灵	机械损坏
	钢丝绳磨损严重	人员伤亡、机具损坏
卷扬机	没有专用保护零线	漏电伤人
	没有漏电保护器或漏电保护器超过 15mA	漏电伤人
	保护装置不灵敏	人员伤亡
	导向轮内侧有人作业	人员伤亡
	用手排除钢丝绳	人身伤害
	钢丝绳跨越运行	人身伤害
卷扬机操作	抱闸失灵	人员伤害、设备损坏
	指挥信号不明	人员伤害
	故障发生后处置不当	扩大事故、人员伤害
磨光机切割机	砂轮过小	碎片飞出伤人
	切割片破损	
	用力猛向下压	
碰焊机	不戴防护用品	烫伤
平刨	没有安全装置	人身伤害
	使用多功能木工机具	
	无人操作时没有切断电源	
气瓶	各种气瓶无标准色标	人身伤害、引起爆炸
	没有达到安全距离	
	气瓶距明火过近或露天暴晒	
	乙炔瓶使用或存放时平放	
	气瓶无防震圈、没有防护帽	
千斤顶	加长手柄使用	手柄飞出伤人
	两台千斤顶作业时不同步	人员伤害
手持电动工具	随意更换插头	漏电伤人
	操作人员没有穿戴绝缘用品	
	Ⅰ类手持电动工具没有保护接零	
	检修没有断开电源	
	断电没有加警示标识、误操作	
圆盘电锯	无人操作时未切断电源	人身伤害
	没有锯盘护罩	
	无分料器	

施工机具	重大危险源	可能导致的事故
圆盘电锯	没有防护挡板	人身伤害
	传动部位没有防护罩	
	电锯片裂纹	碎片飞出伤人
	没有戴防护眼镜	眼睛受伤

8.2.31　物料提升机重大危险源

物料提升机重大危险源见表 8-40。

表 8-40　物料提升机重大危险源

物料提升机部位	重大危险源	可能导致的事故
传动系统	卷扬机地锚不牢	机械损坏
	卷扬机钢丝绳缠绕不整齐	
	第一导向滑轮距离小于 15 倍卷筒宽度	
	滑轮边缘破损或与支架体柔性连接	
	卷筒上没有防止钢丝绳滑出的保险装置	
	滑轮与钢丝绳不匹配	
吊篮	吊篮没有安全门	人员伤亡
	安全门没有形成定型化	
	高架提升机不使用吊笼	
	违章乘坐吊篮上下	
	吊篮提升使用单根钢丝绳	
	物重量超	人员伤亡、机械损坏
防护架体	架体基础不符合要求	人员伤亡、机械损坏
	架体与吊篮间隙超过规定要求	
	架体垂直度超过规定要求	机械损坏
	架体外侧没有立网防护或防护不严	人员伤亡
	扒杆安装不符合要求或没有保险绳	机械损坏
	井架开口处没有加固	人员伤亡、机械损坏
防火、防洪	没有消防设施	引起火灾、无法扑救
	没有排水设施	造成施工停产
钢丝绳	钢丝绳锈蚀缺油、断丝超标、断股	人员伤亡、机械损坏
	钢丝绳磨损已超过报废标准	
	绳卡不符合规定要求	
	钢丝绳没有过路保护	
	钢丝绳拖地	
楼层卸料平台	卸料平台两侧没有防护栏杆或防护不严	人员伤亡
	平台脚手板搭设不严、不牢	
	平台无防护门或门不起作用	
	防护门没有形成定型化、标准化、工具化	
	地面进料口没有防护棚或不符合要求	
提升机架	架体制作不符合设计及规范要求	人员伤亡、机械损坏
	连墙杆的位置不符合规范要求	
	连墙杆与脚手架连接	
	连墙杆的连接不牢固	
	连墙杆的材质不符合要求	
	缆风绳不使用钢丝绳	
	钢丝绳直径小于 9.3mm 或角度不符合要求	
	地锚不符合要求	

物料提升机部位	重大危险源	可能导致的事故
限位保险装置	吊篮没有停靠装置	人员伤亡、机械损坏
	无超高限位装置	
	使用摩擦式卷扬机时超过限位没有断电	
	高架提升机无下极限位器、缓冲器或没有超载限制器	
其他	没有联络信号或信号不明	人员伤亡、机械损坏
	卷扬机无操作棚或操作棚不符合要求	人员伤亡
	无防雷保护或避雷装置不符合要求	人员伤亡、机械损坏
	安装完工后没有验收	造成重大事故
	六级以上大风大雾作业	人员伤亡、机械损坏

8.2.32 其他重大危险源

其他重大危险源见表 8-41。

表 8-41 其他重大危险源

项目	环境、部位	重大危险源	可能导致的事故	受控时间
电焊、气割作业	钢筋加工料场、木工加工料场、易燃物存放区	(1)没有清理周边易燃物品材料。 (2)没有配备灭火器。 (3)临边作业没有采取隔离防护措施。 (4)气割、乙炔瓶没有设回火阀。 (5)动火安全距离不够	火灾	同步检查
钢结构施工	钢结构周边	钢结构吊装作业、钢结构安装作业无有效防护措施。	(1)高处坠落。 (2)物体打击。 (3)起重伤害	同步检查
混凝土机械泵作业	机械周边	(1)作业人员违规作业。 (2)机械带病施工	机械伤害	同步检查
机械操作	机械施工范围	(1)不根据操作规程操作。 (2)野蛮施工	机械伤害	同步检查
临边作业	楼梯口、管道口、电梯井、通风口、烟道口、阳台、集水坑、平台等临边与高处无防护作业	临边、洞口、交叉作业防护措施缺失,或者滞后	高处坠落	同步检查
模板安装拆卸作业	(1)地下室大模板。 (2)阳台位置模板支护顶、挂、靠连接外架。 (3)临边拆模无隔离、警戒措施	(1)不按方案操作。 (2)大模板支护撤除。 (3)剪刀撑设置缺乏。 (4)立杆间距大。 (5)无扫地杆。 (6)纵横拉结杆缺乏	(1)支撑体系坍塌。 (2)物体打击	同步检查
爬架	爬架周边	(1)材质不合格。 (2)无证操作。 (3)交底不到位。 (4)不标准搭设。 (5)架体超载堆放	高处坠落	同步检查
群塔作业	塔吊作业周围	(1)不按"十不吊"规程操作。 (2)钢丝绳脱落。 (3)塔吊倒塌。 (4)吊具不合格	(1)物体打击。 (2)起重伤害	同步检查

项目	环境、部位	重大危险源	可能导致的事故	受控时间
外墙作业	作业周边	(1)作业人员违反操作规程。 (2)安全措施不到位	高处坠落	同步检查
外用电梯	电梯周边	(1)安装顺序错误。 (2)根底不牢。 (3)焊缝开裂。 (4)螺栓松动。 (5)野蛮拆装。 (6)制动装置失灵	(1)倒塌。 (2)高空坠物	同步检查
卸料平台	卸料平台周边	(1)拉结点缺乏。 (2)架体超载堆放	(1)倒塌。 (2)物体打击。 (3)高处坠落	同步检查

8.3 建设工程安全检查与问题分析

8.3.1 人的问题——建筑行业人的不安全行为汇总

建筑行业人的不安全行为汇总如下：

（1）安全帽不系帽带。

（2）不使用安全装置（漏电保护器）。

（3）不系安全带。

（4）不走安全通道。

（5）拆除警戒线、进入警戒线。

（6）穿拖鞋。

（7）打开安全门。

（8）电工不穿绝缘鞋。

（9）焊工不戴绝缘手套。

（10）基坑支护不及时，超挖（先挖后撑）。

（11）交叉作业。

（12）酒后上岗。

（13）乱扔工具。

（14）攀爬脚手架。

（15）私拉乱接电线。

（16）私自搭、拆脚手架（不根据方案）。

（17）隧道内不使用安全电压。

（18）特种作业不持证上岗。

（19）违章使用电器。

（20）吸烟。

（21）在危险处（基坑、孔洞）停、留、坐。

（22）作业时不设安全警示标志，不穿反光背心。

8.3.2　人的问题——建筑行业人的不安全行为产生原因

建筑行业人的不安全行为产生原因如下：

（1）安全知识缺乏。

（2）不安全情绪（烦躁、急躁）。

（3）不安全心理（无所谓、逆反、好奇、图方便、骄傲自大）。

（4）感觉不舒服（安全帽、口罩）。

（5）工作压力过大。

（6）人的失误（疲劳作业、感觉判断失误、思想不集中、习惯性、确认不充分等）。

（7）自我保护意识缺乏。

8.3.3　物的问题——建筑行业物的不安全状态汇总

建筑行业物的不安全状态汇总如下：

（1）安全防护装置失灵。

（2）不安全的人字梯。

（3）布线不规范（乱拉）。

（4）电焊机没有二次侧降压漏电保护器。

（5）电线绝缘老化。

（6）钢筋加工机械没有防护罩。

（7）配电箱箱门与箱体没有导线连接。

（8）缺乏安全防护装置。

（9）氧气瓶与乙炔瓶安全距离不够。

（10）乙炔瓶没有回火阀。

（11）乙炔瓶没有使用减震圈。

8.3.4　环境的问题——建筑行业不良环境汇总

建筑行业不良环境汇总如下：

（1）安全标志。

（2）高温的问题。

（3）空气质量（缺氧、粉尘、能见度低）。

（4）现场文明施工（临时用电、安全通道、施工工具等）。

（5）噪声的问题。

（6）照明的问题。

8.3.5　管理的问题——建筑行业管理缺陷汇总

建筑行业管理缺陷汇总如下：

（1）安全投入不足。

（2）班组安全活动不规范（工前、工中、工后）。

（3）规章制度不全。

（4）技术交底不彻底、不全面。

（5）监督力度不够。

（6）教育培训不足、不规范。

（7）领导重视程度不够。

（8）特种作业不持证上岗。

（9）有章不循。

（10）责任制未落实。

（11）专项施工方案审查不严格。

8.3.6　时间的问题——建筑行业易出事故时间段汇总

建筑行业易出事故时间段汇总如下：

（1）恶劣环境（暴雨、雷电、台风、夜间）。

（2）加班加点、设备超期服役。

（3）交叉作业。

（4）黎明前一段时间，每天的午后（12～14点）。

（5）上下班、交接班、季节变换、节日前后。

（6）生产任务、工艺、人员、设备、材料、技术等有改变时。

（7）员工心理异常时，例如：家庭矛盾、失恋、陷入纠纷等影响的时候。

8.3.7　空间的问题——建筑行业易出事故空间汇总

建筑行业易出事故空间汇总如下：

（1）高处。

（2）基坑内。

（3）交叉作业处。

（4）临边。

（5）四口。

（6）隧道内。

（7）箱涵。

8.3.8　建设工程安全施工措施资料的检查

建设工程安全施工措施资料的检查内容如下：

（1）工程基本情况。

（2）施工现场安全管理体系人员持证上岗情况。

（3）安全防护、文明施工措施费用使用计划。

（4）安全规章制度的建立。

（5）安全技术资料。

（6）现场布置。

（7）现场作业人员。

（8）安全防护用品。

（9）机械设备。

（10）安全防火。

（11）是否办理意外伤害保险手续。

（12）安全监理规划及实施细则。

（13）建设单位安全行为。

（14）公共设施保护。

8.3.9　建筑安全检查教育的主要内容

建筑安全检查教育的主要内容见表 8-42。

表 8-42　建筑安全检查教育的主要内容

项目	解说
安全教育"六重六轻"	安全教育中,如下"六重六轻"要改正: (1)重生产效益,轻安全知识教育。 (2)重经济处罚,轻思想教育。 (3)重安全意识教育,轻安全技能教育。 (4)重管理人员教育,轻生产工人教育。 (5)重组织形式,轻教育效果。 (6)重事故后教训反思,轻事故前预防教育
安全教育创新	安全教育创新如下: (1)"安全条件确认制"的教育。 (2)"安全产品化"的教育。 (3)"七个一"的教育。 "七个一",就是一员、一片、一票、一画、一信、一联、一牌

8.3.10　建筑安全检查管理的主要内容

建筑安全检查管理的主要内容见表 8-43。

表 8-43　建筑安全检查管理的主要内容

项目	解说
安全管理体系	安全管理体系的内容如下: 安全管理体系 → 安全审查、标准化作业程序、危险识别、控制、事故调查、分析、领导承诺、员工参与、培训
安全管理要坚持"六有六无"	(1)安全有目标,施工无事故。 (2)凡事有人管,环境无隐患。 (3)管理有规章,制度无缺陷。 (4)操作有规程,作业无三违。 (5)检查有记录,设备无缺陷。 (6)考核有依据,教育无遗漏

8.3.11　建筑安全检查技术的主要内容

建筑安全检查技术的主要内容见表 8-44。

表 8-44　建筑安全检查技术的主要内容

项目	内容
建筑安全检查技术的主要内容	(1)安全色与安全标志(安全色、安全标志)。 (2)防火安全技术(动火作业、报警、火三角、灭火、逃生自救)。 (3)高处作业安全技术(立网、脚手架、护栏、洞口、安全带)。 (4)焊接安全技术(乙炔瓶、氧气瓶、电焊机、回火防止器)。 (5)架设安全技术(上下、雷电、人员、稳定、检验、搭设拆除)。 (6)检修安全技术(防止触电、受限空间、"五信五不信")。 (7)起重吊装安全技术(吊钩、滑轮、钢丝绳、制动器、"十不吊")。 (8)施工电气安全技术(距离、电压、绝缘、漏电保护等)
起重作业"十不吊"	(1)超载或被吊物重量不清不吊。 (2)指挥信号不明确不吊。 (3)捆绑、吊挂不牢或不平衡,可能引起滑动时不吊。 (4)被吊物上有人或放置物时不吊。 (5)结构或零部件有影响安全工作的缺陷或损伤时不吊。 (6)遇有拉力不清的埋置物件时不吊。 (7)工作场地昏暗,无法看清场地、被吊物、指挥信号时不吊。 (8)被吊物棱角处与捆绑钢绳间没有加衬垫时不吊。 (9)歪拉斜吊重物时不吊。 (10)容器内装的物品过满时不吊
"五信五不信"	(1)信法兰盖,不信阀门。 (2)信分析化验数据,不信感觉与嗅觉。 (3)信逐级签字,不信口头同意。 (4)信自己检查,不信别人介绍。 (5)信科学措施,不信经验主义

 一点通

建筑安全检查防护用品的要求如下:

（1）健全制度，监督检查。

（2）免费提供，不得替代。

（3）三证齐全，定点购买。

（4）正确使用，职工三会。

（5）过期更换，失效报废。

8.4　建筑安全事故的案例分析、处置与应急预案

8.4.1　建筑安全事故的案例分析与紧急处置

事故案例分析的基本内容如下：

（1）类型：根据《企业职工伤亡事故分类》（GB 6441—1986）中的事故原因进行归类。

（2）性质：

① 责任事故。

② 非责任事故。

（3）原因：

① 直接原因。

② 间接原因。

③ 主要原因。

（4）责任者：

① 直接责任者。

② 领导责任者。

③ 主要责任者。

（5）预防措施：

① 根据原因预防。

② "3E"对策。"3E"对策是指事故预防的三种基本对策，包括工程技术（Engineering）、教育（Education）、法制（Enforcement）。"3E"对策旨在解决人的不安全行业与物的不安全状态，具体包括技术、教育、身体、管理等方面。

事故案例分析的基本方法如下：

（1）事故树。

（2）事件树。

（3）事故根源分析法。

建筑安全事故报告制度的要点如下：

（1）发现危险情况要报告项目负责人。

（2）发生事故要报告项目负责人（及时、如实、准确）。

（3）发生事故后，要注意保护现场。

（4）常用报警电话：119、120、122、110。

建筑事故紧急处置方法见表 8-45。

表 8-45　建筑事故紧急处置方法

事故	紧急处置方法
触电	触电的紧急处置方法如下： (1)首先切断总电源。 (2)把触电者脱离电源。可用绝缘物(塑料、皮带、棉麻、木质、橡胶制品、书本、瓷器等)迅速将电线、电器与伤员分离，并且要防止相继触电。 (3)进行心肺复苏、人工呼吸、心脏按压。 (4)包扎电烧伤伤口。 (5)速送医院
火灾(烧烫伤)	火灾(烧烫伤)的紧急处置方法如下： (1)立即脱离险境，但是不能带火奔跑，以免加重呼吸道烧伤与不利于灭火。 (2)带火者迅速卧倒，并且就地打滚灭火，或者用水灭火，也可以用大衣、棉被等覆盖灭火。 (3)冷却受伤部位。可以用冷自来水冲洗受伤肢，冷却烧伤处 15min 以上。 (4)脱掉伤处的戒指、手表、衣物等。 (5)用消毒敷料、清洁毛巾、床单等覆盖伤处。 (6)勿刺破水泡，并且伤处勿涂药膏，以及勿粘贴受伤皮肤。 (7)可以适当饮糖盐水。 (8)把伤者迅速转送医院
中暑、中毒、眼睛外伤	中暑、中毒、眼睛外伤的紧急处置方法如下： (1)中暑——把中暑者运到通风地点，解开其衣服，让其喝含盐饮料，服藿香正气丸。中暑重者，应立即送医院。 (2)中毒——把中毒者运离危险地点(救人者需个体防护)，并且脱去其污染衣物，清理毒物。如果误服毒物，需催吐，则速送医院。 (3)眼睛外伤——如果是化学品进入眼睛，则用流动水清洗 15min，并且及时送医院。如果是异物入眼，则注意保护眼睛，并且及时送医院

8.4.2 应急预案

应急预案常见的内容包括：目的、职责、重大事故（危险）发生原因分析、应急区域范围划定、应急准备、应急响应的组织措施、应急设施、应急技术措施、应急预案的培训方案、应急预案的演练方案、事故后应急预案评价与修改方案、相关/支持性文件等。

制定应急预案是为了在突发事故（事件）时能够将影响环境、职业健康安全方面的损失降低到最低限度。

公司各部门、人员在应急预案方面的职责：

（1）公司领导——对应急预案负领导责任。

（2）工程部——负责制定应急预案，以及督促检查各项目（经理）部的落实情况。

（3）办公室——负责办公区范围内应急预案的落实。

（4）其他部门——根据部门职责分工，协助落实应急预案。

（5）项目（经理）部——负责应急预案的实施。

应急准备和响应领导小组的设置情况，如图 8-3 所示。

各成员的职责见表 8-46。

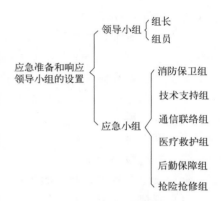

图 8-3　应急准备和响应领导小组的设置情况

表 8-46　各成员的职责

成员	职责
领导小组职责	（1）组织指挥全公司的应急救援工作，根据事故警报级别决定应急服务机构，提供相应工作帮助，并且实施场外应急计划。 （2）组织复查、评估事故（事件）的形式、发展过程、危害范围、破坏程度，以确保员工的安全，减少设施与财产损失。 （3）指导设施的部分停工，并且与各应急小组成员一起指挥现场人员撤离，以确保任何伤者都能得到及时的救治。 （4）紧急状态结束后，组织受影响地点的恢复工作，并且组织人员参加事故的调查、分析与处理
通信联络组职责	（1）确保最高管理者与外部联系畅通、内外信息反馈迅速。 （2）保持通信设施与设备处于良好状态。 （3）负责应急过程的记录与整理
技术支持组职责	（1）提出抢险抢修、避免事故扩大的临时应急方案、措施。 （2）指导抢险抢修组实施应急预案措施。 （3）修订实施中的应急预案、技术措施中存在的缺陷。 （4）绘制事故现场平面图，并应标明重点部位，向外部救援机构提供准确的抢险救援信息资料
消防保卫组职责	（1）事故引发火灾，执行应急预案中的火灾应急技术措施。 （2）设置事故现场警戒线、警戒岗，维持施工现场内抢险救护的正常运作。 （3）保持抢险救援通道的畅通，引导抢险救援人员与车辆的进出。 （4）保护出事现场和受伤人员的财产安全
医疗救治组职责	（1）外部救援机构到达前，对受伤者采取紧急抢救措施（例如止血、人工呼吸、包扎、防止受伤部位感染等）。 （2）使重度受伤者优先得到外部救援机构的救治。 （3）协助外部救援机构转送受伤人员到医疗机构，并且指定人员护理受伤者
后勤保障组职责	（1）保障系统内各组人员必需的防护用品、救护用品、生活物资的供给。 （2）提供合格的抢险抢修或应急救援的物资、设备

应急预案应考虑的事故：机械伤害、坍塌、物体打击、高处坠落、起重伤害、触电、中毒、火灾、窒息、爆炸等。

各项目部可以成立以项目经理为组长，书记、安全员、环保员、保卫干事、施工员、义务消防队员为组员的应急小组。

常见应急设施见表 8-47。

表 8-47　常见应急设施

项目	解说
基本装备	(1)特种防护用品：绝缘手套、绝缘鞋、护目镜、防尘口罩等。 (2)一般防护用品：安全带、安全帽、安全网、适用的救护担架、急救药箱等
专用装备	(1)烟感器、应急灯、报警装置、铁锹、灭火器、喷淋头、消防水带、消防栓、消防枪、消防斧、消防桶、消防池、沙包等。 (2)自备小车。 (3)无线电对讲机、传真机、电话机、手机

应急技术措施应考虑火灾、人身伤害、触电急救、高温中暑急救、有害气体中毒、食物中毒等方面。当发生雷电、强风、沙尘暴、地震、强降雨、暴风雪等自然灾害时，应立即切断电源，及时有组织地疏散人员，确保人员的生命安全。当在施工过程中挖断水、电、燃气管线时，应立即停止施工，关闭电源，熄灭任何火源，严禁吸烟，及时疏散周边人员，设置醒目的隔离区，并且拨打 110 要求相关部门进行救援。

第9章 建筑施工安全检查

9.1 建筑施工安全检查评分

9.1.1 建筑施工安全检查评分汇总表格式

建筑施工安全检查评分汇总表格式如图 9-1 所示。

建筑施工安全检查评分汇总表

项目名称：   时间：

单位工程(施工现场)名称	建筑面积(m²)	结构类型	总计得分(满分100分)	项目名称及分值									
				安全管理(满分10分)	文明施工(满分15分)	脚手架(满分10分)	基坑工程(满分10分)	模板支架(满分10分)	高处作业(满分10分)	施工用电(满分10分)	物料提升机与施工升降机(满分10分)	塔式起重机与起重吊装(满分10分)	施工机具(满分5分)
评语：													
检查单位			负责人		受检项目			项目经理						

图 9-1 建筑施工安全检查评分汇总表格式

评语的格式如下：

本次检查为＿＿＿＿＿＿＿＿安全生产检查，共检查＿＿＿＿＿＿项，应得分＿＿＿＿＿＿分，实得分＿＿＿＿＿＿分，得分率为＿＿＿＿＿％。评定为＿＿＿＿＿＿＿。

此次检查发现的主要问题：

1. ×××××。

2. ×××××。

3. ×××××。

9.1.2　班组安全考核常见项目与内容

班组安全考核常见项目与内容见表 9-1。

表 9-1　班组安全考核常见项目与内容

项目		内容
班组安全管理	安全制度执行	(1)班组成员是否熟知、能否有效执行安全操作规程与制度要求; (2)班组成员是否根据要求佩戴相关防护用品; (3)班组成员是否有违反安全制度行为的记录
	安全培训与教育	(1)班组成员是否按时参加安全培训、教育活动; (2)班组成员是否有违反安全培训与教育要求的行为; (3)班组成员对安全知识的掌握与应用情况
	安全设施与设备	(1)班组成员对安全设施与设备的使用是否符合规定; (2)班组是否存在安全设施与设备损坏或缺失的情况; (3)班组成员有无发现隐患,是否及时报告
作业安全	作业前安全准备	(1)班组成员是否进行作业前的安全检查、准备; (2)班组成员有没有未进行安全检查、准备就开始作业的情况; (3)班组是否存在作业前没有消除的安全隐患
	作业操作规范性	(1)班组成员是否根据作业指导书与操作规程进行作业; (2)班组成员是否有违反作业操作规范的行为; (3)班组成员是否存在作业操作不当导致事故发生的情况
	特殊作业安全	(1)班组成员进行特殊作业时是否根据特殊作业安全要求进行操作; (2)班组成员是否存在特殊作业时没有进行必要的安全防护措施的情况; (3)班组成员是否有特殊作业导致安全事故的情况
应急管理与事故处理	突发事件应对	(1)班组成员是否熟悉应急预案与逃生路线; (2)班组成员是否有及时发现并报告突发事件的情况; (3)班组成员是否有根据应急预案进行应对与处置的情况
	事故处理	(1)班组成员对事故发生后的处置措施是否符合要求; (2)班组成员是否存在事故处理不及时或不恰当的情况; (3)事故处理过程中是否存在其他安全隐患
安全意识与安全文化	安全意识培养	(1)班组成员是否具有正确的安全意识; (2)班组成员是否意识到自身行为对安全的影响; (3)班组成员是否存在安全意识淡漠、忽视安全问题的情况
	安全文化建设	(1)班组成员是否积极参与安全文化建设活动; (2)班组成员是否积极参与宣传安全知识与交流经验的活动; (3)班组成员对班组安全文化建设的意见与建议
安全记录与统计分析	安全记录	(1)班组成员对安全事故、隐患、违章行为的记录是否准确完整; (2)班组成员是否存在虚报、瞒报或漏报的情况; (3)班组成员是否存在记录不及时、不明确或不规范的情况
	统计分析	(1)班组成员对安全记录进行统计分析和研究的情况; (2)班组成员是否及时发现并分析安全问题的根源; (3)班组成员是否采取有效措施预防和避免类似事故再次发生
奖惩制度执行	安全奖励	(1)是否有根据实际情况对安全表现突出的班组成员进行奖励; (2)对班组成员奖励方式和奖励力度是否合理; (3)奖励对提高班组成员的安全意识和安全行为是否有促进作用
	安全惩罚	(1)是否根据安全违规行为对班组成员进行相应的处罚; (2)对班组成员处罚方式和处罚力度是否合理; (3)处罚是否对纠正班组成员的安全行为问题起到警示作用

9.1.3 安全管理保证项目检查与评分标准

安全管理保证项目检查与评分标准见表9-2。

表9-2 安全管理保证项目检查与评分标准

项目(共100分)	评分标准
安全生产责任制 (10分)	(1)没有建立安全生产责任制(扣10分) (2)没有根据规定配备专职安全员(扣2~10分) (3)无各工种安全技术操作规程(扣2~10分) (4)工程项目部承包合同中没有明确安全生产考核指标(扣5分) (5)没有制定安全生产资金保障制度(扣5分) (6)没有进行安全责任目标分解(扣5分) (7)没有建立对安全生产责任制与责任目标的考核制度(扣5分) (8)没有制定伤亡限制、安全达标、文明施工等管理目标(扣5分) (9)没有根据考核制度对管理人员定期考核(扣2~5分) (10)没有编制安全资金运用安排或没有根据安排实施(扣2~5分) (11)安全生产责任制没有经责任人签字确认(扣3分)
施工组织设计 及专项施工 方案(10分)	(1)危急性较大的分部分项工程没有编制安全专项施工方案(扣10分) (2)施工组织设计、专项施工方案没有经审批(扣10分) (3)施工组织设计中没有制定安全技术措施(扣10分) (4)没有根据规定对超过一定规模危险性较大的分部分项工程专项施工方案进行专家论证(扣10分) (5)没有根据施工组织设计、专项施工方案组织实施(扣2~10分) (6)安全技术措施、专项施工方案无针对性或缺少设计计算(扣2~8分)
安全技术交底 (10分)	(1)没有进行书面安全技术交底(扣10分) (2)交底内容不全面或针对性不强(扣2~5分) (3)没有根据分部分项进行交底(扣5分) (4)交底没有履行签字手续(扣4分)
安全检查 (10分)	(1)没有建立安全检查制度(扣10分) (2)对重大事故隐患整改通知书所列项目没有根据限期整改与复查(扣5~10分) (3)事故隐患的整改没有做到定人、定时间、定措施(扣2~6分) (4)没有安全检查记录(扣5分)
安全教育 (10分)	(1)没有建立安全教育培训制度(扣10分) (2)没有明确详细安全教育培训内容(扣2~8分) (3)变换工种或采纳新技术、新工艺、新设备、新材料施工时没有进行安全教育(扣5分) (4)施工人员入场没有进行三级安全教育培训和考核(扣5分) (5)施工管理人员、专职安全员没有根据规定进行年度教育培训和考核(每人扣2分)
应急救援 (10分)	(1)没有制定安全生产应急救援预案　(扣10分) (2)没有建立应急救援组织或没有根据规定配备救援人员(扣2~6分) (3)没有定期进行应急救援演练(扣5分) (4)没有配置应急救援器材与设备(扣5分)
分包单位 安全管理(10分)	(1)分包单位资质、资格、手续不全或失效(扣10分) (2)分包合同、安全生产协议书,签字盖章手续不全(扣2~6分) (3)分包单位没有根据规定建立安全机构或没有配备专职安全员(扣2~6分) (4)没有签订安全生产协议书(扣5分)
持证上岗 (10分)	(1)没有经培训从事施工、安全管理和特种作业(每人扣5分) (2)项目经理、专职安全员和特种作业人员没有持证上岗(每人扣2分)
生产安全 事故处理 (10分)	(1)出现生产安全事故(扣10分) (2)生产安全事故没有根据规定进行调查分析、制定防范措施(扣10分) (3)生产安全事故没有根据规定报告(扣10分) (4)没有依法为施工作业人员办理保险(扣5分)

项目(共100分)	评分标准
安全标志 (10分)	(1)主要施工区域、危急部位没有根据规定悬挂安全标志(扣2~6分) (2)没有根据部位和现场设施的改变调整安全标志设置(扣2~6分) (3)没有设置重大危险源公示牌(扣5分) (4)没有绘制现场安全标志布置图(扣3分)

9.1.4 文明施工检查项目与评分标准

文明施工检查评定保证项目一般包括：现场围挡、封闭管理、施工场地、材料管理、现场办公与住宿、现场防火。

文明施工检查评定一般项目一般包括：综合治理、公示标牌、生活设施、社区服务。

文明施工保证项目评分标准见表9-3。

表9-3 文明施工保证项目评分标准

项目(共60分)	评分标准
现场围挡 (10分)	(1)围挡没有达到稳定、坚实、整齐、美观(扣5~10分) (2)市区主要路段的工地没有设置封闭围挡或围挡高度小于2.5m(扣5~10分) (3)一般路段的工地没有设置封闭围挡或围挡高度小于1.8m(扣5~10分)
封闭管理 (10分)	(1)施工现场进出口没有设置大门(扣10分) (2)没有建立门卫值守管理制度或没有配备门卫值守人员(扣2~6分) (3)没有设置门卫室(扣5分) (4)没有设置车辆冲洗设施(扣3分) (5)施工现场出入口没有标有企业名称或标识(扣2分) (6)施工人员进入施工现场没有佩戴工作卡(扣2分)
施工场地 (10分)	(1)没有实行防止污水、泥浆、废水污染环境措施(扣2~10分) (2)施工现场没有实行防尘措施(扣5分) (3)没有设置吸烟处,随意吸烟(扣5分) (4)施工现场道路不畅通、路面不平整坚实(扣5分) (5)施工现场没有设置排水设施或排水不通畅、有积水(扣5分) (6)施工现场主要道路及材料加工区地面没有进行硬化处理(扣5分) (7)暖和季节没有进行绿化布置(扣3分)
材料管理 (10分)	(1)易燃易爆物品没有分类贮存在专用库房、没有实行防火措施(扣5~10分) (2)建筑材料、构件、料具没有根据总平面布局码放(扣4分) (3)施工现场材料存放没有实行防火、防锈蚀、防雨措施(扣3~10分) (4)建筑物内施工垃圾的清运没有运用器具或管道运输(扣5分) (5)材料码放不整齐、没有标明名称、没有标明规格(扣2分)
现场办公 与住宿(10分)	(1)在施工程、伙房、库房兼作住宿场地(扣10分) (2)宿舍、办公用房防火等级不符合有关消防安全技术规范要求(扣10分) (3)宿舍没有设置床铺、床铺超过2层或通道宽度小于0.9m(扣2~6分) (4)施工作业区、材料存放区与办公区、生活区没有实行隔离措施(扣6分) (5)冬季宿舍内没有实行采暖与防一氧化碳中毒措施(扣5分) (6)夏季宿舍内没有实行防暑降温与防蚊蝇措施(扣5分) (7)宿舍人均面积或人员数量不符合规范要求(扣5分) (8)宿舍没有设置可开启式窗户(扣4分) (9)生活用品摆放混乱、环境卫生不符合要求(扣3分)
现场防火 (10分)	(1)施工现场的临时用房与作业场所的防火设计不符合规范要求(扣10分) (2)施工现场没有制定消防安全管理制度、消防措施(扣10分) (3)施工现场消防通道、消防水源的设置不符合规范要求(扣5~10分) (4)施工现场灭火器材布局、配置不合理或灭火器材失效(扣5分) (5)没有办理动火审批手续或没有指定动火监护人员(扣5~10分)

文明施工一般项目评分标准见表9-4。

表9-4 文明施工一般项目评分标准

项目(共40分)	评分标准
综合治理(10分)	(1)施工现场没有制定治安防范措施(扣5分) (2)施工现场没有建立治安保卫制度或责任没有分解到人(扣3~5分) (3)生活区没有设置供作业人员学习和消遣场所(扣2分)
公示标牌 (10分)	(1)大门口处设置的公示标牌内容不齐全(扣2~8分) (2)没有设置宣传栏、读报栏、黑板报(扣2~4分) (3)标牌不规范、不整齐(扣3分) (4)没有设置安全标语(扣3分)
生活设施 (10分)	(1)厕所内的设施数量和布局不符合规范要求(扣2~6分) (2)食堂与厕所、垃圾站、有毒有害场所的距离不符合规范要求(扣2~6分) (3)不能保证现场人员卫生饮水(扣5分) (4)食堂没有办理卫生许可证或没有办理炊事人员健康证(扣5分) (5)没有建立卫生责任制度(扣5分) (6)生活垃圾没有装容器或没有清理(扣3~5分) (7)食堂运用的燃气罐没有单独设置存放间或存放间通风条件不良(扣2~4分) (8)食堂没有配备排风、冷藏、消毒、防鼠、防蚊蝇等设施(扣4分) (9)没有设置淋浴室或淋浴室不能满足现场人员需求(扣4分) (10)厕所卫生没有达到规定要求(扣4分)
社区服务 (10分)	(1)施工现场焚烧各类废弃物(扣8分) (2)夜间没有经许可施工(扣8分) (3)没有制定施工不扰民措施(扣5分) (4)施工现场没有制定防粉尘、防噪声、防光污染等措施(扣5分)

9.2 其他工程项目与工种安全检查评分

9.2.1 基坑工程检查项目与评分标准

基坑工程检查评定保证项目常包括：施工方案、基坑支护、降排水、基坑开挖、坑边荷载、安全防护。

基坑工程一般项目常包括：基坑监测、支撑拆除、作业环境、应急预案。

基坑工程检查项目与评分标准见表9-5。

表9-5 基坑工程检查项目与评分标准

项目(共100分)	评分标准
施工方案 (10分)	(1)专项施工方案没有根据规定审核、审批(扣10分) (2)基坑工程没有编制专项施工方案(扣10分) (3)基坑周边环境或施工条件发生改变,专项施工方案没有重新进行审核、审批(扣10分) (4)超过一定规模条件的基坑工程专项施工方案没有根据规定组织专家论证(扣10分)
基坑支护 (10分)	(1)自然放坡的坡率不符合专项施工方案和规范要求(扣10分) (2)基坑支护结构不符合设计要求(扣10分) (3)人工开挖的狭窄基槽,开挖深度较大或存在边坡塌方危险没有实行支护措施(扣10分) (4)支护结构水平位移达到设计报警值没有实行有效限制措施(扣10分)
降排水 (10分)	(1)基坑开挖深度范围内有地下水,没有实行有效的降排水措施(扣10分) (2)放坡开挖对坡顶、坡面、坡脚没有实行降排水措施(扣5~10分) (3)基坑底四周没有设排水沟和集水井,或没有解除积水问题(扣5~8分) (4)基坑边沿四周地面没有设置排水沟或排水沟设置不符合规范要求(扣5分)

项目(共 100 分)	评分标准
基坑开挖 (10 分)	(1)没有根据设计和施工方案的要求分层、分段开挖或开挖不均衡(扣 10 分) (2)基坑开挖过程中没有实行防止碰撞支护结构或工程桩的有效措施(扣 10 分) (3)支护结构没有达到设计要求的强度提前开挖下层土方(扣 10 分) (4)机械在软土场地作业,没有实行铺设渣土、砂石等硬化措施(扣 10 分)
坑边荷载 (10 分)	(1)施工机械与基坑边沿的安全距离不符合设计要求(扣 10 分) (2)基坑边堆置土、料具等荷载超过基坑支护设计允许要求(扣 10 分)
安全防护 (10 分)	(1)基坑内没有设置供施工人员上下的专用梯道或梯道设置不符合规范要求(扣 5~10 分) (2)降水井口没有设置防护盖板或围栏(扣 10 分) (3)开挖深度 2m 及以上的基坑周边没有根据规范要求设置防护栏杆或栏杆设置不符合规范要求(扣 5~10 分)
基坑监测 (10 分)	(1)没有根据要求进行基坑工程监测(扣 10 分) (2)基坑监测项目不符合设计和规范要求(扣 5~10 分) (3)没有根据设计要求提交监测报告或监测报告内容不完整(扣 5~8 分) (4)监测的时间间隔不符合监测方案要求或监测结果改变速率较大时没有加密观测次数(扣 5~8 分)
支撑拆除 (10 分)	(1)机械拆除作业时,施工荷载大于支撑结构承载力(扣 10 分) (2)采用的拆除方式不符合国家现行相关规范要求(扣 10 分) (3)基坑支护结构的拆除方式、拆除顺序不符合专项施工方案要求(扣 5~10 分) (4)人工拆除作业时,没有根据规定设置防护设施(扣 8 分)
作业环境 (10 分)	(1)基坑内土方机械、施工人员的安全距离不符合规范要求(扣 10 分) (2)在各种管线范围内挖土作业没有设专人监护(扣 5 分) (3)作业区光线不良(扣 5 分) (4)上下垂直作业没有实行防护措施(扣 5 分)
应急预案 (10 分)	(1)没有根据要求编制基坑工程应急预案或应急预案内容不完整(扣 5~10 分) (2)应急组织机构不健全或应急物资、材料、工具机具储备不符合应急预案要求(扣 2~6 分)

9.2.2 高处作业检查项目与评分标准

高处作业检查评定项目一般包括:安全帽、安全网、安全带、临边防护、洞口防护、通道口防护、攀登作业、悬空作业、移动式操作平台、悬挑式物料钢平台。

高处作业检查评定项目与评分标准见表 9-6。

表 9-6 高处作业检查评定项目与评分标准

项目(共 100 分)	评分标准
安全帽(10 分)	(1)安全帽质量不符合现行国家相关标准的要求(扣 5 分) (2)施工现场人员没有戴安全帽(每人扣 5 分) (3)没有根据标准佩戴安全帽(每人扣 2 分)
安全网 (10 分)	(1)安全网质量不符合现行国家相关标准的要求(扣 10 分) (2)在建工程外脚手架架体外侧没有采用密目式安全网封闭或网间连接不严(扣 2~10 分)
安全带 (10 分)	(1)安全带质量不符合现行国家相关标准的要求(扣 10 分) (2)高处作业人员没有根据规定系挂安全带(每人扣 5 分) (3)安全带系挂不符合要求(每人扣 5 分)
临边防护 (10 分)	(1)工作面边沿无临边防护(扣 10 分) (2)临边防护设施的构造、强度不符合规范要求(扣 5 分) (3)防护设施没有形成定型化、工具式(扣 3 分)
洞口防护 (10 分)	(1)电梯井内没有根据每隔两层且不大于 10m 设置安全平网(扣 5 分) (2)在建工程的孔、洞没有实行防护措施(每处扣 5 分) (3)防护措施、设施不符合要求或不严密(每处扣 3 分) (4)防护设施没有形成定型化、工具式(扣 3 分)

项目(共 100 分)	评分标准
通道口防护 (10 分)	(1)没有搭设防护棚或防护不严、不坚固(扣 5~10 分) (2)防护棚的材质不符合规范要求(扣 5 分) (3)防护棚宽度小于通道口宽度(扣 4 分) (4)防护棚长度不符合要求(扣 4 分) (5)防护棚两侧没有进行封闭(扣 4 分) (6)建筑物高度超过 24m,防护棚顶没有采取双层防护(扣 4 分)
攀登作业 (10 分)	(1)梯子的材质或制作质量不符合规范要求(扣 10 分) (2)折梯没有采用牢靠拉撑装置(扣 5 分) (3)移动式梯子的梯脚底部垫高使用(扣 3 分)
悬空作业 (10 分)	(1)悬空作业处没有设置防护栏杆或其他牢靠的安全设施(扣 5~10 分) (2)悬空作业人员没有系挂安全带或佩带工具袋(扣 2~10 分) (3)悬空作业所用的索具、吊具等没有验收(扣 5 分)
移动式操作 平台(10 分)	(1)操作平台的组装不符合设计和规范要求(扣 10 分) (2)操作平台的材质不符合规范要求(扣 10 分) (3)操作平台四周没有根据规定设置防护栏杆或没有设置登高扶梯(扣 10 分) (4)操作平台没有根据规定进行设计计算(扣 8 分) (5)移动式操作平台,轮子与平台的连接不坚固牢靠或立柱底端距离地面超过 80mm(扣 5 分) (6)平台台面铺板不严(扣 5 分)
悬挑式 物料钢平台 (10 分)	(1)斜拉杆或钢丝绳没有根据要求在平台两侧各设置两道(扣 10 分) (2)没有编制专项施工方案或没有经设计计算(扣 10 分) (3)悬挑式钢平台的下部支撑系统或上部拉结点,没有设置在建筑结构上(扣 10 分) (4)钢平台没有根据要求设置固定的防护栏杆或挡脚板(扣 3~10 分) (5)没有在平台明显处设置荷载限定标牌(扣 5 分) (6)钢平台台面铺板不严或钢平台与建筑结构之间铺板不严(扣 5 分)

9.2.3 吊篮检查项目与评分标准

吊篮检查评定保证项目常包括:施工方案、安全装置、悬挂机构、钢丝绳、安装作业、升降作业。

吊篮一般项目常包括:交底与验收、安全防护、吊篮稳定性、荷载。

吊篮检查项目与评分标准见表 9-7。

表 9-7 吊篮检查项目与评分标准

项目(共 100 分)	评分标准
施工方案(10 分)	(1)专项施工方案没有根据规定审核、审批(扣 10 分) (2)没有编制专项施工方案或没有对吊篮支架支撑处结构的承载力进行验算(扣 10 分)
安全装置 (10 分)	(1)吊篮没有安装上限位装置或限位装置失灵(扣 10 分) (2)没有安装防坠安全锁或安全锁失灵(扣 10 分) (3)没有设置挂设安全带专用安全绳及安全锁扣或安全绳没有固定在建筑物牢靠位置(扣 10 分) (4)防坠安全锁超过标定期限仍在使用(扣 10 分)
悬挂机构 (10 分)	(1)前支架与支撑面不垂直或脚轮受力(扣 10 分) (2)运用破损的配重块或采用其他替代物(扣 10 分) (3)前梁外伸长度不符合产品说明书规定(扣 10 分) (4)悬挂机构前支架支撑在建筑物女儿墙上或挑檐边缘(扣 10 分) (5)配重块没有固定或重量不符合设计规定(扣 10 分) (6)上支架没有固定在前支架调整杆与悬挑梁连接的节点处(扣 5 分)
钢丝绳 (10 分)	(1)安全钢丝绳规格、型号与工作钢丝绳不相同或没有独立悬挂(扣 10 分) (2)钢丝绳有断丝、松股、硬弯、锈蚀或有油污附着物(扣 10 分) (3)电焊作业时没有对钢丝绳实行保护措施(扣 5~10 分) (4)安全钢丝绳不悬垂(扣 5 分)

项目(共 100 分)	评分标准
安装作业 (10 分)	(1)吊篮组装的构配件不是同一生产厂家的产品(扣 5~10 分) (2)吊篮平台组装长度不符合产品说明书和规范要求(扣 10 分)
升降作业 (10 分)	(1)吊篮内作业人员数量超过 2 人(扣 10 分) (2)吊篮内作业人员没有将安全带安全锁扣挂置在独立设置的专用安全绳上(扣 10 分) (3)操作升降人员没有经培训合格(扣 10 分) (4)作业人员没有从地面进出吊篮(扣 5 分)
交底与验收 (10 分)	(1)吊篮安装运用前没有进行交底或交底没有留有文字记录(扣 5~10 分) (2)没有履行验收程序,验收表没有经责任人签字确认(扣 5~10 分) (3)每天班前班后没有进行检查(扣 5 分) (4)验收内容没有进行量化(扣 5 分)
安全防护 (10 分)	(1)吊篮平台周边的防护栏杆或挡脚板的设置不符合规范要求(扣 5~10 分) (2)多层或立体交叉作业没有设置防护顶板(扣 8 分)
吊篮稳定性 (10 分)	(1)吊篮钢丝绳不垂直或吊篮距建筑物空隙过大(扣 5 分) (2)吊篮作业没有实行防摇摆措施(扣 5 分)
荷载 (10 分)	(1)施工荷载超过设计规定(扣 10 分) (2)荷载堆放不匀称(扣 5 分)

9.2.4　施工用电检查项目与评分标准

施工用电检查评定保证项目常包括：外电防护、接地与接零保护系统、配电线路、配电箱与开关箱。

施工用电一般项目常包括：配电室与配电装置、现场照明、用电档案。

施工用电检查项目与评分标准见表 9-8。

表 9-8　施工用电检查项目与评分标准

项目(共 100 分)	评分标准
外电防护 (10 分)	(1)外电线路与在建工程及脚手架、起重机械、场内机动车道之间的安全距离不符合规范要求且没有实行防护措施(扣 10 分) (2)在外电架空线路正下方施工、建立临时设施或堆放材料物品(扣 10 分) (3)防护设施与外电线路的安全距离及搭设方式不符合规范要求(扣 5~10 分) (4)防护设施没有设置明显的警示标记(扣 5 分)
接地与接零 保护系统(20 分)	(1)施工现场专用的电源中性点系统接地的低压配电系统没有采用 TN-S 接零保护系统(扣 20 分) (2)配电系统没有采用同一保护系统(扣 20 分) (3)保护零线装设开关、熔断器或通过工作电流(扣 20 分) (4)工作接地电阻大于 4Ω,重复接地电阻大于 10Ω(扣 20 分) (5)工作接地与重复接地的设置、安装及接地装置的材料不符合规范要求(扣 10~20 分) (6)保护零线引出位置不符合规范要求(扣 5~10 分) (7)做防雷接地机械上的电气设备,保护零线没有做重复接地(扣 10 分) (8)施工现场起重机、物料提升机、施工升降机、脚手架防雷措施不符合规范要求(扣 5~10 分) (9)保护零线材质、规格及颜色标记不符合规范要求(每处扣 2 分) (10)电气设备没有接保护零线(每处扣 2 分)
配电线路 (10 分)	(1)线路没有设短路、过载保护(扣 5~10 分) (2)线路及接头不能保证机械强度和绝缘强度(扣 5~10 分) (3)电缆沿地面明设或沿脚手架、树木等敷设或敷设不符合规范要求(扣 5~10 分) (4)线路的设施、材料及相序排列、挡距、与邻近线路或固定物的距离不符合规范要求(扣 5~10 分) (5)没有使用符合规范要求的电缆(扣 10 分) (6)室内明敷主干线距地面高度小于 2.5m(每处扣 2 分) (7)线路截面不能满足负荷电流(每处扣 2 分)

项目(共100分)	评分标准
配电箱与开关箱 (20分)	(1)箱体结构、箱内电器设置不符合规范要求(扣10~20分) (2)配电系统没有采用三级配电、二级漏电保护系统(扣10~20分) (3)配电箱零线端子板的设置、连接不符合规范要求(扣5~10分) (4)箱体没有设置系统接线图和分路标记(每处扣2分) (5)箱体没有设门、锁,没有实行防雨措施(每处扣2分) (6)箱体安装位置、高度及周边通道不符合规范要求(每处扣2分) (7)电箱与开关箱、开关箱与用电设备的距离不符合规范要求(每处扣2分) (8)漏电保护器参数不匹配或检测不灵敏(每处扣2分) (9)配电箱与开关箱电器损坏或进出线混乱(每处扣2分) (10)用电设备没有各自专用的开关箱(每处扣2分)
配电室与配电装置 (15分)	(1)备用发电机组没有与外电线路进行联锁(扣15分) (2)配电室建筑耐火等级没有达到三级(扣15分) (3)配电装置中的仪表、电器元件设置不符合规范要求或仪表、电器元件损坏(扣5~10分) (4)配电室没有实行防雨雪和小动物侵入的措施(扣10分) (5)配电室、配电装置布设不符合规范要求(扣5~10分) (6)配电室没有设警示标记、工地供电平面图和系统图(扣3~5分) (7)没有配置适用于电气火灾的灭火器材(扣3分)
现场照明 (15分)	(1)照明变压器没有运用双绕组安全隔离变压器(扣15分) (2)特别场所没有采用36V及以下安全电压(扣15分) (3)照明线路和安全电压线路的架设不符合规范要求(扣10分) (4)手持照明灯没有采用36V以下电源供电(扣10分) (5)照明用电与动力用电混用(每处扣2分) (6)施工现场没有根据规范要求配备应急照明(每处扣2分) (7)灯具与地面、易燃物之间小于安全距离(每处扣2分) (8)灯具金属外壳没有接保护零线(每处扣2分)
用电档案 (10分)	(1)专项用电施工组织设计、外电防护专项方案没有履行审批程序,实施后相关部门没有组织验收(扣5~10分) (2)总包单位与分包单位没有订立临时用电管理协议(扣10分) (3)没有制定专项用电施工组织设计、外电防护专项方案或设计、方案缺乏针对性(扣5~10分) (4)定期巡察检查、隐患整改记录没有填写或填写不真实(扣3分) (5)档案资料不齐全、没有设专人管理(扣3分) (6)接地电阻、绝缘电阻和漏电保护器检测记录没有填写或填写不真实(扣3分) (7)安全技术交底、设备设施验收记录没有填写或填写不真实(扣3分)

9.2.5 施工机具检查项目与评分标准

施工机具检查评定项目常包括：平刨、圆盘锯、手持电动工具、钢筋机械、电焊机、搅拌机、气瓶、翻斗车、潜水泵、振捣器、桩工机械等。

施工机具检查项目与评分标准见表9-9。

表9-9 施工机具检查项目与评分标准

项目(共100分)	评分标准
平刨(10分)	(1)没有做保护接零或没有设置漏电保护器(扣10分) (2)错误使用木工机具(扣10分) (3)没有设置安全作业棚(扣6分) (4)没有设置护手安全装置(扣5分) (5)传动部位没有设置防护罩(扣5分) (6)平刨安装后没有履行验收程序(扣5分)

项目(共 100 分)	评分标准
圆盘锯 (10 分)	(1)错误使用木工机具(扣 10 分) (2)没有做保护接零或没有设置漏电保护器(扣 10 分) (3)没有设置安全作业棚(扣 6 分) (4)圆盘锯安装后没有履行验收程序(扣 5 分) (5)没有设置锯盘护罩、分料器、防护挡板安全装置和传动部位没有设置防护罩(每处扣 3 分)
手持电动工具 (8 分)	(1)Ⅰ类手持电动工具没有实行保护接零或没有设置漏电保护器(扣 8 分) (2)运用Ⅰ类手持电动工具不根据规定穿戴绝缘用品(扣 6 分) (3)手持电动工具随意接长电源线(扣 4 分)
钢筋机械 (10 分)	(1)没有做保护接零或没有设置漏电保护器(扣 10 分) (2)机械安装后没有履行验收程序(扣 5 分) (3)传动部位没有设置防护罩(扣 5 分) (4)钢筋加工区没有设置作业棚,钢筋对焊作业区没有实行防止火花飞溅措施,或冷拉作业区没有设置防护栏板(每处扣 5 分)
电焊机 (10 分)	(1)二次线没有采用防水橡皮护套铜芯软电缆(扣 10 分) (2)没有设置二次空载降压保护器(扣 10 分) (3)没有做保护接零或没有设置漏电保护器(扣 10 分) (4)电焊机安装后没有履行验收程序(扣 5 分) (5)电焊机没有设置防雨罩或接线柱没有设置防护罩(扣 5 分) (6)二次线长度超过规定或绝缘层老化(扣 3 分) (7)一次线长度超过规定或没有进行穿管保护(扣 3 分)
搅拌机 (10 分)	(1)没有做保护接零或没有设置漏电保护器(扣 10 分) (2)没有设置安全作业棚(扣 6 分) (3)搅拌机安装后没有履行验收程序(扣 5 分) (4)上料斗没有设置安全挂钩或止挡装置(扣 5 分) (5)离合器、制动器、钢丝绳达不到要求(每项扣 5 分) (6)传动部位没有设置防护罩(扣 4 分)
气瓶 (8 分)	(1)气瓶间距小于 5m 或与明火距离小于 10m 没有实行隔离措施(扣 8 分) (2)乙炔瓶没有安装回火防止器(扣 8 分) (3)气瓶没有安装减压器(扣 8 分) (4)气瓶存放不符合要求(扣 4 分) (5)气瓶没有设置防震圈和防护帽(扣 2 分)
翻斗车 (8 分)	(1)行车载人或违章行车(扣 8 分) (2)驾驶员无证操作(扣 8 分) (3)翻斗车制动、转向装置不灵敏(扣 5 分)
潜水泵 (6 分)	(1)负荷线没有采用专用防水橡皮电缆(扣 6 分) (2)没有做保护接零或没有设置漏电保护器(扣 6 分) (3)负荷线有接头(扣 3 分)
振捣器 (8 分)	(1)操作人员没有穿戴绝缘防护用品(扣 8 分) (2)没有做保护接零或没有设置漏电保护器(扣 8 分) (3)电缆线长度超过 30m(扣 4 分) (4)没有采用移动式配电箱(扣 4 分)
桩工机械 (12 分)	(1)机械与输电线路安全距离不符合规定要求(扣 12 分) (2)机械作业区域地面承载力不符合规定要求或没有实行有效硬化措施(扣 12 分) (3)安全装置不齐全或不灵敏(扣 10 分) (4)机械安装后没有履行验收程序(扣 10 分) (5)作业前没有编制专项施工方案或没有根据规定进行安全技术交底(扣 10 分)

9.2.6 施工升降机检查项目与评分标准

施工升降机检查评定保证项目常包括:安全装置、限位装置、防护设施、附墙架、钢丝绳及滑轮与对重、安拆及验收与运用。

施工升降机一般项目常包括：导轨架、基础、电气安全、通信装置。

施工升降机检查项目与评分标准见表 9-10。

表 9-10 施工升降机检查项目与评分标准

项目(共 100 分)	评分标准
安全装置 (10 分)	(1)防坠安全器超过有效标定期限(扣 10 分) (2)没有安装渐进式防坠安全器或防坠安全器不灵敏(扣 10 分) (3)没有安装起重量限制器或起重量限制器不灵敏(扣 10 分) (4)SC 型施工升降机没有安装安全钩(扣 10 分) (5)没有安装急停开关或急停开关不符合规范要求(扣 5 分) (6)没有安装吊笼和对重缓冲器或缓冲器不符合规范要求(扣 5 分) (7)对重钢丝绳没有安装防松绳装置或防松绳装置不灵敏(扣 5 分)
限位装置 (10 分)	(1)没有安装吊笼门机电联锁装置或不灵敏(扣 10 分) (2)没有安装极限开关或极限开关不灵敏(扣 10 分) (3)没有安装上限位开关或上限位开关不灵敏(扣 10 分) (4)没有安装吊笼顶窗电气安全开关或不灵敏(扣 5 分) (5)极限开关与上限位开关安全越程不符合规范要求(扣 5 分) (6)极限开关与上、下限位开关共用一个触发元件(扣 5 分) (7)没有安装下限位开关或下限位开关不灵敏(扣 5 分)
防护设施 (10 分)	(1)没有设置出入口防护棚或设置不符合规范要求(扣 5～10 分) (2)没有设置地面防护围栏或设置不符合规范要求(扣 5～10 分) (3)没有安装层门或层门不起作用(扣 5～10 分) (4)停靠层平台搭设不符合规范要求(扣 5～8 分) (5)没有安装地面防护围栏门联锁保护装置或联锁保护装置不灵敏(扣 5～8 分) (6)层门不符合规范要求、没有达到定型化(每处扣 2 分)
附墙架 (10 分)	(1)附墙架间距、最高附着点以上导轨架的自由高度超过说明书要求(扣 10 分) (2)附墙架与建筑结构连接方式、角度不符合说明书要求(扣 5～10 分) (3)附墙架采用非配套标准产品没有进行设计计算(扣 10 分)
钢丝绳、滑轮 与对重(10 分)	(1)钢丝绳的规格、固定不符合说明书及规范要求(扣 10 分) (2)对重重量、固定不符合说明书及规范要求(扣 10 分) (3)对重钢丝绳少于 2 根或没有相对独立(扣 5 分) (4)钢丝绳磨损、变形、锈蚀达到报废标准(扣 10 分) (5)对重没有安装防脱轨保护装置(扣 5 分) (6)滑轮没有安装钢丝绳防脱装置或不符合规范要求(扣 4 分)
安拆、验收 与运用(10 分)	(1)安装、拆除人员及司机没有持证上岗(扣 10 分) (2)安装、拆卸单位没有取得专业承包资质和安全生产许可证(扣 10 分) (3)没有履行验收程序或验收表没有经责任人签字(扣 5～10 分) (4)没有编制安装、拆卸专项方案或专项方案没有经审核、审批(扣 10 分) (5)施工升降机作业前没有根据规定进行例行检查,没有填写检查记录(扣 4 分) (6)实行多班作业没有根据规定填写交接班记录(扣 3 分)
导轨架 (10 分)	(1)导轨架垂直度不符合规范要求(扣 10 分) (2)标准节质量不符合说明书及规范要求(扣 10 分) (3)标准节连接螺栓使用不符合说明书及规范要求(扣 5～8 分) (4)对重导轨不符合规范要求(扣 5 分)
基础(10 分)	(1)基础设置在地下室顶板或楼面结构上,没有对其支承结构进行承载力验算(扣 10 分) (2)基础制作、验收不符合说明书及规范要求(扣 5～10 分) (3)基础没有设置排水设施(扣 4 分)
电气安全 (10 分)	(1)施工升降机在防雷保护范围以外没有设置避雷装置(扣 10 分) (2)施工升降机与架空线路不符合规范要求距离,没有实行防护措施(扣 10 分) (3)避雷装置不符合规范要求(扣 5 分) (4)没有设置电缆导向架或设置不符合规范要求(扣 5 分) (5)防护措施不符合规范要求(扣 5 分)
通信装置(10 分)	(1)没有安装楼层信号联络装置(扣 10 分) (2)楼层联络信号不清楚(扣 5 分)

9.2.7　物料提升机检查项目与评分标准

物料提升机检查评定保证项目常包括：安全装置、防护设施、附墙架与缆风绳、钢丝绳、安拆及验收与运用。

物料提升机一般项目常包括：基础与导轨架、动力与传动、通信装置、卷扬机操作棚、避雷装置。

物料提升机检查项目与评分标准见表 9-11。

表 9-11　物料提升机检查项目与评分标准

项目(共 100 分)	评分标准
安全装置(15 分)	(1)起重量限制器、防坠安全器不灵敏(扣 15 分) (2)没有安装起重量限制器、防坠安全器(扣 15 分) (3)没有安装上行程限位(扣 15 分) (4)安全停层装置不符合规范要求或没有达到定型化(扣 5~10 分) (5)上行程限位不灵敏、安全越程不符合规范要求(扣 10 分) (6)物料提升机安装高度超过 30m 没有安装渐进式防坠安全器、自动停层装置、语音及影像信号监控装置(每项扣 5 分)
防护设施 (15 分)	(1)没有安装平台门或平台门不起作用(扣 5~15 分) (2)没有设置防护围栏或设置不符合规范要求(扣 5~15 分) (3)没有设置进料口防护棚或设置不符合规范要求(扣 5~15 分) (4)吊笼门不符合规范要求(扣 10 分) (5)停层平台两侧没有设置防护栏杆、挡脚板(每处扣 2 分) (6)平台门没有达到定型化(每处扣 2 分) (7)停层平台脚手板铺设不严、不牢(每处扣 2 分)
附墙架与缆风绳 (10 分)	(1)缆风绳没有采用钢丝绳或没有与地锚连接(扣 10 分) (2)附墙架结构、材质、间距不符合产品说明书要求(扣 10 分) (3)附墙架没有与建筑结构牢靠连接(扣 10 分) (4)安装高度超过 30m 的物料提升机运用缆风绳(扣 10 分) (5)钢丝绳直径小于 8mm 或角度不符合 45°~60°要求(扣 5~10 分) (6)地锚设置不符合规范要求(每处扣 5 分) (7)缆风绳设置数量、位置不符合规范要求(扣 5 分)
钢丝绳(10 分)	(1)吊笼处于最低位置,卷筒上钢丝绳少于 3 圈(扣 10 分) (2)钢丝绳磨损、变形、锈蚀达到报废标准(扣 10 分) (3)没有设置钢丝绳过路保护措施或钢丝绳拖地(扣 5 分) (4)钢丝绳绳夹设置不符合规范要求(每处扣 2 分)
安拆、验收 与运用(10 分)	(1)安装、拆除人员及司机没有持证上岗(扣 10 分) (2)安装、拆卸单位没有取得专业承包资质和安全生产许可证(扣 10 分) (3)没有履行验收程序或验收表没有经责任人签字(扣 5~10 分) (4)没有制定专项施工方案或没有经审核、审批(扣 10 分) (5)物料提升机作业前没有根据规定进行例行检查或没有填写检查记录(扣 4 分) (6)实行多班作业没有根据规定填写交接班记录(扣 3 分)
基础与导轨架 (10 分)	(1)基础的承载力、平整度不符合规范要求(扣 5~10 分) (2)井架停层平台通道处的结构没有实行加强措施(扣 8 分) (3)导轨架垂直度偏差大于导轨架高度 0.15%(扣 5 分) (4)基础周边没有设排水设施(扣 5 分)
动力与传动 (10 分)	(1)滑轮与导轨架、吊笼没有采用刚性连接(扣 10 分) (2)滑轮与钢丝绳不匹配(扣 10 分) (3)卷扬机、曳引机安装不坚固(扣 10 分) (4)卷筒、滑轮没有设置防止钢丝绳脱出装置(扣 5 分) (5)曳引钢丝绳为 2 根及以上时,没有设置曳引力平衡装置(扣 5 分) (6)卷筒与导轨架底部导向轮的距离小于 20 倍卷筒宽度没有设置排绳器(扣 5 分) (7)钢丝绳在卷筒上排列不整齐(扣 5 分)

项目(共 100 分)	评分标准
通信装置 （5 分）	（1）没有根据规范要求设置通信装置（扣 5 分） （2）通信装置信号显示不清楚（扣 3 分）
卷扬机操作棚 （10 分）	（1）没有设置卷扬机操作棚（扣 10 分） （2）操作棚搭设不符合规范要求（扣 5～10 分）
避雷装置 （5 分）	（1）物料提升机在其他防雷保护范围以外没有设置避雷装置（扣 5 分） （2）避雷装置不符合规范要求（扣 3 分）

9.2.8　塔式起重机检查项目与评分标准

塔式起重机检查评定保证项目常包括：载荷限制装置、行程限位装置、保护装置、吊钩及滑轮及卷筒与钢丝绳、多塔作业、安拆及验收与运用。

塔式起重机一般项目常包括：附着装置、基础与轨道、结构设施、电气安全。

塔式起重机检查项目与评分标准见表 9-12。

表 9-12　塔式起重机检查项目与评分标准

项目(共 100 分)	评分标准
载荷限制装置 （10 分）	（1）没有安装力矩限制器或不灵敏（扣 10 分） （2）没有安装起重重量限制器或不灵敏（扣 10 分）
行程限位 装置（10 分）	（1）没有安装幅度限位器或不灵敏（扣 10 分） （2）没有安装起上升度限位器或不灵敏（扣 10 分） （3）行走式塔式起重机没有安装行走限位器或不灵敏（扣 10 分） （4）起上升度限位器的安全越程不符合规范要求（扣 6 分） （5）回转不设集电器的塔式起重机没有安装回转限位器或不灵敏（扣 6 分）
保护装置 （10 分）	（1）行走及小车变幅的轨道行程末端没有安装缓冲器及止挡装置或不符合规范要求（扣 4～8 分） （2）小车变幅的塔式起重机没有安装断绳保护及断轴保护装置（扣 8 分） （3）塔式起重机顶部高度大于 30m 且高于四周建筑物没有安装障碍指示灯（扣 4 分） （4）起重臂根部绞点高度大于 50m 的塔式起重机没有安装风速仪或不灵敏（扣 4 分）
吊钩、滑轮、 卷筒与钢丝绳 （10 分）	（1）吊钩磨损、变形达到报废标准（扣 10 分） （2）吊钩没有安装钢丝绳防脱钩装置或不符合规范要求（扣 10 分） （3）钢丝绳磨损、变形、锈蚀达到报废标准（扣 10 分） （4）滑轮及卷筒磨损达到报废标准（扣 10 分） （5）钢丝绳的规格、固定、缠绕不符合说明书及规范要求（扣 5～10 分） （6）滑轮、卷筒没有安装钢丝绳防脱装置或不符合规范要求（扣 4 分）
多塔作业 （10 分）	（1）随意两台塔式起重机之间的最小架设距离不符合规范要求（扣 10 分） （2）多塔作业没有制定专项施工方案或施工方案没有经审批（扣 10 分）
安拆、验收与 运用（10 分）	（1）没有制定安装、拆卸专项方案（扣 10 分） （2）方案没有经审核、审批（扣 10 分） （3）安装、拆除人员及司机、指挥没有持证上岗（扣 10 分） （4）安装、拆卸单位没有取得专业承包资质和安全生产许可证（扣 10 分） （5）没有履行验收程序或验收表没有经责任人签字（扣 5～10 分） （6）塔式起重机作业前没有根据规定进行例行检查，没有填写检查记录（扣 4 分） （7）实行多班作业没有根据规定填写交接班记录（扣 3 分）
附着装置 （10 分）	（1）附着前和附着后塔身垂直度不符合规范要求（扣 10 分） （2）塔式起重机高度超过规定没有安装附着装置（扣 10 分） （3）附着装置安装不符合说明书及规范要求（扣 5～10 分） （4）安装内爬式塔式起重机的建筑承载结构没有进行承载力验算（扣 8 分） （5）附着装置水平距离不满足说明书要求没有进行设计计算和审批（扣 8 分）

项目(共 100 分)	评分标准
基础与轨道 (10 分)	(1)塔式起重机基础没有根据说明书及有关规定设计、检测、验收(扣 5～10 分) (2)路基箱或枕木铺设不符合说明书及规范要求(扣 6 分) (3)轨道铺设不符合说明书及规范要求(扣 6 分) (4)基础没有设置排水措施(扣 4 分)
结构设施 (10 分)	(1)主要结构件的变形、锈蚀不符合规范要求(扣 10 分) (2)高强螺栓、销轴、紧固件的紧固、连接不符合规范要求(扣 5～10 分) (3)平台、走道、梯子、护栏的设置不符合规范要求(扣 4～8 分)
电气安全 (10 分)	(1)没有安装避雷接地装置(扣 10 分) (2)没有采纳 TN-S 接零保护系统供电(扣 10 分) (3)塔式起重机与架空线路安全距离不符合规范要求,没有实行防护措施(扣 10 分) (4)防护措施不符合规范要求(扣 5 分) (5)电缆运用及固定不符合规范要求(扣 5 分) (6)避雷接地装置不符合规范要求(扣 5 分)

9.2.9 起重吊装检查项目与评分标准

起重吊装检查评定保证项目常包括：施工方案、起重机械、钢丝绳与地锚、索具、作业环境、作业人员。

起重吊装一般项目常包括：起重吊装、高处作业、构件码放、警戒监护。

起重吊装检查项目与评分标准见表 9-13。

表 9-13 起重吊装检查项目与评分标准

项目(共 100 分)	评分标准
施工方案 (10 分)	(1)超规模的起重吊装专项施工方案没有根据规定组织专家论证(扣 10 分) (2)没有编制专项施工方案或专项施工方案没有经审核、审批(扣 10 分)
起重机械 (10 分)	(1)起重拔杆组装不符合设计要求(扣 10 分) (2)没有安装行程限位装置或不灵敏(扣 10 分) (3)没有安装荷载限制装置或不灵敏(扣 10 分) (4)起重拔杆组装后没有履行验收程序或验收表无责任人签字(扣 5～10 分)
钢丝绳与地锚 (10 分)	(1)钢丝绳规格不符合起重机说明书要求(扣 10 分) (2)钢丝绳磨损、断丝、变形、锈蚀达到报废标准(扣 10 分) (3)吊钩、卷筒、滑轮磨损达到报废标准(扣 10 分) (4)吊钩、卷筒、滑轮没有安装钢丝绳防脱装置(扣 5～10 分) (5)起重拔杆的缆风绳、地锚设置不符合设计要求(扣 8 分)
索具 (10 分)	(1)索具安全系数不符合规范要求(扣 10 分) (2)索具采用编结连接时,编结部分的长度不符合规范要求(扣 10 分) (3)吊索规格不匹配或机械性能不符合设计要求(扣 5～10 分) (4)索具采纳绳夹连接时,绳夹的规格、数量及绳夹间距不符合规范要求(扣 5～10 分)
作业环境 (10 分)	(1)起重机与架空线路安全距离不符合规范要求(扣 10 分) (2)起重机行走作业处地面承载力不符合说明书要求或没有采取有效加固措施(扣 10 分)
作业人员 (10 分)	(1)没有设置专职信号指挥和司索人员(扣 10 分) (2)作业前没有根据规定进行安全技术交底或交底没有形成文字记录(扣 5～10 分) (3)起重机司机无证操作或操作证与操作机型不符(扣 5～10 分)
起重吊装 (10 分)	(1)起重机吊具载运人员(扣 10 分) (2)多台起重机同时起吊一个构件时,单台起重机所承受的荷载不符合专项施工方案要求(扣 10 分) (3)起重机作业时起重臂下有人停留或吊运重物从人的正上方通过(扣 10 分) (4)吊运易散落物件不采用吊笼(扣 6 分) (5)吊索系挂点不符合专项施工方案要求(扣 5 分)

项目(共 100 分)	评分标准
高处作业 (10 分)	(1)没有根据规定设置高处作业平台(扣 10 分) (2)高处作业平台设置不符合规范要求(扣 5~10 分) (3)没有根据规定设置爬梯或爬梯的强度、构造不符合规范要求(扣 5~8 分) (4)没有根据规定设置安全带悬挂点(扣 8 分)
构件码放 (10 分)	(1)构件码放荷载超过作业面承载力(扣 10 分) (2)大型构件码放无稳定措施(扣 8 分) (3)构件码放高度超过规定要求(扣 4 分)
警戒监护 (10 分)	(1)没有根据规定设置作业警戒区(扣 10 分) (2)警戒区没有设专人监护(扣 5 分)

第**10**章 道路工程与市政工程 安全技能与安全教育

10.1 道路工程

10.1.1 道路工程要求

道路工程要求见表 10-1。

表 10-1 道路工程要求

项目	应符合的要求
道路路基填料强度	(1)填料应选择强度高、水稳定性好的材料作为道路路基填料。 (2)填料严禁使用淤泥、沼泽土、泥炭土、冻土、有机土、含生活垃圾的土做路基填料。 (3)对液限大于 50%、塑性指数大于 26、可溶盐含量大于 5%、700℃ 有机质烧失量大于 8% 的土,没有经技术处理不得作路基填料。 (4)采用房渣土、工业废渣等需要经过试验,确认可靠并且经建设单位、设计单位同意后才可以使用。 (5)填方材料的强度值需要根据填方类型、路床顶面以下深度、道路类别等来确定,并且应符合设计要求,其最小强度要符合有关规范要求。 (6)路基填筑,应根据不同性质的土进行分类分层压实。 (7)路基高边坡施工,应制定专项施工方案
道路各结构层压实度	(1)土方路基压实度标准,应根据填挖类型、路床顶面以下深度、道路类别等来确定。 (2)土方路基压实度填土的压实遍数,应根据压实度要求,经现场试验来确定。 (3)砂垫层处理软土路基,砂垫层的压实度不应小于 90%。 (4)石灰稳定土,石灰、粉煤灰稳定砂砾(碎石),水泥稳定土类基层、底基层的压实度需应符合下列规定: ①城市快速路、主干道基层不小于 97%,底基层不小于 95%。 ②其他等级道路基层不小于 95%,底基层不小于 93%。 ③基层、底基层试件制作 7d 无侧限抗压强度,应符合设计等要求。 (5)级配砂砾、级配砾石、级配碎石基层压实度不小于 97%,底基层压实度不小于 95%。弯沉值不大于设计等规定。 (6)沥青混合料(沥青碎石)、沥青贯入式基层压实度不小于 95%。弯沉值不大于设计等规定。 (7)沥青贯入式面层压实度不小于 95%,弯沉值、面层厚度应符合设计等规定,允许偏差为 −15～+15mm
道路基层结构强度	(1)道路基层主要分为石灰稳定土类基层,石灰、粉煤灰稳定砂砾基层,石灰、粉煤灰、钢渣稳定土类基层,水泥稳定土类基层,级配砂砾及级配砾石基层等。 (2)各类基层原材料选择、配合比设计、搅拌、摊铺、碾压方式、纵横接缝、养护等,应满足有关规范等要求

项目	应符合的要求
道路不同种类面层结构	热拌沥青混合料面层应符合的要求如下： (1)摊铺。 ①城市快速路、主干路不宜在气温低于10℃条件下施工。 ②沥青混合料的松铺系数,应根据混合料类型、施工机械、施工工艺等通过试验段来确定,并且试验段不小于100m。 ③摊铺沥青混合料,应均匀、连续不间断,不得随意变换摊铺速度或中途停顿。 ④摊铺速度宜为2～6m/min。 (2)碾压。 ①初压,应采用轻型钢筒式压路机碾压1～2遍。 ②复压,应连续进行,碾压段长度宜为60～80m。 ③终压,宜选用双轮钢筒式压路机,碾压到无明显轮迹为止。 ④初压、复压、终压速度,应符合规范等要求。 (3)接缝。 ①上、下层的纵向热接缝应错开15cm。 ②冷接缝应错开30～40cm。 ③相邻两幅及上、下层的横向接缝均应错开1m以上。 (4)热拌沥青混合料(城市快速路、主干路)其施工环境温度不宜低于10℃。沥青混合料分层摊铺时,应避免层间污染
	冷拌沥青混合料面层应符合的要求如下： (1)摊铺,应在乳液破乳前结束。在搅拌与摊铺过程中已破乳的混合料,应予废弃。 (2)初压采用6t压路机碾压,再用中型压路机碾压;当乳化沥青开始破乳时,采用12～15t轮胎压路机复压,等水分基本蒸发后继续碾压至轮迹小于5mm,压实度符合要求时停止碾压
	水泥混凝土面层应符合的要求如下： (1)施工缝施工。 ①胀缝间距应符合设计等要求。 ②结构物衔接位置、道路交叉和填挖土方变化处应设胀缝。 ③胀缝上部预留填缝空隙,宜用提缝板留置。 ④提缝板应直顺,并且与胀缝板密合、垂直于面层。 ⑤缩缝应垂直板面,宽度宜为4～6mm。 ⑥设传力杆时的切缝深度,不得小于面层厚的三分之一且不得小于70mm。 ⑦不设传力杆时,不得小于面层厚的四分之一,并且不得小于60mm。 ⑧机切缝时,宜在水泥混凝土强度达到设计强度25%～30%时进行。 (2)养护。 水泥混凝土面层成活后,应及时养护,可以选用保湿和塑料薄膜覆盖等方法,气温较高时养护期不宜小于14d,低温时养护期不宜小于21d。 (3)水泥混凝土路面抗弯拉强度应达到设计要求,并且应在填缝完成后开放交通

10.1.2　道路工程施工危险危害因素与责任部门

道路工程施工危险危害因素与责任部门见表10-2。

表10-2　道路工程施工危险危害因素与责任部门

行为、设备、环境等	危险危害因素	可能导致的事故	控制措施	责任部门
酒后驾驶	(1)监护错误。 (2)操作错误	交通事故	(1)加强教育培训。 (2)加强现场检查监管	工程部、安全部、材料设备部
疲劳驾驶、超速行驶	(1)监护错误。 (2)操作错误	交通事故	(1)加强教育培训。 (2)加强现场检查监管	
刹车失灵	设备、设施缺陷	(1)碾压伤人。 (2)碰撞	(1)加强教育培训。 (2)加强现场检查监管	

行为、设备、环境等	危险危害因素	可能导致的事故	控制措施	责任部门
设备灯光（刹车灯、倒车灯、转向灯）不亮	设备、设施缺陷	（1）碾压伤人。 （2）碰撞	（1）加强教育培训。 （2）加强现场检查监管	工程部、安全部、材料设备部
无证驾驶	操作错误	车辆伤害	加强对运输车辆驾驶人员持证上岗的管理	
仪表等安全装置失效、不灵	设备、设施缺陷	（1）碾压伤人。 （2）碰撞	（1）加强教育培训。 （2）加强现场检查监管	
	防护缺陷	机械伤害		

10.1.3　道路工程施工危险源识别与风险

道路工程施工危险源识别与风险见表 10-3。

表 10-3　道路工程施工危险源识别与风险

过程	危险危害因素	伤害方式	伤害类别	伤害地点	伤害人员、伤害设备
场地清理	放火焚烧丛草树木	火灾	化学性	附近山林	设施
	建筑物拆除时没有有效限制非工作人员出入	建筑物倒塌伤人	物理性	拆除现场	进入现场人员
场内交通	施工车辆在严重坑洼的便道上行驶	车辆伤害	物理性	便道	车辆
	（1）人员与车辆在狭窄的便道上交会。 （2）车辆与车辆在狭窄的便道上交会	车辆伤害	物理性	便道	行人、司机、车辆
	施工车辆在陡坡上超速行驶	车辆伤害	物理性	便道	司机、车辆
	施工车辆在没有明显标志的急转弯便道上行驶	车辆伤害	物理性	便道	行人、司机、车辆
	施工车辆雨后在泥泞的便道上行驶	车辆伤害	物理性	便道	车辆
	施工车辆超限在便桥上行驶	车辆伤害	物理性	便桥	司机、车辆
	施工车辆带故障作业	车辆伤害	物理性	作业现场	司机、行人、车辆
	场内车辆驾驶员酒后操作	车辆伤害	物理性	作业现场	司机、行人、车辆
	人员无证操作场内车辆	车辆伤害	物理性	作业现场	司机、行人、车辆
	场内车辆驾驶员疲劳操作	车辆伤害	物理性	作业现场	司机、行人、车辆
	场内车辆作业时产生噪声	车辆伤害	物理性	作业现场	司机、现场人员
混凝土拌制	拌和场照明设备不足	车辆伤害	物理性	拌和场	现场人员
	拌和机料斗钢丝绳磨损过度（断裂）	料斗脱落伤人	物理性	拌和场	进入料斗下人员
	人员从上方向碎石机口内窥视	石块伤人	物理性	碎石加工厂	投料人员
	用手扳动被卡在碎石机中的石料	机械伤手	物理性	碎石加工厂	投料人员
基础混凝土施工	加固支撑失稳的模板	模板倒塌伤人	物理性	模板施工现场	施工人员
	加固基础发生模板沉降	模板倒塌伤人	物理性	模板施工现场	施工人员
	施工过程中模板倒塌	模板倒塌伤人	物理性	模板施工现场	施工人员
	混凝土施工平台没有防护设施	施工人员从平台上跌落	物理性	施工现场	跌落人员
	混凝土施工平台承载力偏小	平台上人员压垮平台	物理性	施工现场	平台上作业人员

过程	危险危害因素	伤害方式	伤害类别	伤害地点	伤害人员、伤害设备
基础混凝土施工	基础底作业人员没有戴安全帽	落物伤人	物理性	混凝土浇筑现场	基础底作业人员
	夜间施工照明设施不足	机械碰撞伤害	物理性	混凝土浇筑现场	施工人员
	基坑周边没有设安全标志	行人跌入基坑	物理性	基坑	行人
	吊车钢丝绳磨损过度,或者断裂	吊斗脱落伤人	物理性	混凝土浇筑现场	吊斗下人员
	吊车钓钩脱钩、磨损过度,或者断裂	吊斗脱落伤人	物理性	混凝土浇筑现场	吊斗下人员
	吊车(起重设备)支撑失稳	吊车倾覆	物理性	混凝土浇筑现场	吊车司机
	吊车(起重设备)违章作业	吊车损坏	物理性	混凝土浇筑现场	吊车
	振动设备电线老化漏电	触电	物理性	混凝土浇筑现场	振捣人员
	振动设备漏电	触电	物理性	混凝土浇筑现场	振捣人员
	照明线路老化漏电	触电	物理性	混凝土浇筑现场	振捣人员
	照明工具漏电	触电	物理性	混凝土浇筑现场	振捣人员
	电工违规作业	触电	行为性	混凝土浇筑现场	振捣人员
	混凝土振捣工没有配备防护用品	混凝土腐蚀皮肤	化学性	混凝土浇筑现场	振捣人员
基坑开挖	挖掘机作业时距基坑边的安全距离不能够满足安全要求	挖掘机翻进基坑	物理性	基坑中	司机、挖掘机
	附近通行的基坑边缘没有防护设施	行人发生意外跌进基坑	物理性	基坑中	行人
	附近通行的基坑边缘没有防护设施	行人发生意外跌进基坑	物理性	基坑中	行人
	凿除桩头机械噪声	噪声伤害	生理性	基坑中	作业人员
	凿除桩头机械振动	振动伤害	生理性	基坑中	作业人员
	人工开挖基坑穿戴没有水鞋、水服等防护用品	泥水浸泡皮肤	生理性	基坑中	水中作业人员
	抽水设备漏电	人员触电	物理性	作业现场	作业人员
	抽水设备电线老化漏电	人员触电	物理性	作业现场	作业人员
	夜间机械开挖基坑灯光亮度不够	机械损伤	物理性	基坑开挖现场	基坑开挖现场人员
	夜间基坑施工照明设备漏电	人员触电	物理性	基坑开挖现场	基坑开挖现场人员
沥青路面施工	患皮肤病、患结膜炎及对沥青过敏反应者从事沥青作业	产生皮肤病	化学性	碎石加工厂	投料人员
	从事沥青人员皮肤外漏部分没有涂抹防护药膏	伤害皮肤	化学性	施工现场	从事沥青作业人员
	泵送热沥青时人员不能够及时避让	热沥青烫伤	物理性	拌和站	附近人员
	运输沥青车辆紧急刹车或减速	发生意外伤人	物理性	运输现场	现场人员
	吊装沥青桶的吊索绑扎不牢	吊装物脱落伤人	物理性	吊装现场	吊装物下面人员

过程	危险危害因素	伤害方式	伤害类别	伤害地点	伤害人员、伤害设备
沥青路面施工	喷洒沥青时手握的喷油管部分没有采取隔热措施	烫伤	物理性	沥青喷洒现场	沥青喷洒操作人员
	喷洒沥青时喷头向上或对人	沥青伤人	化学性	沥青喷洒现场	沥青喷洒人员或他人
	喷洒沥青时压油过猛	高压胶管与喷油管脱落沥青伤人	化学性	沥青喷洒现场	沥青喷洒操作人员
	喷洒沥青时高压胶管与喷油管连接不牢	高压胶管与喷油管脱落沥青伤人	化学性	沥青喷洒现场	沥青喷洒操作人员
	沥青混凝土搅拌设备运转结构没有安装防护罩	运转结构伤人	物理性	沥青拌和站	靠近运转结构人员
	沥青混凝土搅拌设备运转过程中使用工具伸入滚筒内掏挖或清理	运转结构伤人	物理性	沥青拌和站	清理设备人员
	人员进入搅拌鼓内时鼓外人员监护不力	封闭搅拌鼓出口或合闸送电伤人	物理性	沥青拌和站	进入搅拌鼓人员
	检查料斗时保险链没有挂好	料斗发生意外下落伤人	物理性	沥青拌和站	检查人员
	料斗升起时斗下有人作业或通过	料斗发生意外下落伤人	物理性	沥青拌和站	料斗下人员
	使用柴油清洗摊铺机时接近明火	火灾	化学性	摊铺现场	摊铺机
	熨平板加热过程没有人看管	火灾	化学性	摊铺现场	摊铺机及人员
	摊铺机没有完全停止换挡	损坏摊铺机	物理性	摊铺现场	摊铺机
临时水电	生活用水没有经过水质鉴定	摄取有害杂质	生理性	现场	全体人员
	对受污染的饮用水水源没有及时处理	摄取有害杂质	生理性	现场	全体人员
	现场电线老化漏电	漏电伤人	物理性	现场	接触电线人员
	场内架设电线支撑物没有绝缘	漏电伤人	物理性	现场	接触支撑物人员
	电工在高压线附近带电操作	漏电伤人	物理性	高压线附近	电工
	高压电器设备没有配专用开关	漏电伤人	物理性	高压线附近	接触开关人员
	开关插座外防水箱不合格	漏电伤人	物理性	现场	接触防水箱人员
	电器设备检查维修时电源监护不到位	触电伤人	物理性	设备检修点	检修人员
	现场变电站配备灭火器材不足	火灾	化学性	变电站	附近人员、设备
	现场变电站没有配备高压安全用具	触电伤人	物理性	现场变电站	作业人员
	非电工人员接近现场变电站带电设备	触电伤人	物理性	变电站	接近设备人员
	移动电气机具电线老化	漏电伤人	物理性	工具使用现场	使用者
	电线跨路时没有埋入地下或做穿管保护	遭破坏漏电伤人	物理性	电线跨越处	附近人员
	雷雨天气爬杆带电作业	雷击伤人	物理性	现场检修处	作业人员

过程	危险危害因素	伤害方式	伤害类别	伤害地点	伤害人员、伤害设备
临时水电	电器设备的传动带、转轮、飞轮等部分没有根据规定安装防护罩	接触转动部分伤人	物理性	设备作业点	接触人员
	非电工人员检修供电设备	触电伤人	物理性	检修现场	检修人员
	工作过程中停电没有切断设备电源	通电造成设备破坏、人员伤害	物理性	作业点	作业人员
	设备检查维修完毕没进行相关检查就合闸送电	通电伤害相关部位工作人员	物理性	作业点	作业人员
	沥青混凝土拌和设备检修没有在开关位置设置警示标志	送电伤人	物理性	拌和站	检修人员
	自备电源与电网间没有设置联锁保护	供电伤人	物理性	现场	电网用电者
路面基层施工	石灰消解人员没有戴防护口罩	尘肺病	生理性	消解现场	消解人员
	石灰消解人员没有穿防护服、没有穿防护鞋、没有戴防护手套等防护品	石灰腐蚀皮肤	化学性	消解现场	消解人员
	金属块进入碎石机械里面	金属块伤人	物理性	碎石加工厂	投料人员
	人员从上方向碎石机口内窥视	石块伤人	物理性	碎石加工厂	投料人员
	用手搅动被卡在碎石机中的石料	机械伤手	物理性	碎石加工厂	投料人员
气焊	乙炔瓶或氧气瓶在太阳下暴晒	引发爆炸	化学性	焊接现场	附近人员
	焊枪点火时开气瓶的作业顺序不对	引发爆炸	化学性	焊接现场	附近人员
	碰撞氧气瓶	引发爆炸	化学性	焊接现场	现场人员
	气焊点火时焊枪对人	烧伤	物理性	焊接现场	焊枪前面人员
	焊接现场距离明火太近	引发爆炸	化学性	焊接现场	附近人员
	悬挑式平台的搁支点与上部拉结点置于脚手架等施工设备上	平台垮塌	物理性	作业点	作业平台
强夯施工	石块飞溅	飞石伤害	物理性	作业现场	车辆、行人、建筑物
	高空坠落震动	震动伤害	物理性	作业现场	建筑物
	锤头坠落噪声	噪声伤害	物理性	作业现场	居民、作业人员
	钢丝绳崩断	钢丝绳伤害	物理性	作业现场	操作人员
土方工程	人工挖土时操作人员的距离不能够满足安全要求	挖土工具伤害	物理性	挖土现场	现场工人
	靠近建筑物、设备基础挖土时没有采取防护措施	导致建筑物、设备倒塌	行为性	挖土现场	现场建筑、设备及相关作业人员
	靠近电杆、脚手架基础挖土时没有采取防护措施	电杆、脚手架	行为性	挖土现场	现场电杆、脚手架及相关作业人员
	弃土下方危及范围内的道路上作业时没有设置禁行标志	高处落物伤人	物理性	现场附近道路	道路行人
	操作人员没有及时清除作业面上的松土	松土滑落伤人	物理性	作业面	操作人员
	蛙式打夯机电线老化漏电	触电伤害	物理性	打夯机施工现场	操作人员

过程	危险危害因素	伤害方式	伤害类别	伤害地点	伤害人员、伤害设备
土方工程	蛙式打夯机电源没有安装漏电保护器	触电伤害	物理性	打夯机施工现场	操作人员
	蛙式打夯机操作人员没有戴绝缘手套	触电伤害	物理性	打夯机施工现场	操作人员
	打夯机夯击电源线	触电伤害	物理性	打夯机施工现场	操作人员
	打夯机在斜坡上夯打	打夯机侧翻伤人	物理性	打夯机施工现场	操作人员
	电线杆及其拉线附近取土没有根据规定留土台或土台不能满足安全要求	线杆倒塌造成供电中断	物理性	挖土现场	供电线路
	挖掘机起动后铲斗内、臂杆上、机棚上站人	机械伤害	物理性	挖掘现场	现场作业人员
	挖掘机铲斗运转范围内站人	铲斗伤人	物理性	挖掘现场	铲斗运转范围内人员
	挖掘机作业范围内有带电线路	挖掘机触电	物理性	挖掘机作业现场	挖掘机、附近电路及作业人员
	挖机作业范围内有光缆或输油、输气、输水管道	挖断管道	行为性	挖掘机施工现场	现场管线
	推土机下陡坡(超过30°)	推土机侧翻	物理性	推土机行走地点	推土机
	推土机横向作业坡度大于10°	推土机侧翻	物理性	推土机作业现场	推土机
	推土机在陡坡、高坎上作业	从高处翻落	物理性	推土机作业现场	推土机、司机
	平地机在公路上行驶时松土器与刮刀没有提到规定高度	平地机损坏	物理性	平地机行走线路	平地机
	平地机在公路上行驶时刮刀伸出机身外侧	伤害附近人员设施	物理性	平地机行走线路	附近人员设施
	装载机铲斗载人行驶	人员落地受伤	物理性	装载机行走线路	乘车人员
	装载机作业场所的倾斜度过大	装载机侧翻	物理性	装载机作业场所	装载机
	装载机铲斗单边用力	铲斗损坏	物理性	装载机作业场所	装载机
	自卸车超载	自卸车损坏	物理性	行驶线路	自卸车
	自卸车人货混载	车辆事故伤人	物理性	行驶线路	自卸车及人员
	自卸车驾驶室内超额坐人	车辆事故伤人	物理性	行驶线路	自卸车及人员
	自卸车偏载	自卸车侧翻	物理性	行驶线路	自卸车
	自卸车在危险地段卸土没有专人指挥	车辆事故	物理性	卸土点	自卸车及司机
	自卸车在高坡、陡坡、坑边或填方边缘卸土时与边缘没有保持安全距离	翻车	物理性	卸土点	自卸车及司机
	自卸车起翻装置失灵	车辆事故	物理性	卸土点	自卸车
	自卸车翻斗内载人	车辆事故伤人	物理性	行驶线路	乘车人员
	自卸车没放下车斗行驶	重心过高翻车	物理性	行驶线路	自卸车
	压路机启动时没有检查左右前后是否存在障碍物或者人员	伤人或其他设施	物理性	压路机停放点	附近人员及设施
	压路机靠近路堤边缘作业时没有保持必要的安全距离	压路机侧翻	物理性	路堤上	压路机及司机

过程	危险危害因素	伤害方式	伤害类别	伤害地点	伤害人员、伤害设备
土方工程	压路机下坡脱挡滑行	机械事故	物理性	压路机下坡点	压路机
	振动压路机在坚硬路面上振动	机械事故	物理性	压路机作业点	压路机
	压路机在急转弯位置用快速挡	机械事故	物理性	压路机转弯处	压路机
筑岛、围堰	挖基工程设置的围堰与支撑不牢固	围堰垮塌	物理性	围堰上	机械设备人员
	基础施工中机械碰撞支撑	支撑松动造成围堰垮塌	物理性	围堰上	机械设备人员
	在支撑上放置重物	支撑松动造成围堰垮塌	物理性	围堰上	机械设备人员
	吊装现场作业人员没有戴安全帽	吊装钢板桩伤人	物理性	吊装现场	现场人员

10.2 市政工程

10.2.1   雨污水管线施工危险危害因素与控制措施

雨污水管线施工危险危害因素与控制措施见表10-4。

表10-4   雨污水管线施工危险危害因素与控制措施

行为、设备、环境等	危险危害因素	可能导致的事故	控制措施	责任部门
沟槽支护不牢固	防护缺陷	(1)支护不牢固。 (2)坍塌	(1)严格根据方案施工。 (2)加强现场监管	工程部、安全部
人工清底土，土堆离基坑安全距离不够	防护缺陷	塌方伤人	(1)严格根据方案施工。 (2)加强现场监管，保持安全距离	
井室内有毒气体未排放完毕	(1)防护缺陷。 (2)有毒物质	气体中毒	(1)加强现场监管。 (2)加强有毒气体检测与通风	
安全防护措施不到位	防护缺陷	(1)人身伤害。 (2)窒息	(1)加强现场监管。 (2)加强防毒面具、氧气瓶等防护用品的配备到位与使用	

10.2.2   路缘石、人行道砖安装施工危险危害因素与控制措施

路缘石、人行道砖安装施工危险危害因素与控制措施见表10-5。

表10-5   路缘石、人行道砖安装施工危险危害因素与控制措施

行为、设备、环境等	危险危害因素	可能导致的事故	控制措施	责任部门
运输车辆制动、方向失灵，灯光不全等	(1)防护缺陷。 (2)设备、设施缺陷	交通事故	(1)加强施工现场的检查监管。 (2)运输车辆严禁带病作业	工程部、安全部、设备材料部
交通标志不符合要求	标志缺陷	交通事故	(1)严格根据交通疏解方案施工。 (2)加强施工现场的检查监管	

10.2.3　地上构造物施工危险危害因素与控制措施

地上构造物施工危险危害因素与控制措施见表 10-6。

表 10-6　地上构造物施工危险危害因素与控制措施

行为、设备、环境等	危险危害因素	可能导致的事故	控制措施	责任部门
临边防护不符合要求	防护缺陷	坠落	加强施工现场的检查监管	工程部、安全部
坑洞没有设置警示标志	(1)标志缺陷。 (2)防护缺陷	坠落	加强施工现场的检查监管	

10.2.4　清淤作业危险危害因素与控制措施

清淤作业危险危害因素与控制措施见表 10-7。

表 10-7　清淤作业危险危害因素与控制措施

行为、设备、环境等	危险危害因素	可能导致事故	控制措施	责任部门
清淤作业现场没有专人监护	监护错误	窒息	(1)加强施工现场监管。 (2)严格根据专项施工方案落实各项安全防护措施	工程部、安全部
清淤作业现场无有毒气体检测仪器	(1)防护缺陷。 (2)监护错误	中毒	(1)加强施工现场监管。 (2)严格根据专项施工方案落实各项安全防护措施	

10.2.5　市政管网工程危险源辨识清单

市政管网工程危险源辨识清单见表 10-8。

表 10-8　市政管网工程危险源辨识清单

分类	风险辨识	事故类型	主要防范措施
安全管理	(1)没有建立安全生产责任制。 (2)没有建立安全生产管理制度	生产事故	建立健全岗位安全生产责任制度
	没有根据规定配备专职安全员	生产事故	根据规定配备必要的安全管理人员
	(1)没有根据分部分项进行安全技术交底。 (2)交底内容不全面或针对性不强	生产事故	施工前进行详细的技术安全交底
	(1)施工人员入场没有进行安全教育培训。 (2)施工人员入场没有进行安全教育考核	生产事故	根据规定开展入场安全教育、入场教育培训以及考核
	(1)没有制定安全生产应急救援预案。 (2)没有定期进行应急救援演练	生产事故	(1)编制应急救援预案。 (2)组织应急救援预案的演练
恶劣天气	强风、浓雾、暴雨、沙尘暴等天气时露天攀登作业	高处坠落	停止作业
	强风、浓雾、暴雨、沙尘暴等天气时高处作业	高处坠落	停止作业
	强风、浓雾、暴雨、沙尘暴等天气时搭拆脚手架	高处坠落	停止作业
	强风、浓雾、暴雨、沙尘暴等天气时露天悬空作业	高处坠落	停止作业

分类	风险辨识	事故类型	主要防范措施
恶劣天气	强风、浓雾、暴雨、沙尘暴等天气时支拆模板	高处坠落	停止作业
	强风、浓雾、暴雨、沙尘暴等天气时起重吊装作业	高处坠落	停止作业
恶劣天气:大风天气	在六级以上大风中进行高处作业	高处坠落	(1)进行安全交底。 (2)遵守专项方案。 (3)遵守操作规程。 (4)检查
	在六级以上大风中进行搭拆脚手架作业	高处坠落	(1)进行安全交底。 (2)遵守专项方案。 (3)遵守操作规程。 (4)检查
	在六级以上大风中进行起重吊装作业	高处坠落	(1)进行安全交底。 (2)遵守专项方案。 (3)遵守操作规程。 (4)检查
	在五级以上大风中进行吊篮作业	高处坠落	(1)进行安全交底。 (2)遵守专项方案。 (3)遵守操作规程。 (4)检查
	在五级以上大风中进行室外动火作业	火灾	(1)进行安全交底。 (2)遵守专项方案。 (3)遵守操作规程。 (4)检查
恶劣天气:低温作业	冬天寒冷天气进行施工	冻伤	佩戴防护用品与防护用具
恶劣天气:高温作业	夏天没有防中暑措施	中暑	(1)进行安全交底。 (2)检查
	夏天炎热天气进行施工	中暑	(1)进行安全交底。 (2)检查
基坑工程:安全防护	(1)夜间照明不足。 (2)工作面照明不足	机械伤害	(1)进行安全交底。 (2)检查
	多人作业安全距离不足	物体打击	(1)进行安全交底。 (2)检查
	各种管线范围内挖土作业没有设专人监护	物体打击	(1)进行安全交底。 (2)检查
	(1)基坑周边没有防护。 (2)防护不符合要求	坍塌	(1)进行安全交底。 (2)遵守专项方案。 (3)遵守操作规程
	(1)没有人员上下专用通道。 (2)没有梯道	高处坠落	(1)进行安全交底。 (2)检查
基坑工程:边坡荷载	基坑边坡坡顶荷载超过设计值	坍塌	(1)执行专项施工方案。 (2)执行技术规范。 (3)遵守操作规程。 (4)进行安全交底。 (5)检查
	施工机械、物料与边坡的安全距离不足	坍塌	(1)进行安全交底。 (2)遵守专项方案。 (3)遵守操作规程。 (4)检查

分类	风险辨识	事故类型	主要防范措施
基坑工程:基坑支护	基坑变形过大没有及时采取有效措施	坍塌	(1)执行专项施工方案与技术规范。 (2)遵守操作规程。 (3)进行安全交底
基坑工程:基坑开挖	在机械回转半径内作业	机械伤害	(1)进行安全交底。 (2)遵守专项方案。 (3)遵守操作规程。 (4)检查
	(1)没有根据设计要求分层开挖。 (2)超挖	坍塌	(1)进行安全交底。 (2)遵守专项方案。 (3)遵守操作规程
	机械在软土场地作业没有采取有效措施	机械伤害	(1)进行安全交底。 (2)遵守专项方案。 (3)遵守操作规程
	基坑开挖使用机械施工违章操作	机械伤害	(1)进行安全交底。 (2)遵守专项方案。 (3)遵守操作规程。 (4)检查
基坑工程:施工方案	(1)开挖深度超过5m(含5m)的基坑(槽)的土方开挖、支护、降水工程没有编制专项方案。 (2)开挖深度超过5m(含5m)的基坑(槽)的土方开挖、支护、降水工程没有进行专家论证	坍塌	(1)编制专项施工方案。 (2)组织专家论证。 (3)遵守操作规程。 (4)进行安全交底。 (5)定期检查验收
	(1)开挖深度虽没有超过5m,但是地质条件、周围环境、地下管线复杂。 (2)影响毗邻建筑(构筑)物安全的基坑(槽)的土方开挖、支护、降水工程没有编制专项方案或没有进行专家论证	坍塌	(1)编制专项施工方案。 (2)组织专家论证。 (3)遵守操作规程。 (4)进行安全交底。 (5)定期检查验收
	开挖深度超过3m(含3m)的基坑(槽)支护、降水工程没有编制专项方案	坍塌	(1)编制专项施工方案。 (2)遵守操作规程。 (3)进行安全交底
	开挖深度虽没有超过3m,但是地质条件与周边环境复杂的基坑(槽)支护、降水工程没有编制专项方案	坍塌	(1)编制专项施工方案。 (2)遵守操作规程。 (3)进行安全交底
	开挖深度超过3m(含3m)的基坑(槽)的土方开挖工程没有编制专项方案	(1)坍塌。 (2)机械伤害	(1)编制专项施工方案。 (2)遵守操作规程。 (3)进行安全交底
	(1)基坑没有进行支护。 (2)支护不符合设计要求	坍塌	(1)执行专项施工方案与技术规范。 (2)遵守操作规程。 (3)进行安全交底。 (4)检查
	基坑放坡坡率不符合要求	坍塌	(1)执行专项施工方案与技术规范。 (2)遵守操作规程。 (3)进行安全交底。 (4)检查

分类	风险辨识	事故类型	主要防范措施
汽车吊;吊车选择	没有根据规定编制方案或选择汽车起重机	坍塌	(1)编制方案。 (2)进行安全交底。 (3)遵守专项方案。 (4)遵守操作规程
	汽车起重机没有进行年检	起重伤害	(1)核查年检记录。 (2)检查
	没有对起重作业周边环境进行调研和识别并且采取措施	起重伤害	(1)核查周边环境。 (2)进行安全交底。 (3)遵守专项方案。 (4)遵守操作规程
汽车吊;荷载	(1)地基基础承载力不足。 (2)垫板铺设不合格	起重伤害	(1)核查地基承载力。 (2)遵守操作规程。 (3)进行安全交底。 (4)检查
	超过规定起吊质量	起重伤害	(1)进行安全交底。 (2)检查
汽车吊;作业人员	没有信号司索工或信号司索工没有持证作业	起重伤害	(1)配备相应人员。 (2)进行安全交底。 (3)检查
	没有遵守操作规程作业	起重伤害	(1)进行安全交底。 (2)遵守专项方案。 (3)遵守操作规程。 (4)检查
	司机没有持证上岗	起重伤害	(1)进行安全交底。 (2)检查
施工现场	在办公及生活区等非指定区域动火	火灾	(1)制定管理制度。 (2)进行安全教育。 (3)检查
	私自爬上楼顶	高处坠落	(1)制定管理制度。 (2)进行安全教育。 (3)检查
施工现场;办公及生活区	办公室内私拉乱接电线	触电	(1)制定管理制度。 (2)进行安全教育。 (3)检查
	有空调房间没有设置用电保护措施	触电	(1)制定管理制度。 (2)进行安全教育。 (3)检查
	办公室使用电加热器	触电	(1)制定管理制度。 (2)进行安全教育。 (3)检查
	办公室用电不安装漏电保护器	触电	(1)进行安全交底。 (2)检查
	化粪池、集水池没有安全防护或加盖	其他伤害	(1)进行安全交底。 (2)检查
	现场生活垃圾堆放没有遮盖与没有处理措施	其他伤害	(1)进行安全交底。 (2)检查
	没有正确配备或没有根据数量配备灭火器	火灾	(1)根据规定配备。 (2)检查

分类	风险辨识	事故类型	主要防范措施
施工现场:车辆	疲劳驾驶	车辆伤害	(1)进行安全交底。 (2)检查
	(1)超速。 (2)超载。 (3)超限行驶	车辆伤害	(1)进行安全交底。 (2)检查
	车辆带病行驶	车辆伤害	(1)进行安全交底。 (2)检查
	路况不明、无证作业、酒后作业等	车辆伤害	(1)进行安全交底。 (2)检查
施工现场:道路	道路没有明显标志	车辆伤害	(1)进行安全交底。 (2)检查
施工现场:管线防护	场地内管道防护不到位	(1)坍塌。 (2)物体打击	(1)进行安全交底。 (2)遵守专项方案或操作规程。 (3)检查
施工现场:警示标志	没有在施工现场的危险部位设置明显的安全警示标志	生产事故	(1)施工现场入口处、施工起重机械、临时用电设施、脚手架、出入通道口、楼梯口、电梯井口、孔洞口、基坑边沿等危险部位,设置明显的安全警示标志。 (2)安全警示标志必须符合国家标准
施工现场:临时建筑	材料不合格	坍塌	执行设计或技术标准要求,进场验收
	临时建筑主要构配件防火等级不符合要求	火灾	执行设计或技术标准要求,进场验收
	没有根据厂家设计图纸搭设临时建筑	坍塌	执行设计或技术标准要求,进场验收
	在建工程内住人	其他伤害	(1)施工平面布置。 (2)检查
施工现场:食堂	食堂内不严格执行卫生操作规程	其他伤害	(1)制定管理制度。 (2)进行安全教育。 (3)检查
	食堂内不严格执行食品管理、检查制度	其他伤害	(1)制定管理制度。 (2)进行安全教育。 (3)检查
	食堂炊事员没有健康证	其他伤害	(1)制定管理制度。 (2)进行安全教育。 (3)检查
	食堂没有卫生许可证	其他伤害	(1)制定管理制度。 (2)进行安全教育。 (3)检查
	民工食堂内住人	其他伤害	(1)制定管理制度。 (2)进行安全教育。 (3)检查
	冰柜(箱)生、熟食混放	其他伤害	(1)制定管理制度。 (2)进行安全教育。 (3)检查
	食堂没有消毒、灭蝇、防尘等卫生措施	其他伤害	(1)制定管理制度。 (2)进行安全教育。 (3)检查

分类	风险辨识	事故类型	主要防范措施
施工现场:食堂	食堂与厕所、污水池等距离小于15m	其他伤害	(1)执行施工平面布置图 (2)检查
	食堂没有根据规定配备灭火器材	火灾	(1)配备灭火器材。 (2)检查 (3)验收
施工现场:宿舍	宿舍内私拉乱接电线	触电	(1)制定管理制度。 (2)进行安全教育。 (3)检查
	室内灯具低于2.4m	触电	(1)进行安全交底。 (2)检查
	使用电褥子、电炉、电热水器	火灾	(1)进行安全教育。 (2)遵守管理制度。 (3)检查
	使用大功率用电设备	触电	(1)进行安全教育。 (2)遵守管理制度。 (3)检查
	宿舍内存放易燃易爆物品	火灾	(1)进行安全教育。 (2)遵守管理制度。 (3)检查
	电气开关损坏	触电	(1)进行安全教育。 (2)遵守管理制度。 (3)检查
	生活区宿舍没有根据规定设置可开启式外窗	火灾	(1)执行平面布置图、产品说明书、设计要求。 (2)检查。 (3)验收
	(1)用煤炉取暖没有安装烟囱。 (2)安装不合格	中毒	(1)进行安全教育。 (2)遵守管理制度。 (3)检查
	宿舍没有根据规定配备灭火器材	火灾	(1)配备灭火器材。 (2)检查。 (3)验收
施工现场:外来人员	私自带违禁物品进入施工现场	其他伤害	(1)制定管理制度。 (2)进行安全教育。 (3)检查
	没有经批准私自进入	其他伤害	(1)制定管理制度。 (2)进行安全教育。 (3)检查
	违反规定使用火种	火灾	(1)制定管理制度。 (2)进行安全教育。 (3)检查
	没有根据指定的路线行走	高处坠落物体打击	(1)制定管理制度。 (2)进行安全教育。 (3)检查
	没有佩戴安全防护用品	物体打击	(1)制定管理制度。 (2)进行安全教育。 (3)检查

分类	风险辨识	事故类型	主要防范措施
施工用电:发电机组	发电机组电源与外电线路没有设置联锁装置并列运行	(1)触电。 (2)火灾	(1)设置联锁装置。 (2)遵守专项方案。 (3)遵守操作规程。 (4)检查
	(1)发电机组设置位置电气安全距离不足。 (2)消防安全距离不足	火灾	(1)进行安全交底。 (2)遵守专项方案。 (3)遵守操作规程。 (4)检查
施工用电:接地接零	没有采用 TN-S 三相五线制系统	触电	(1)执行专项施工方案。 (2)执行技术规范。 (3)遵守操作规程。 (4)进行安全交底。 (5)检查
	配电系统没有根据要求进行重复接地	触电	(1)进行安全交底。 (2)遵守专项方案。 (3)遵守操作规程。 (4)检查
	接地电阻不符合要求	触电	(1)定期检测。 (2)安全交底
	用电设备没有专用保护零线	触电	(1)进行安全交底。 (2)遵守专项方案。 (3)遵守操作规程。 (4)检查
	工作零线与保护零线混接	触电	(1)进行安全交底。 (2)遵守专项方案。 (3)遵守操作规程。 (4)检查
施工用电:配电箱开关箱	配电箱没有采用三级配电、两级保护系统	触电	(1)执行专项施工方案。 (2)执行技术规范。 (3)遵守操作规程。 (4)进行安全交底。 (5)检查
施工用电:配电室	配电室布置不符合要求	(1)触电。 (2)火灾	(1)进行安全交底。 (2)遵守专项方案。 (3)遵守操作规程。 (4)检查
施工用电:配电线路	电缆线敷设不符合要求	触电	(1)进行安全交底。 (2)遵守专项方案。 (3)遵守操作规程。 (4)检查
	跨越道路、河流线路没有保护措施	触电	(1)进行安全交底。 (2)检查

分类	风险辨识	事故类型	主要防范措施
施工用电:配电箱	配电箱开关箱漏电保护器失灵	触电	(1)进行安全交底。 (2)遵守专项方案。 (3)遵守操作规程。 (4)定期检测
	配电箱开关箱漏电保护器参数与设备不匹配	触电	(1)进行安全交底。 (2)遵守专项方案。 (3)遵守操作规程。 (4)检查
	配电箱没有隔离开关	触电	(1)进行安全交底。 (2)检查
	配电箱内没有系统图及没有使用标识	触电	(1)进行安全交底。 (2)检查
	(1)配电箱安装不牢。 (2)配电箱周围有杂物	触电	(1)进行安全交底。 (2)检查
	配电箱没有门、没有锁、没有防雨措施	触电	(1)进行安全交底。 (2)检查
施工用电:施工方案	没有编制施工用电专项方案	触电	(1)编制专项施工方案。 (2)遵守操作规程。 (3)进行安全交底
施工用电:外电防护	没有进行防护	触电	(1)执行专项施工方案。 (2)执行技术规范。 (3)遵守操作规程。 (4)进行安全交底。 (5)检查
	防护不严密	触电	(1)进行安全交底。 (2)检查
施工用电:现场照明	灯具金属外壳没有做保护接零	触电	(1)进行安全交底。 (2)检查
	照明灯具距地面高度不足	触电	(1)进行安全交底。 (2)检查
现场消防:现场布置	(1)没有根据施工平面图进行布置。 (2)没有在施工现场入口处设置明显标志	火灾	(1)建立消防责任制度。 (2)确定消防责任人。 (3)制定用火用电规程。 (4)编制易燃易爆材料安全管理制度与操作规程。 (5)编制施工平面布置图。 (6)在施工现场入口处设置明显标志
	没有在施工现场设置消防通道	火灾	根据规定设置消防通道
	违规动火、使用火种	火灾	严格执行动火审批制度
	(1)灭火器材配备不足。 (2)灭火器材失效	火灾	(1)编制配备标准。 (2)检查
	(1)施工现场没有设置消防水源。 (2)没有配备消火栓。 (3)没有配备消防设施	火灾	(1)施工平面布置图。 (2)检查。 (3)验收
现场消防:易燃易爆场所	(1)乙炔瓶、氧气瓶没有防火帽、防震圈。 (2)乙炔瓶、氧气瓶没有单库存放。 (3)乙炔瓶、氧气瓶没有防雨、防晒措施	(1)火灾。 (2)爆炸	(1)进行安全交底。 (2)检查

分类	风险辨识	事故类型	主要防范措施
现场消防：易燃易爆场所	使用碘钨灯或者60W以上白炽灯照明	火灾	(1)进行安全交底。 (2)检查
	稀释剂、油漆、汽油、柴油等没有根据规定存放	(1)火灾。 (2)爆炸	(1)执行现场管理制度。 (2)遵守操作规程。 (3)进行安全交底。 (4)检查
	(1)库区内材料堆放安全距离不足。 (2)库区内材料堆放没有单独存放。 (3)库区内材料堆放没有设置禁火标志	火灾	(1)进行安全交底。 (2)检查
	库区吸烟、动用明火	火灾	(1)进行安全交底。 (2)检查
	库房电路设置不规范	火灾	(1)进行安全交底。 (2)检查
	易燃易爆品库房搭建不规范	火灾	(1)进行安全交底。 (2)检查
	易燃易爆品库房使用普通灯具	火灾	(1)进行安全交底。 (2)检查
	(1)易燃易爆品领用存放不规范。 (2)管理不严	火灾	(1)制定制度。 (2)安全教育培训。 (3)检查
	(1)施工产生可燃、易燃垃圾。 (2)余料没有及时清理	火灾	(1)进行安全交底。 (2)检查

10.2.6 其他市政工程要求

其他市政工程要求见表10-9。

表10-9 其他市政工程要求

项目	要求
预应力钢筋安装时的品种、规格、级别、数量应符合的要求	(1)预应力混凝土中采用的钢丝、钢绞线、夹片、无黏结预应力筋、锚具、连接器等，应符合国家现行标准有关规定。 (2)进场时，应对预应力钢筋等材料、配件质量证明文件、包装、标志、规格、型号等进行检验。 (3)进场时，连接器检验批不超过500套，钢丝、钢绞线、精轧螺纹钢筋检验批不得大于60t。锚具、夹片检验批不超过1000套。 (4)安装时，根据标准、设计、规范等要求检查预应力筋的位置、数量、型号等是否正确。
垃圾填埋场站防渗材料类型、厚度、外观、铺设、焊接质量应符合的要求	垃圾填埋场防渗系统使用的土工合成材料类型有高密度聚乙烯膜、土工布、土工复合排水网等。 HDPE(高密度聚乙烯)膜应符合的要求如下： (1)材料要求。 ①外观切口平直、无穿孔修复点、无划痕、无气泡、无杂质、无裂纹、无分层、无断裂等。 ②厚度不应小于1.5mm。 ③膜的幅宽不宜小于6.5m。 (2)铺设。 ①铺设应一次展开到位。 ②对膜下保护层采取适当的防水、排水措施。 ③HDPE膜展开完成后应及时焊接。 ④HDPE膜的铺设量不应超过一个工作日能完成的焊接量。 (3)HDPE膜铺设过程中必须进行搭接宽度和焊缝质量控制，并根据要求做好焊接工作，做好检验记录。

项目	要求
垃圾填埋场站防渗材料类型、厚度、外观、铺设、焊接质量应符合的要求	土工布应符合的要求如下： (1)材料要求。 ①土工布用作 HDPE 膜保护材料时,应采用非织造土工布,规格不应小于 $600g/m^2$。 ②用作盲沟与渗沥液收集导排层的反滤材料时,规格不宜小于 $150g/m^2$。 (2)铺设。 ①土工布应铺设平整。 ②土工布的缝合,应使用抗紫外线和化学腐蚀的聚合物线,并且采用双线缝合。 ③边坡上的土工布施工时,应预先将土工布锚固在锚固沟内,再沿斜坡向下铺设,不宜有水平接缝。
	GCL(膨润土防水垫)应符合的要求如下： (1)材料要求。 ①GCL 表面应平整,厚度应均匀,无破洞、无破边等现象。 ②单位面积总质量不应小于 $4800g/m^2$。 ③膨润土体积膨胀度、抗拉强度、抗剥强度、抗静水压力等参数,均要满足规范、标准等要求。 (2)铺设。 ①GCL 以品字形分布,不得出现十字搭接。 ②边坡不应出现水平搭接。
	土工复合排水网应符合的要求如下： (1)材料要求。 土工复合排水网中土工网与土工布预先黏合,其黏结强度应大于 0.17kN/m。 (2)铺设。 ①土工复合排水网排水方向应与水流方向一致。 ②边坡上的土工复合排水网不设水平接缝。 ③相邻的部位应使用塑料扣件或聚合物编织袋连接,底层土工布要搭接,上层土工布要缝合连接,连接部分要重叠,沿材料卷的长度方向,并且最小连接间距不宜大于 1.5m
垃圾填埋场导气井与导气管位置、尺寸应符合的要求	(1)导气井钻孔深度,不应小于垃圾填埋深度的 2/3,但是井底距场底间距不宜小于 5m,并且要有保护场底防渗层的措施。 (2)导气管直径不应小于 600mm。 (3)导气管垂直度偏差不应大于 1%
垃圾填埋场导排层厚度、导排渠位置、导排管规格应符合的要求	垃圾填埋场导排层厚度、导排渠位置、导排管规格要符合设计、规范、标准等要求
水池蓄水试验应符合的要求	(1)施工完毕后,要按要求进行水池蓄水试验,并且做好相应记录。 (2)池体混凝土或砌筑砂浆强度要达到设计要求。 (3)混凝土结构,试验要在防水层、防腐层施工前进行。 (4)装配式预应力混凝土结构,试验要在保护层喷涂前进行。 (5)砌体结构设有防水层时,试验要在防水层施工后进行。不设防水层时,试验要在勾缝后进行。 (6)池内注水分三次进行,每次注水为设计水深的 1/3。 (7)大型、中型池体,可先注水到池壁底部施工缝以上,底板无明显渗漏,继续注水到第一次注水深度。 (8)注水式水位上升速度不宜超过 2m/d,相邻两次注水间隔不小于 24h。 (9)每次注水,应读 24h 水位下降值,注水过程中与注水后,应对池体做外观与沉降量检测。 (10)水池渗水量根据池壁(不含内隔墙)与池底的浸湿面积计算。 (11)钢筋混凝土结构水池渗水量不得超过 $2L/(m^2 \cdot d)$。 (12)砌体结构水池渗水量不得超过 $3L/(m^2 \cdot d)$。 (13)对池体有沉降观测要求时,要选定观测点,并且测量记录各观测点初始高程

附录　书中相关拓展知识汇总

个人教育培训记录台账	班组级安全教育档案	公司级安全教育档案	项目部(部门)级安全教育档案
转岗、重新上岗安全教育档案	项目部(安全员)安全责任书	安全教育培训合格证模板	一人一档培训考核表封面模板
工程建筑安全合同参考模板	建筑安全协议参考模板	安全标语标志速查	钢筋工安全习题试题与参考答案
模板工安全习题试题与参考答案	架子工安全习题试题与参考答案	安全技能考题与参考答案(一)	安全技能考题与参考答案(二)
安全法律法规(模拟)考试试题	安全员(模拟)考试试题	消防安全(模拟)考试试题	起重工安全考试试题
泥瓦工、普工安全考试试题	塔吊司机入场教育考试试题		

参 考 文 献

[1] GB 13495.1—2015. 消防安全标志 第 1 部分：标志 [S].
[2] GB/T 15236—2008. 职业安全卫生术语 [S].
[3] GB 50720—2011. 建设工程施工现场消防安全技术规范 [S].
[4] GB 5725—2009. 安全网 [S].
[5] GB 6095—2021. 坠落防护 安全带 [S].
[6] JGJ 146—2013. 建筑施工现场环境与卫生标准 [S].
[7] DB 3710/T 188—2022. 建筑施工企业全员教育培训规程 [S].
[8] JGJ 33—2012. 建筑机械使用安全技术规程 [S].